Flugzeuge der Welt 2016

Coverfoto: Bell-Boeing V-22B Osprey
Dreiseitenrisse: Aeromedia Anton E. Wettstein, Mattes Kettner, Samuel Ehrat
Diverse Fotos wurden in verdankenswerter Weise von mehreren Fotografen zur Verfügung gestellt, u.a. von Guido E. Bühlmann, Walter Kündig, Kurt Höin.

ISBN 978-3-613-03848-6
www. motorbuchverlag.de

dem bisherigen Bestellungseingang kann eigentlich keiner der Hersteller zufrieden sein. Weiterhin eher stagnierend entwickelte sich das Luftfrachtgeschäft. Eine leichte Erholung sieht man derzeit einzig beim Umbau von sog. Single-Aisle-Flugzeugen zu Frachtern.

In der russischen Luftfahrt stellt man einen neuen Trend »Einkehr zu sich selbst« fest. »Buy Russisch« ist dabei die Losung, dies primär aufgrund des Embargos für ausgewählte westliche Produkte wie auch wegen der sich immer stärker abzeichnenden Wirtschaftskrise. So sank das Bruttoinlandprodukt Russlands 2015 um massive 4,7%. Heimische Fluggesellschaften werden zunehmend sanft gezwungen, Typen aus russischer Produktion zu beschaffen. Zudem prüft man, ob schon für tot erklärte Projekte wie beispielsweise die Iljuschin Il-114 wiederbelebt werden sollen.

Über indische Flugzeugprogramme möchte man gerne mehr berichten. Zahlreiche Projekte wurden in den letzten 20 Jahren lanciert. Doch kaum eines läuft programmgemäß. Massive Verzögerungen und Kostenüberschreitungen, nicht eingehaltene Leistungswerte und mangelnde Sicherheit breiten einen negativen Schatten über diesen Industriezweig aus. So muss man sich, besonders bei den Luftstreitkräften Indiens, immer wieder mit ausländischen Übergangslösungen behelfen.

Fast auf der ganzen Welt steigen angesichts der zahlreichen Konfliktherde in vielen Regionen die Verteidigungsbudgets. Dies trifft insbesondere für den ganzen asiatischen und arabischen Raum zu. Selbst in Europa ist man endlich zur Überzeugung gelangt, dass nach Jahren der Austerität und damit einhergehenden laufenden Senkungen der Verteidigungsausgaben ein Tiefpunkt erreicht ist. Die Ausrüstung ist in fast allen europäischen Ländern mittlerweile derart veraltet und ausgedünnt, dass eine länger andauernde Einsatzfähigkeit kaum mehr gewährleistet ist. Ein beredtes Beispiel wurde Ende 2015 in der deutschen Presse bekannt. Ursprünglich erhielten Luftwaffe und Marine 357 Tornados, 93 befanden sich im Bestand. Ganze 29 davon waren voll einsatzfähig! Ein weiterer Kommentar erübrigt sich.

In der Luftfahrtindustrie verzeichnete man 2015 eine einzige große Übernahme. United Technologies verkaufte Sikorsky an Lockheed Martin. Was genau der Beweggrund für diese Transaktion war, wird unterschiedlich beurteilt. Weiterhin sehr aktiv im Aufbau eines Beteiligungsportfolios in der Flugzeugbranche sind verschiedene chinesische Investoren. Besonders in der General Aviation-Branche haben sie ihr Engagement deutlich erhöht, wie beispielsweise bei Cirrus und Mooney.

Bewegung ist in der Luftfahrtbranche weiterhin sichergestellt. Die Volatilität hat sich zwar im Moment etwas verlangsamt. Aber insbesondere im technologischen Bereich dürften in den nächsten Jahren noch einige interessante Entwicklungen zu beobachten sein.

Claudio Müller

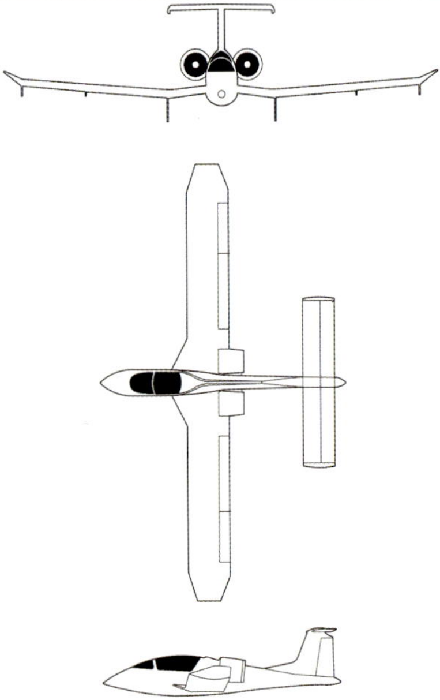

Abmessungen:
Spannweite 9,50 m
Länge 6,67 m

FLUGZEUGPROJEKTE VON MORGEN

AIRBUS E-FAN

Ursprungsland: Europäisches Konsortium.
Kategorie: Zweisitziger Prototyp eines Versuchsflugzeugs mit elektrischem Antrieb.
Triebwerke: Zwei Elektromotoren mit je 30 kW Leistung und einer 270 V-Zwischenkreisspannung.
Leistungen: Höchstgeschwindigkeit 220 km/h; max. Reisegeschwindigkeit 160 km/h; max. Flugdauer aktuell 40 Min, soll auf 60 Min gesteigert werden.
Gewichte: Max. Startgewicht 550 kg.
Zuladung: Pilot und ein Passagier.
Entwicklungsstand: Der Erprobungsträger startete am 11. März 2014 zum Erstflug. Eine Serienfertigung dieses Ausgangsmusters ist nicht vorgesehen. Dagegen soll die zweisitzige Weiterentwicklung E-Fan 2.0 mit Potenzial zur Serienreife 2017 erstmals fliegen. Der viersitzige E-Fan 4.0 soll 2019 folgen.
Bemerkungen: Elektroantrieb bei Flugzeugen ist als Alternative zu herkömmlichen Antrieben bisher kein Thema gewesen. Ein großes Hindernis stellten dabei die schwachen Motorleistungen, das Gewicht der Batterien und damit verbunden die geringen Reichweiteleistungen dar. In Zusammenarbeit mit Aero Composite Saintonge hat Airbus mit der E-Fan ein Muster entwickelt, welches versucht, die genannten Nachteile zu minimieren und dank Fortschritten in der Technologie daraus sogar ein Serienmuster abzuleiten. Die ganze Struktur des Tiefdeckers E-Fan besteht aus Verbundwerkstoffen und ist daher besonders leicht. Das Tandem-Fahrwerk ist einziehbar. Als Energiequelle werden in den Flügeln eingebaute Lithium-Batterien eingesetzt, welche die beiden Elektromotoren mit Energie versorgen. Mittelfristig ist eine verlängerte viersitzige Ausführung E-Fan 4.0 geplant, längerfristig wird auch eine Commutervariante nicht ausgeschlossen. Um beim E-Fan 4.0 die Reichweite zu erhöhen, soll ein Hybrid-Elektrosystem zum Aufladen der Batterien im Flug eingebaut werden. Damit hofft man, Flugzeiten bis zu 3,5 Std. zu erreichen.
Hersteller: Airbus Industries bzw. VoltAir (Tochtergesellschaft der Airbus), Werk: Daher-Socata Pau-Pyrénées Flugplatz, Frankreich.

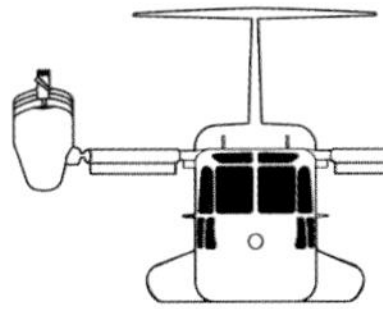

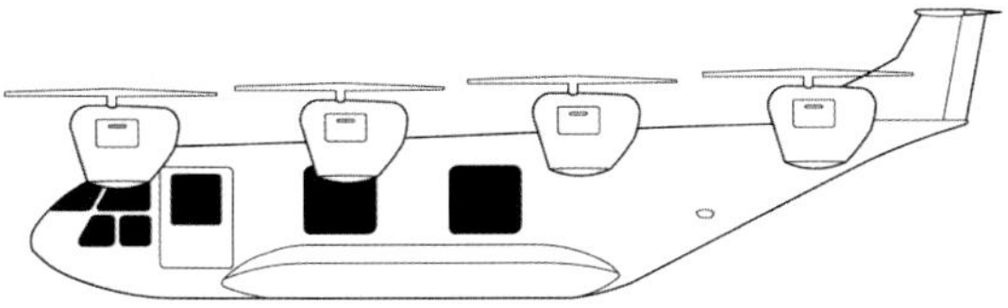

Abmessungen (in Flugkonfiguration bzw. »geparkt«):
Länge 9,50/7,60 m
Breite 5,80/2,60 m
Höhe 2,50 m.

ADVANCED TACTICS BLACK KNIGHT TRANSFORMER

Ursprungsland: USA.
Kategorie: Bemanntes oder unbemanntes geländegängiges Boden- und Luftfahrzeug für militärische Einsätze.
Triebwerke: Acht Volkswagen-Automotoren unbekannter Leistung mit Zweiblattrotoren.
Leistungen (geschätzt): Höchstgeschwindigkeit als Landfahrzeug 112 km/h; spätere Ausführungen bis zu 370 km/h in der Luft; Dienstgipfelhöhe 3050 m.
Gewichte: Leergewicht des Erprobungsträgers 1995 kg.
Zuladung: Das Erprobungsmuster kann außer einem optionalen Piloten vorerst keine Nutzlast mitführen. Weiter entwickelte Ausführungen sind für Frachten bis zu 1500 kg geplant.
Bewaffnung: Vorderhand keine, spätere Versionen könnten Waffen mitführen.
Entwicklungsstand: Ein erster Erprobungsträger fliegt seit 10. April 2014 und wird seither getestet. Dieser dient ausschließlich zur Validierung der Machbarkeit. Der Black Night Transformer ließe sich leicht skalieren und in Varianten für verschiedenste Aufgaben weiter entwickeln. Obwohl vom USMC unterstützt, sind bisher keine Aufträge erteilt worden.
Bemerkungen: Der Name »Transformer« sagt schon aus, dass es sich hierbei nicht um ein gewöhnliches Flugzeug bzw. um einen Hubschrauber handelt, sondern ist eher eine Kombination der erwähnten Kategorien mit einem Kampf- oder Geländefahrzeug. In dieser Beziehung ist die Transformer im Moment eine einmalige Konstruktion. Die Idee ist nicht neu, sondern wird in einer weiterentwickelten Form angeboten. Das Prinzip ist einfach. Ein geländegängiges Fahrzeug wird mit Elementen eines Hubschraubers verbunden und kann somit sehr polivalent für eine Vielzahl von Aufgaben eingesetzt werden, beispielsweise bei Katastropheneinsätzen. Während normalerweise am Boden gefahren wird, können auftretende Hindernisse überflogen werden, um sich anschließend wieder am Boden fortzubewegen. Die ganze Konstruktion ist sehr einfach und robust gehalten. Spätere Weiterentwicklungen (siehe Dreiseitenriss) könnten Fracht beispielsweise in modularen Containern über kurze Distanzen mitführen.
Hersteller: Advanced Tactics Inc., Torrance, Kalifornien, USA.

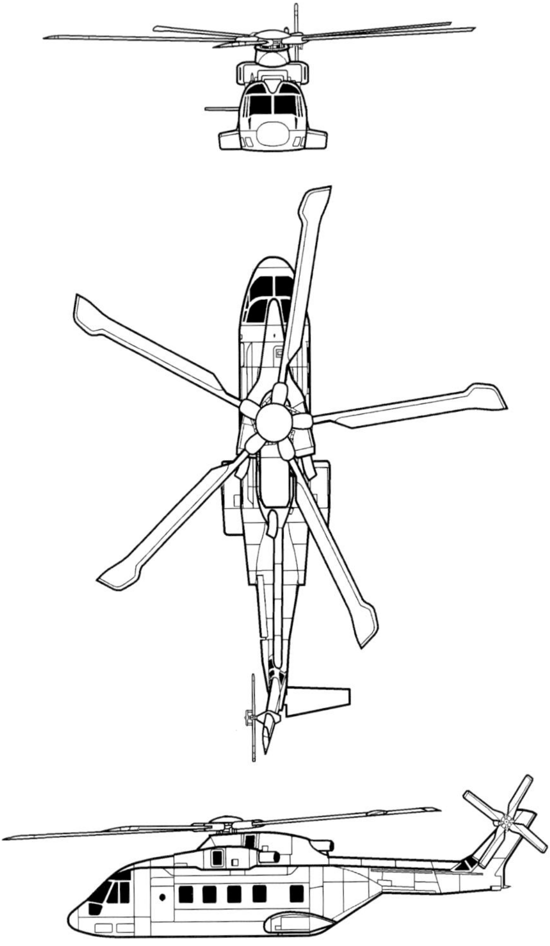

Abmessungen:
Rotordurchmesser 18,59 m
Rumpflänge 19,51 m
Höhe inkl. Rotorkopf 5,21 m.

AGUSTA WESTLAND AW101

Ursprungsland: Großbritannien und Italien.
Kategorie: Militärischer und ziviler Mehrzweck- und Transporthubschrauber.
Triebwerke: Drei Gasturbinen (RN) Rolls-Royce-Turboméca RTM 322 von je 2241 WPS (1671 kW) oder (Italienische Marine) General Electric CT7-6A1 von je 2040 WPS (1521 kW) Leistung.
Leistungen (CT7-6): Max. Fluggeschwindigkeit 308 km/h; ökonom. Reisegeschwindigkeit 267 km/h; Schwebehöhe mit Bodeneffekt 2745 m, ohne Bodeneffekt 1675 m; max. Flughöhe 4600 m; Reichweite mit 30 Passagieren 926 km; Überführungsreichweite mit Zusatztanks 1760 km.
Gewichte: Rüstgewicht ASW-Ausführung 9275 kg, Mehrzweckversion 9000 kg, Zivilausführung 8993 kg; max. Startgewicht ASW-Ausführung 13530 kg, übrige 14288 kg.
Zuladung: Zwei Piloten und 30 Passagiere; max. Nutzlast 6700 kg.
Bewaffnung (HM Mk.2): Vier Leichtgewichttorpedos Stingray oder Antischiffslenkwaffen der Exocet-Harpoon-Klasse; HH-101A: Drei 7,62-mm-Maschinengewehre M134.
Entwicklungsstand: Die erste Entwicklungsmaschine flog erstmals am 9. Oktober 1987. Bisher sind Bestellungen für verschiedene Ausführungen eingegangen: Marine Algeriens 6, Dänemark 14, Großbritannien 72, Italien 24 + 12 HH-101A, Kanada 15, Norwegen 16+, Portugal 12, Polizei von Tokyo 1, Japanische Marine 14, Nigeria 2, Saudi Arabien 2, Turkmenistan 2, neu Indonesien 3.
Bemerkungen: Die AW101 wird in verschiedenen Ausführungen gebaut: ASW (U-Boot-Jäger), Minensucher, SAR/Rettungsaufgaben, taktischer Transporter, AEW sowie Zivilversion. Die Merlins der Royal Navy werden bereits einer intensiven Modernisierung unterzogen, welche u.a. ein Fly-By-Wire-System und eine neue Avionik- und Kommunikationssysteme umfasst. Ein neuer Hauptrotor wird bei allen englischen AW101 eingebaut. Dadurch erhöht sich die Nutzlast um 650 kg und erlaubt eine höhere Geschwindigkeit. Anfangs 2014 hatte die als HH-101 Caesar bezeichnete Combat-SAR-Version der Italienischen Luftwaffe den Erstflug. Diese kann luftbetankt werden und ist an diversen Stellen gepanzert. Eine für Minensucheinsätze optimierte Ausführung hat die Japanische Marine 2015 in Dienst gestellt.
Hersteller: AgustaWestland Ltd., London, Werk Yeovil, Großbritannien.

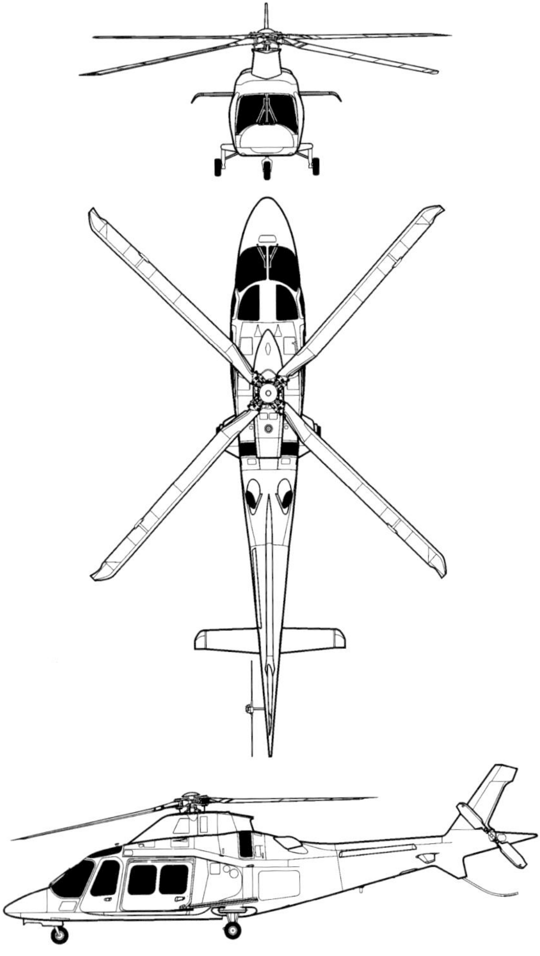

Abmessungen:
Rotordurchmesser 10,83 m
Rumpflänge 11,65 m
Höhe über Rotor 3,08 m, über Heck 3,44 m.

AGUSTA WESTLAND AW109 TREKKER

Ursprungsland: Italien.
Kategorie: Leichter Mehrzweckhubschrauber.
Triebwerke: Zwei Gasturbinen Pratt & Whitney Canada PW207C von je 815 WPS (608 kW) Leistung.
Leistungen: Höchstgeschwindigkeit 311 km/h; max. Reisegeschwindigkeit 296 km/h auf Meereshöhe; max. Schrägsteiggeschwindigkeit 9,30 m/Sek; Dienstgipfelhöhe 4940 m; Schwebehöhe mit Bodeneffekt 4750 m, ohne Bodeneffekt 3050 m; Reichweite 824 km; max. Flugdauer 4 Std. 20 Min.
Gewichte: Leer 1660 kg; max. Startgewicht 3175 kg mit interner Nutzlast bzw. 3200 kg mit externer Nutzlast.
Zuladung: Ein Pilot und sieben Passagiere. Als Ambulanzhubschrauber zwei liegende Patienten und zwei Helfer. Max. Nutzlast (Power) 1130 kg.
Entwicklungsstand: Die neueste Version Trekker wurde im Februar 2014 vorgestellt. Erste Auslieferungen begannen 2015. Die AW109 Grand (siehe Dreiseitenriss) fliegt seit Anfang 2005. Rund 300 Grand/GrandNews/Trekker sind bestellt und rund 130 davon abgeliefert. Die verschiedenen Ausführungen Grand, Power (siehe Foto) und Nexus (siehe frühere Ausgaben) werden in kleineren Stückzahlen weiterhin produziert. Bisher sind etwa 600 Einheiten bestellt worden.
Bemerkungen: Die erfolgreiche lange Reihe von AW109-Versionen wird durch eine weitere – die Trekker – ergänzt. Sie basiert auf der AW109SP GrandNew und weist u.a. folgende Neuerungen auf: Statt Radfahrwerk besitzt sie Landekufen, zugelassen für Einpilotenbetrieb, Glas-Cockpit Garmin G1000HTM. Dank eines größeren Treibstofftanks können bessere Reichweitenleistungen erreicht werden. Wie der Name Trekker suggeriert, ist diese Ausführung primär für die Arbeitsfliegerei optimiert. Je nach Aufgabengebiet können optional ein Transporthaken, eine Rettungswinde mit einer Nutzlast von 272 kg, Suchscheinwerfer, Lautsprecher, FLIR usw. montiert werden.
Hersteller: AgustaWestland Ltd., Werk Vergiate, Italien.

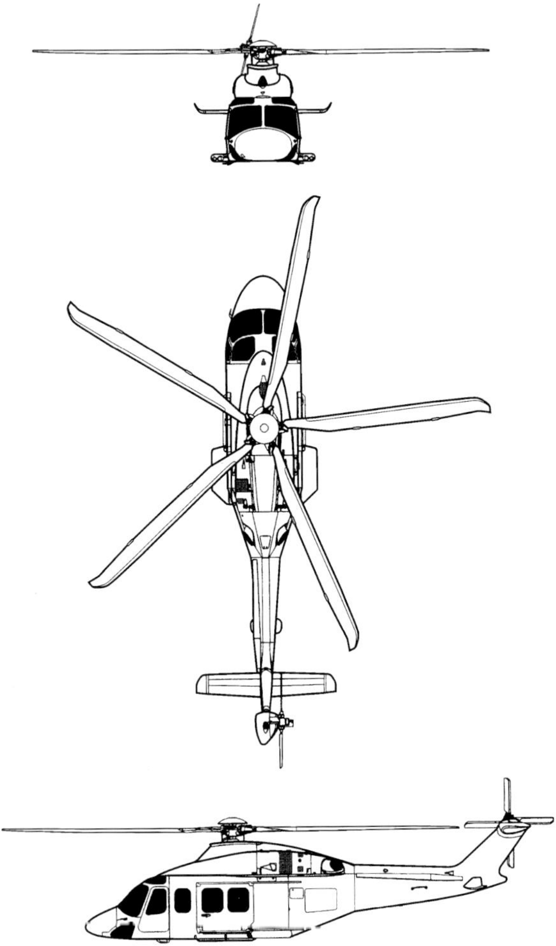

Abmessungen:
Rotordurchmesser 13,80 m
Rumpflänge bei drehendem Rotor 16,65 m, ohne Rotor 13,53 m
Höhe über Heckleitwerk 4,95 m.

AGUSTA WESTLAND BELL AW139/HH-139

Ursprungsland: Italien.
Kategorie: (AW139) Mittelschwerer Mehrzweckhubschrauber, (HH-139) Combat-SAR-Hubschrauber.
Triebwerke: Zwei Gasturbinen Pratt & Whitney Canada PT6C-67C von je 1679 WPS (1250 kW) Leistung.
Leistungen: Höchstgeschwindigkeit 310 km/h; max. Reisegeschwindigkeit 306 km/h; Schrägsteiggeschwindigkeit 10 m/Sek; Schwebehöhe mit Bodeneffekt 3600 m, ohne Bodeneffekt 2920 m; Dienstgipfelhöhe 5914 m; max. Flugdauer 5,12 Std; Reichweite mit 10 Passagieren 650 km, max. 1061 km.
Gewichte: Rüstgewicht je nach Ausführung 3800 kg, max. Startgewicht 6800/7000 kg.
Zuladung: Ein bis zwei Piloten und zwischen 12 und 15 Passagiere oder für Rettungseinsätze sechs liegende Verletzte und vier Sanitäter; max. Nutzlast intern 2500/2700 kg, extern 2778 kg.
Entwicklungsstand: Der Prototyp nahm am 3. Februar 2001 die Flugerprobung auf, gefolgt vom ersten Serienmuster am 24. Juni 2002. Ende 2003 wurden die ersten Maschinen ausgeliefert. Über 210 zivile Operators sowie militärische bzw. paramilitärische Organisationen haben bis Ende 2015 mehr als 800 Einheiten bestellt, 750 davon waren gebaut. Derzeit produziert der Hersteller jährlich etwa 50 AW139. Einige der neuesten Besteller: Küstenwache Italiens weitere 2 (total 10), Schwedische Marine 7, Thailändische Armee 10. Angesichts der großen Nachfrage wird die AW139 in den USA und seit 2012 auch in Russland in Lizenz hergestellt.
Bemerkungen: Ursprünglich ein Gemeinschaftsprojekt von Agusta und Bell, trägt heute AgustaWestland die alleinige Verantwortung für die AW139. Haupteinsatzgebiete sind: Transport von Geschäfts-/VIP-Personen, Überwachungsaufgaben, EMS-Transporte und Versorgung von Ölbohrplattformen. Die AW139 zeichnet sich durch eine für ihre Klasse sehr voluminöse Kabine aus. Die elektronische Ausrüstung entspricht dem heutigen Standard. Alle ab 2009 gebauten Modelle weisen ein auf 6800 kg erhöhtes max. Startgewicht auf, ab 2015 ist eine Version mit einem Abfluggewicht von sogar 7000 kg erhältlich. Die Italienische Luftwaffe hat 2012 zehn Einheiten einer speziellen Combat-SAR-Version HH-139A beschafft. Diese weist u.a. ein verstärktes und höheres Fahrwerk sowie verbesserte Avionik auf.
Hersteller: AgustaWestland Ltd., Werk Vergiate, Italien und Bell Helicopter Textron, USA.

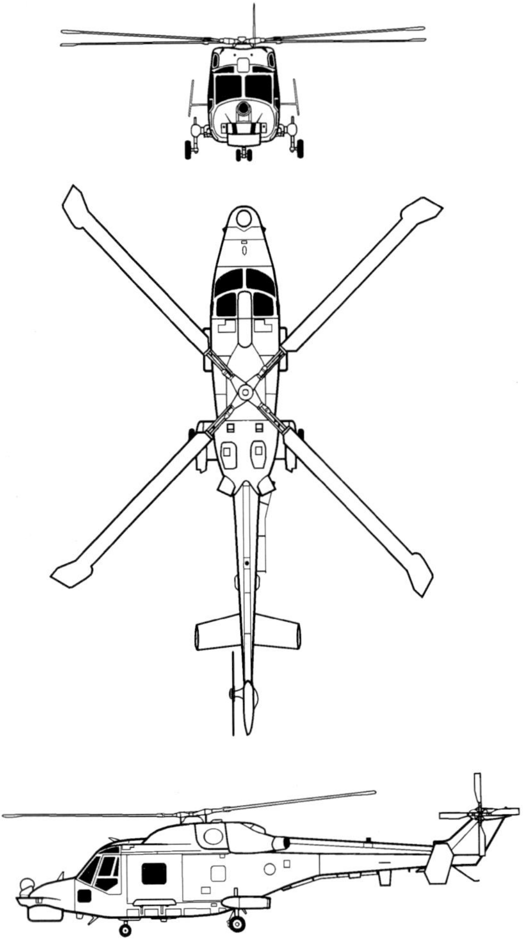

Abmessungen:
Rotordurchmesser 12,80 m
Rumpflänge 13,33 m
Höhe inkl. Rotorkopf 3,67 m.

AGUSTA WESTLAND AW159 WILDCAT

Ursprungsland: Großbritannien.
Kategorie: Militärischer Mehrzweckhubschrauber für Armee- und Marineeinsätze.
Triebwerke: Zwei Gasturbinen Honeywell LHTEC CTS800-4N von je 1620 WPS (1207 kW) Leistung.
Leistungen: Max. Reisegeschwindigkeit 245 km/h auf Meereshöhe; normale Reisegeschwindigkeit 230 km/h; Schrägsteiggeschwindigkeit 10 m/Sek; Schwebehöhe mit Bodeneffekt 2103 m, ohne Bodeneffekt 1448 m; Reichweite bei taktischem Einsatz 685 km, max. 1000 km; max. Flugdauer mit Zusatztanks 5 Std. 15 Min.
Gewichte: Rüstgewicht 3943 kg; max. Startgewicht 5800 kg.
Zuladung: Ein bis zwei Piloten und je nach Einsatzzweck bis zu zwölf Personen. Als Rettungshubschrauber drei bis acht Patienten samt Sanitäter; Rettungswinde von 272 kg Tragkraft.
Bewaffnung: Als Panzerabwehrhubschrauber an bis zu acht Aufhängepunkten TOW-, HOT- oder Hellfire-Lenkwaffen; als Schiffsabwehr-Hubschrauber Leichttorpedos, bis zu vier Lenkwaffen Sea Skua 2, AS12TT oder zwei Penguin.
Entwicklungsstand: Das erste Muster absolvierte den Erstflug am 28. November 2009, gefolgt vom zweiten am 14. Oktober 2010. Die Royal Army beschafft 40 Future Lynx, die Royal Navy 22. Die ersten Ablieferungen an die Army erfolgten 2012. 2013 folgten jene für die Navy. Neuester Besteller: Marine Süd Koreas 8.
Bemerkungen: Bei der AW159 Wildcat handelt es sich um eine wesentlich überarbeitete Weiterentwicklung der Lynx/Super Lynx AH9 (siehe Ausgabe 2009). Sie ist mit deutlich leistungsfähigeren CTS800-Triebwerken ausgestattet. Die Landversion erhält verbesserte Navigations- und Kommunikationssysteme sowie u.a. ein Laser-Zieldarstellungsgerät und wird besser geeignet sein, die Unterstützungsfunktion für die englischen AH-64D (siehe Seiten 96/97) zu erfüllen. Die Marineversion weist ein 360°-Seaspray-Radar im Rumpfbug auf und ist zusätzlich mit Night-Vision-Goggles (NVG), Glascockpit, digitaler Avionik und doppelt redundantem Databus MIL-STD-1553D ausgerüstet.
Hersteller: AgustaWestland Ltd., Werk Yeovil, Somerset, Großbritannien.

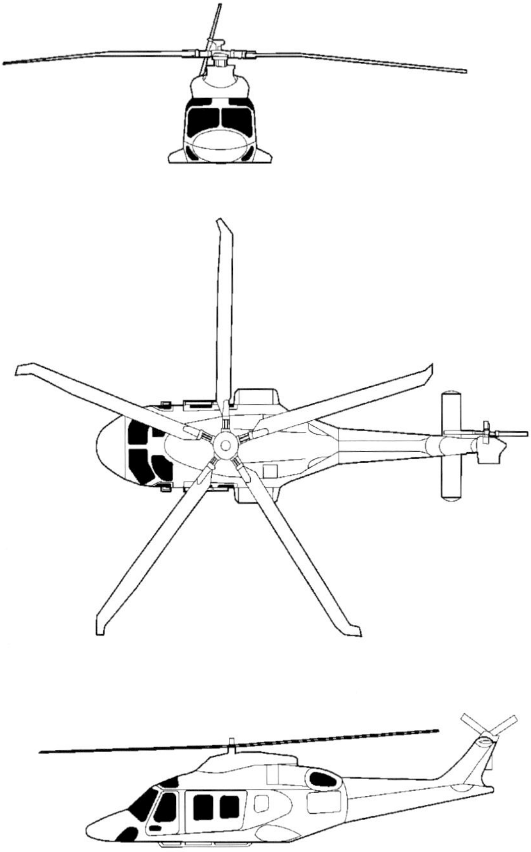

Abmessungen:
Rotordurchmesser 12,12 m
Rumpflänge bei drehendem Rotor 14,68 m
Höhe inkl. Rotorkopf 4,50 m.

AGUSTA WESTLAND AW169

Ursprungsland: Italien.
Kategorie: Mittelschwerer Mehrzweckhubschrauber.
Triebwerke: Zwei Gasturbinen Pratt & Whitney PW210A von je 1000 WPS (745 kW) Leistung.
Leistungen (provisorische Angaben): Reisegeschwindigkeit 260 km/h; weitere Angaben noch nicht erhältlich.
Gewichte: Max. Startgewicht 4600 kg.
Zuladung: Ein bis zwei Piloten und zwischen acht und zehn Passagiere oder für Rettungseinsätze zwei liegende Verletzte und zwei Sanitäter.
Entwicklungsstand: Ein erster von vier Prototypen flog erstmals am 10. Mai 2012, der letzte am 31. Januar 2013. Mit den Kundenauslieferungen begann man Mitte 2015. Bis Ende 2015 waren über 150 Hubschrauber von mehreren Betreibern bestellt, darunter Bond Air Services 10 + Optionen, Inaer Spanien 10. Die meisten werden die AW169 für Offshore- und Ambulanzeinsätze verwenden. Neu beschafft auch die Schweizerische REGA drei als Rettungshubschrauber. Nebst in Italien wird die AW 169 auch in Philadelphia, USA, gebaut.
Bemerkungen: Mit der AW169 will der Hersteller die Angebotslücke zwischen der AW109 und der AW139 schließen und damit auch ein Konkurrenzprodukt beispielsweise zum Airbus Helicopters H145 (siehe Seiten 42/43) anbieten. In diesem Wachstumssegment wird ein Produkt lanciert, welches neueste technologische Entwicklung enthält und eine große Zahl von Einsatzmöglichkeiten erlaubt. Im Vordergrund stehen dabei kommerzielle wie auch paramilitärische Aufgaben wie EMS-Einsätze, Law-and-Order-, Offshore- und SAR-Missionen. Bei der AW169 handelt es sich um eine völlig neue Entwicklung, bei der modernste Konstruktionsmethoden und Werkstoffe eingesetzt werden. Nebst auf Robustheit und Langlebigkeit wird starkes Gewicht auf hohe Wirtschaftlichkeit gelegt. Auch die Avionik entspricht neuesten Entwicklungen. Die Zelle wird »crash-resistent« ausgelegt. Dank großen Schiebetüren ist der Passagier- bzw. Frachtraum sehr gut zugänglich, was insbesondere bei Ambulanzeinsätzen wichtig ist.
Hersteller: AgustaWestland Ltd., Werk Vergiate, Italien.

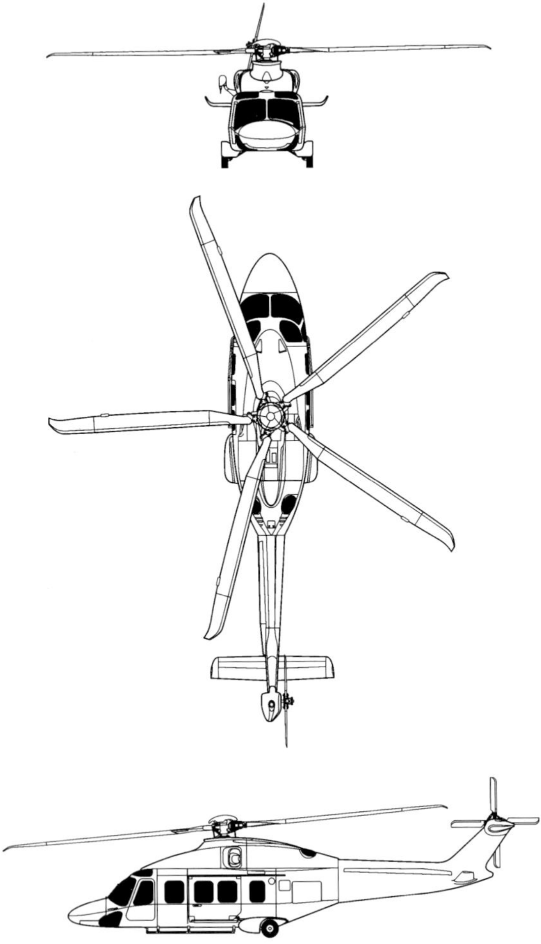

Abmessungen:
Rotordurchmesser 14,60 m
Rumpflänge bei drehendem Rotor 17,60 m, Rumpflänge alleine 14,60 m
Höhe über Heckleitwerk 5,06 m.

AGUSTA WESTLAND AW189

Ursprungsland: Italien.
Kategorie: Mittelschwerer Mehrzweckhubschrauber primär für Offshore-Einsätze.
Triebwerke: Zwei Gasturbinen General Electric CT7-2E1 von je 2000 WPS (1492 kW) Leistung.
Leistungen: Höchstgeschwindigkeit über 300 km/h, Reisegeschwindigkeit 278 km/h; Aktionsradius mehr als 370 km, mit Standardnutzlast noch 260 km.
Gewichte: Max. Startgewicht 8300 kg.
Zuladung: Zwei Piloten und normalerweise 16, max. bis zu 18 Passagiere. Extern können Lasten bis zu 2722 kg mitgeführt werden.
Entwicklungsstand: Die AW189 startete am 21. Dezember 2011 zum Erstflug. Mit den Kundenablieferungen konnte anfangs 2014 begonnen werden. Als Erstbesteller gab die britische Bristow einen Auftrag über sechs Einheiten bekannt. ERA folgte mit fünf und Gulf Helicopters mit 15. Auch andere Betreiber haben die AW189 geordert, insgesamt waren es Ende 2015 über 100 Einheiten. 11 von Bristow betriebene AW189 werden im Auftrag der UK Coast Guard seit Ende 2015 als Rettungshubschrauber eingesetzt. Neu hat die russische Rosneft vorerst 10 Einheiten bestellt, will aber insgesamt bis zu 160 beschaffen (Lizenzbau in Russland).
Bemerkungen: Basierend auf der militärischen Version AW149 (siehe Ausgabe 2014) ist die AW189 primär für die harten Einsätze im Offshore-Markt optimiert und zwar sowohl für Passagier-, Frachttransporte sowie Such- und Rettungsmissionen. Sie entspricht den neuesten internationalen Sicherheitsvorschriften für Transporteinsätze vor allem auf Bohrinseln. Dazu verfügt die AW189 über eine spezifische Ausrüstung, u.a. Schwimmkörper für Notwasserungen, Notlichtsystem, faltbare Rettungsflosse außen am Rumpf, weiterentwickeltes Wetterradar, Schutzsystem gegen Vereisung usw. Eine Spezialausführung für sog. EMS-Einsätze befindet sich in Zusammenarbeit mit United Rotorcraft ebenfalls in Entwicklung. Wie bei neuen Hubschrauberkonstruktionen üblich verfügt die AW189 über eine voll digitalisierte Avionik, eine offene System-Architektur und integrierte Einsatzausrüstung. Der 4-Achs-Autopilot und die neueste Avionik sollen die Belastung der Piloten minimieren. Die Zellenkonstruktion ist sehr robust ausgelegt und soll den Insassen bei Abstürzen eine hohe Überlebenswahrscheinlichkeit ermöglichen.
Hersteller: AgustaWestland Ltd., Werk Vergiate, Italien.

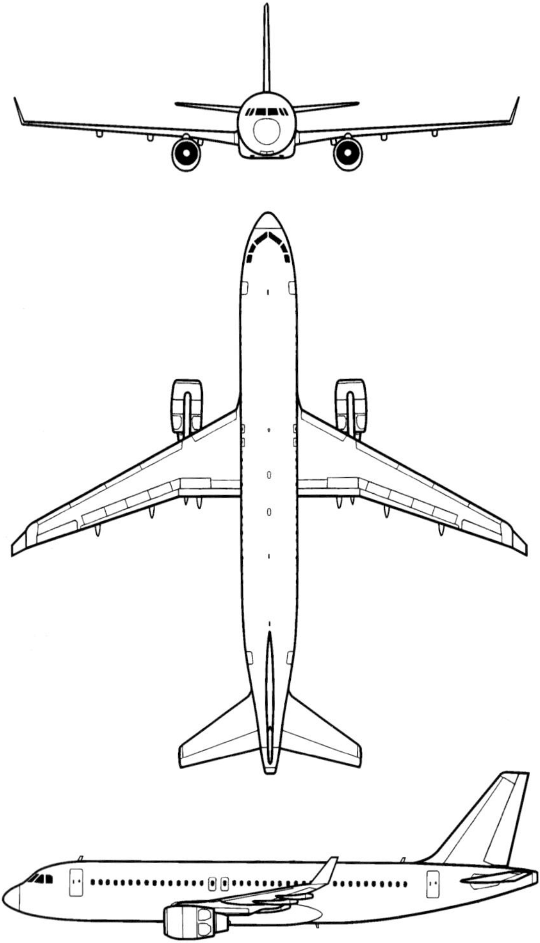

Abmessungen:
Spannweite 34,10 m
Länge (A320) 37,57 m, (A319) 33,84 m, (A321) 44,51 m
Höhe 11,76 m
Flügelfläche (A320) 122,40 m^2.

AIRBUS A321/A320NEO

Ursprungsland: Europäisches Konsortium.
Kategorie: Mittelstrecken-Verkehrsflugzeug.
Triebwerke (A320neo): Zwei Mantelstromtriebwerke Pratt & Whitney PW1127G von je 11930 kp (117,20 kN) Standschub bzw. CFM International LEAP-1A von etwa gleicher Stärke.
Leistungen (A320neo): Max. Reisegeschwindigkeit 871 km/h (Mach 0,82) auf 11000 m, ökonom. Reisegeschwindigkeit 828 km/h; Dienstgipfelhöhe 11890 m; Reichweite mit max. Passagierzahl inkl. Reserven 6900 km.
Gewichte (A320neo): Rüstgewicht ca. 41800 kg; max. Startgewicht 79000 kg.
Zuladung (A321/A320neo): Zwei Mann Cockpitbesatzung und Mehrklassenbestuhlung für normalerweise 206/165 Passagiere. Einheitsklassen-Innenausstattung für max. 240/189 Passagiere.
Entwicklungsstand: Die neueste Variante A320neo hatte den Erstflug am 25. September 2014. Vom Airbus-Bestseller A320 waren bis Dezember 2015 4762 bestellt und 4132 abgeliefert. Auch die A319neo/320neo/321neo weisen Ende 2015 ein rekordhohes Auftragspolster von 4421 Einheiten von über 75 Airlines auf. Angesichts der großen Nachfrage wird 2016 die monatliche Produktionsrate auf 46 erhöht und soll 2017 sogar auf 60 Einheiten steigen! Bei Tianjin Zhongtian in der VR China sowie in Mobile, USA bestehen weitere Produktionsstraßen. Die erste 320neo wurde im Dezember 2015 ausgeliefert. Von der A318/A319/A320/A321-Familie zusammen sind bisher 12411 bestellt und 6876 abgeliefert worden.
Bemerkungen: Die neueste Version A320neo ist mit Triebwerken neuester Technologie und überarbeiteten Flügelenden mit Sharklets ausgerüstet. Man verspricht sich eine Reduktion des spezifischen Treibstoffverbrauchs von 15% sowie deutlich bessere Lärm- und Abgaswerte. Diese Variante erhielt die Musterzulassung im November 2015, später folgen die A321neo und die A319neo. Auch eine Businessjet-Ausführung ACJ319neo wird gebaut (bisher sechs bestellt). Für ältere A320/A321-Maschinen wird ein Umbauprogramm in die Frachtausführung A320/A321 P2F angeboten; max. Nutzlast 21 bzw. 27 Tonnen. Die A321 wird neuerdings mit einer auf 240 Passagiere erhöhten Kapazität als potenzieller Nachfolger der Boeing 757 (siehe Ausgabe 2004) angeboten.
Hersteller: Airbus, Teil der Airbus Group, Werke Toulouse-Blagnac, Frankreich und Hamburg-Finkenwerder, Deutschland.

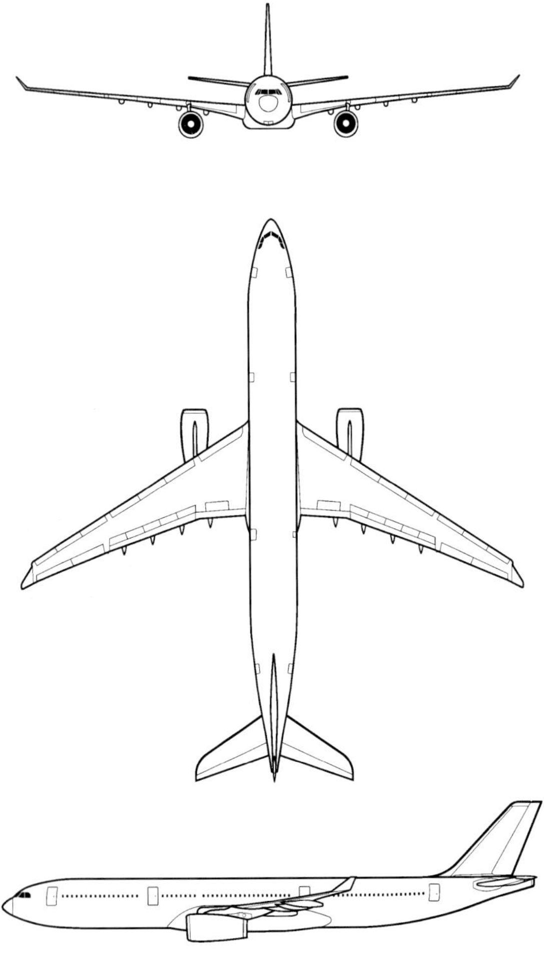

Abmessungen (A330-300/-200):
Spannweite inkl. Winglets 60,30 m
Länge 63,70/58,98 m
Höhe 16,83/17,89 m
Flügelfläche 363,10 m².

AIRBUS A330-300/-200/A330NEO

Ursprungsland: Europäisches Konsortium.
Kategorie: Mittel- bis Langstrecken-Verkehrsflugzeug.
Triebwerke: Zwei Mantelstromtriebwerke Rolls-Royce Trent 772, General Electric CF6-80E1 oder Pratt & Whitney PW4168 von zwischen 28500 und 31000 kp (279 und 316 kN) Standschub.
Leistungen (A330-300/200): Max. Reisegeschwindigkeit 880/900 km/h; ökonom. Reisegeschwindigkeit 861/880 km/h; Dienstgipfelhöhe 12000/12500 m; Reichweite mit 335/293 Passagieren 8800/12650 km.
Gewichte (A330-300/200): Rüstgewicht 124000/120000 kg; max. Startgewicht 235000/238000 kg.
Zuladung (A330-300/-200): Zwei Mann Cockpitbesatzung und bei üblicher Zweiklassenbestuhlung 30/36 Passagiere in der Business-Klasse und 305/205 in der Touristenklasse in Sechser- bzw. Achterreihen mit zwei Mittelgängen. Max. 440/380 Passagiere in Neunerreihen.
Entwicklungsstand: Die erste A330-300 nahm die Flugerprobung im Oktober 1992 auf, die erste A330-200 am 13. August 1997. Die Auslieferungen begannen Ende 1993 bzw. im April 1998. Von der A330-Reihe inkl. der neuen A330neo waren Ende 2015 1607 bestellt, aufgeteilt in 634 A330-200, 42 A330F, 761 A330-300, 10 A330-800 und 160 A330-900, abgeliefert waren 1257. Monatlich werden von allen Ausführungen zehn Einheiten gebaut.
Bemerkungen: Auch die A330-Familie wird kontinuierlich weiter entwickelt. Seit 2015 ist eine Ausführung mit auf 242000 kg erhöhtem Abfluggewicht erhältlich. Damit kann die Reichweite bei voller Nutzlast um rund 900 km ausgeweitet werden. Bei der A330-300 wird dafür ein weiterer Rumpftank eingebaut; Erstbesteller Delta Air Lines. Weiter ist eine leichtere Regionalversion lanciert mit geringerem Abfluggewicht und leistungsreduzierten Rolls-Royce-Trent 700-Triebwerken. Ab 2017 wird die A330neo angeboten, erhältlich in zwei Versionen: A330-800 mit Rumpflänge der A330-200 und die A330-900 mit jener der A330-300. Nebst vielen kleineren Verbesserungen sind die neuen Rolls-Royce Trent 7000-Triebwerke mit einer Leistung von bis zu 32650 kp (320,3 kN) für deutlich günstigere Treibstoffwerte verantwortlich. Ende 2017 soll die Großraumvariante Beluga XL erstmals fliegen, welche als Ersatz der Beluga (siehe Ausgabe 1999) Teile von Airbus europaweit transportieren wird.
Hersteller: Airbus, Teil der Airbus Group, Werk Toulouse-Blagnac, Frankreich.

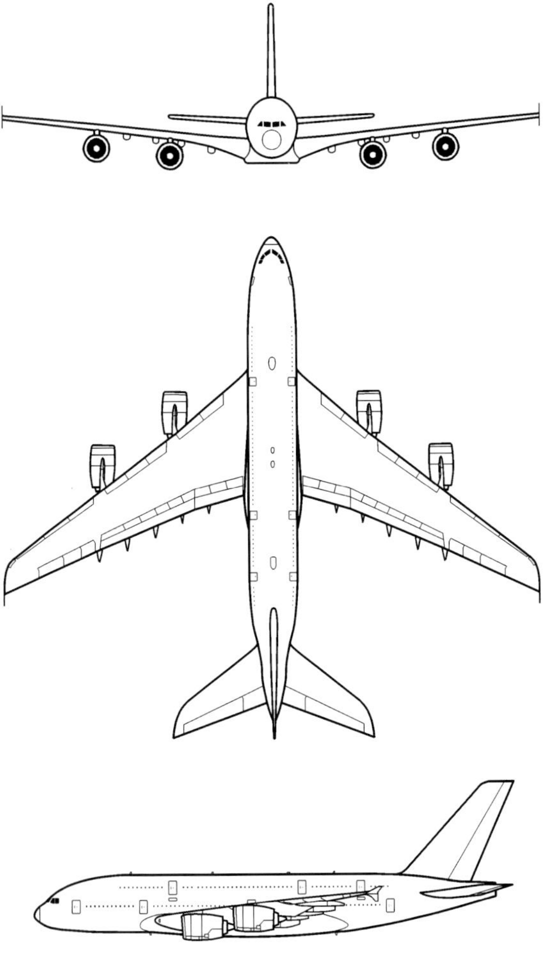

Abmessungen:
Spannweite inkl. Winglets 79,80 m
Länge 73,00 m
Höhe 24,10 m
Flügelfläche 845 m^2.

AIRBUS A380-800

Ursprungsland: Europäisches Konsortium.
Kategorie: Langstrecken-Verkehrsflugzeug.
Triebwerke: Vier Mantelstromtriebwerke Rolls Royce Trent 970 bzw. General Electric/Pratt & Whitney Engine Alliance GP7270 von je 31750 kp (312 kN) Standschub.
Leistungen: Max. Reisegeschwindigkeit Mach 0,89; ökonom. Reisegeschwindigkeit Mach 0,85; Dienstgipfelhöhe 13100 m; Reichweite mit normaler Passagierzahl 15000 km.
Gewichte: Rüstgewicht 276000 kg; max. Startgewicht (-800) 560000 kg, als Option 569000 kg.
Zuladung: Zwei Mann Cockpitbesatzung und in typischer Dreiklassenbestuhlung je nach Fluggesellschaft zwischen 407 und 526/615 Passagiere, mit Einheitsklasse 853 Passagiere (zwei von Austral so bestellt).
Entwicklungsstand: Das erste von vier Erprobungsmustern startete am 27. April 2005 zum Erstflug. Nach technisch bedingten Verzögerungen konnte der Erstkunde SIA die A380 erst im Oktober 2007 in Dienst nehmen. Bis Ende 2015 waren 319 von 19 Gesellschaften bestellt, 179 davon wurden abgeliefert. Hauptbesteller mit 140 Einheiten ist die Emirates. Die A380 leidet derzeit an einer Bestellungsflaute für diesen Typ.
Bemerkungen: Das weltgrößte Verkehrsflugzeug wird einstweilen nur noch in der Passagierversion A380-800 angeboten. Die VIP-Ausführung hat man vorerst gestrichen. Der Rumpf umfasst zwei Etagen durchgehend für Passagiere sowie einen Gepäck- und Frachtraum. Im Querschnitt ist dieser gegenüber der Boeing 747 (siehe Seiten 82/83) im unteren Passagierraum um rund 0,50 m und im oberen um 1,85 m breiter. Die ganze Konstruktion der A380 ist auf große Wirtschaftlichkeit ausgelegt. Es wurden die neuesten Technologien angewendet, um die Betriebskosten tief zu halten. So bestehen beispielsweise große Teile des Rumpfes aus Verbundwerkstoffen. Seit 2013 ist eine Weiterentwicklung erhältlich, die dank auf 573000 kg erhöhtem Startgewicht Reichweiten bis zu 15360 km oder eine um 1500 kg größere Nutzlast ermöglicht. Airbus prüft derzeit zwei weitere Versionen anzubieten, eine leicht verlängerte für rund 50 Passagiere mehr wie auch eine Version A380neo.
Hersteller: Airbus, Teil der Airbus Group, Werke Toulouse-Blagnac/Hamburg-Finkenwerder, Frankreich/Deutschland.

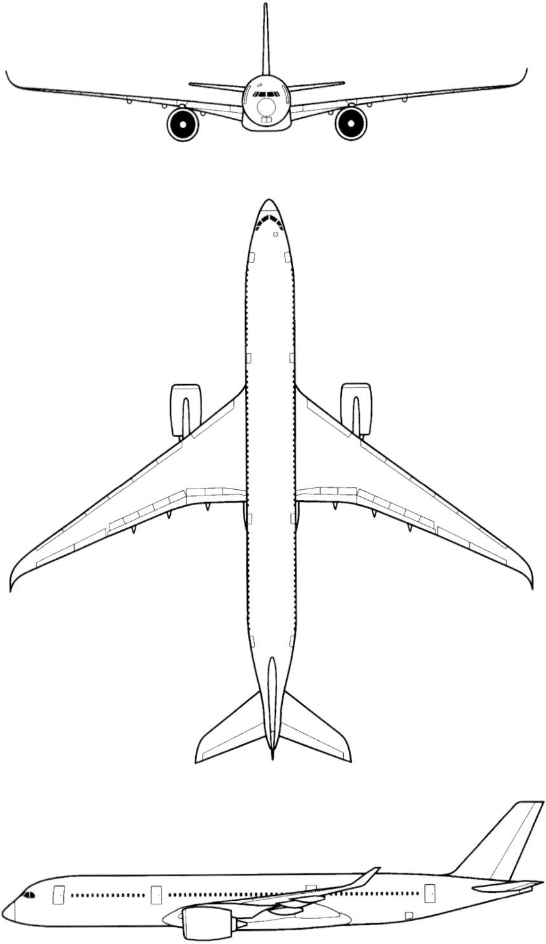

Abmessungen (A350-800/-900/-1000):
Spannweite 64,75 m
Länge 60,54/66,89/73,88 m
Höhe 17,10 m
Flügelfläche (-800/-900) 443 bzw. (-1000) 460 m^2.

AIRBUS A350

Ursprungsland: Europäisches Konsortium.
Kategorie: Langstrecken-Verkehrsflugzeug.
Triebwerke (A350-800/-900/-1000): Zwei Mantelstromtriebwerke Rolls-Royce Trent XWB von je 34360/38100/44100 kp (337/374/432 kN) Standschub.
Leistungen (A350-800/-900/-1000): Höchstgeschwindigkeit Mach 0,89; Reisegeschwindigkeit Mach 0,85; Dienstgipfelhöhe 13010 m; max. Reichweite 15700/15000/15600 km.
Gewichte (A350-800/-900/-1000): Max. Startgewicht 259000/268000/308000 kg.
Zuladung (A350-800/-900/-1000): Zwei Mann Cockpitbesatzung und in einer üblichen Dreiklassenbestuhlung 270/314/350 Passagiere.
Entwicklungsstand: Der Prototyp der Erstvariante A350-900 flog erstmals am 14. Juni 2013, der zweite von insgesamt fünf vorgesehenen folgte am 14. Oktober 2013. Die Kundenablieferungen haben Ende 2014 begonnen. Als nächste Ausführung folgt 2016 die A350-1000 Ob die A350-800 je gebaut wird, ist derzeit offen. Bisher sind von 41 Luftverkehrs- und Leasinggesellschaften Aufträge für 777 Maschinen erteilt worden, aufgeteilt in 580 A350-900, 16 A350-800 und 181 A350-1000. Derzeit größter Besteller mit 80 Maschinen ist die Qatar Airlines. Ende 2015 waren 15 A350 abgeliefert.
Bemerkungen: Mit der A350-Familie unternimmt der Hersteller einen technologischen Sprung nach vorne und betritt in manchen Bereichen Neuland. Für rund 70% der Struktur verwendet man neueste Werkstoffe, womit deutlich Gewicht gespart wird. So besteht ein Großteil des Rumpfes aus Verbundwerkstoffen. Die Flügel sind nach neuesten aerodynamischen Gesichtspunkten optimiert. Alle diese Maßnahmen sollen laut Airbus eine Steigerung der wirtschaftlichen Effizienz von rund 25% bringen. Auch bezüglich Lärmpegel und CO_2-Ausstoß werden Bestwerte erwartet. Zudem wird auch ein größerer Passagierkomfort angeboten. A350-800 und -900 unterscheiden sich primär in der Rumpflänge. Dagegen wird die größte Variante, die A350-1000, nebst längerem Rumpf gegenüber den beiden anderen Ausführungen auch einige weitere Veränderungen erfahren. So ist der Flügel bei gleicher Spannweite um 4% vergrößert bzw. verbreitert. Vorgesehen ist auch ein dreiachsiges Hauptfahrwerk. Schließlich erhält die A350-1000 wesentlich stärkere Triebwerke.
Hersteller: Airbus, Teil der Airbus Group, Werk Toulouse-Blagnac, Frankreich.

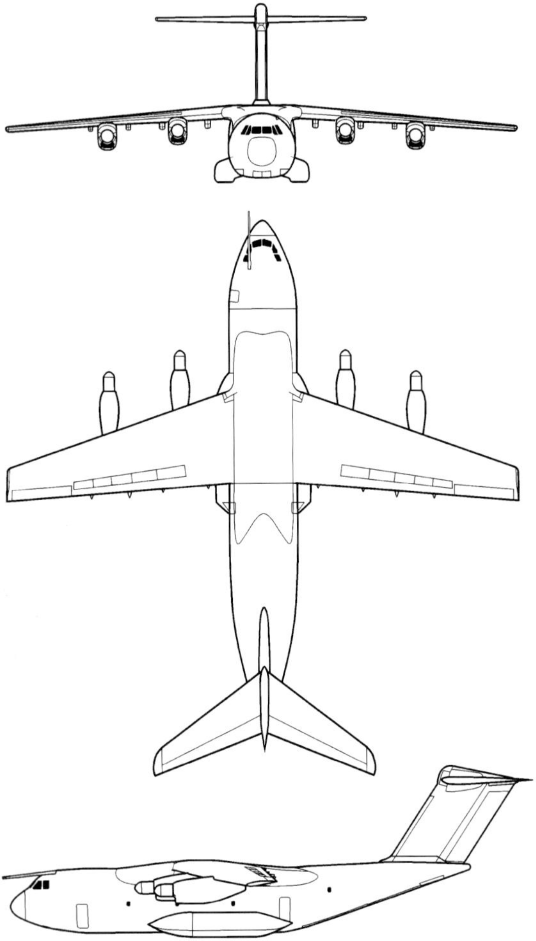

Abmessungen:
Spannweite 42,36 m
Länge 45,10 m
Höhe 14,70 m
Flügelfläche 221,50 m^2.

AIRBUS A400M ATLAS (GRIZZLY)

Ursprungsland: Europäisches Konsortium.
Kategorie: Taktischer und strategischer Militärtransporter.
Triebwerke: Vier Propellerturbinen EuroProp International (EPI) TP400-D6 von je 13000 WPS, reduziert auf 11000 WPS (8200 kW) Leistung.
Leistungen: Max. Reisegeschwindigkeit 780 km/h, Mach 0,72, auf niedriger Höhe 555 km/h; Dienstgipfelhöhe 11300 m; Reichweite mit einer Nutzlast von 20 t 6390 km, mit 30 t 4535 km; Überführungsreichweite 8790 km.
Gewichte: Leergewicht 76820 kg; max. Startgewicht 141000 kg.
Zuladung: Zwei Mann Cockpitbesatzung und z.B. zwei Tiger-Kampfhubschrauber, ein Roland-SAM-System oder ein 12 m-Standard-Container; max. Nutzlast 31500 kg, mit Überlast 37000 kg.
Entwicklungsstand: Der erste von fünf Prototypen nahm die Flugerprobung am 11. Dezember 2009 auf, die erste Serienmaschine folgte am 6. März 2013. Die Indienststellung folgte im Oktober 2013 bei der Französischen Luftwaffe. Nach derzeitigem Informationsstand sind 174 Exemplare von folgenden Luftwaffen bestellt: Belgien 7, Deutschland nur noch 53, Frankreich 50, Großbritannien 22, Luxemburg 1, Malaysia 4, Spanien 27, Türkei 10. Ende 2015 waren rund 25 A400M an die Luftwaffen Frankreichs, Deutschlands, Großbritanniens, Malaysias und der Türkei abgeliefert.
Bemerkungen: Beim Airbus A400M Grizzly (bei der RAF Atlas genannt) werden erstmals für einen Militärtransporter sowohl im Entwicklungs- wie auch im Fertigungsprozess kommerzielle Praktiken angewendet. Viele Elemente stammen von zivilen Modellen ab, so z.B. das Cockpit, welches weitgehend jenem der heutigen Airbus-Verkehrsflugzeuge entspricht. Die A400M löst vorab die C-160 Transall sowie die C-130 Hercules ab. Gegenüber diesen Mustern weist sie bei weitgehend gleich hohen Betriebskosten eine doppelte Nutzlast-/Volumenkapazität auf. Der Frachtraum ist 17,71 m lang (inkl. Rampe 23,11 m), 4,00 m breit sowie 3,85 m hoch. Nebst der Transportausführung ist auch eine Tankervariante geplant. Zudem soll die A400M dank im Frachtraum zu platzierenden modularen Ausrüstungselementen als Plattform für eine Vielzahl weiterer Aufgaben dienen.
Hersteller: Airbus Defense & Space, Teil der Airbus Group, Werk (Endmontage) San Pablo, Sevilla, Spanien.

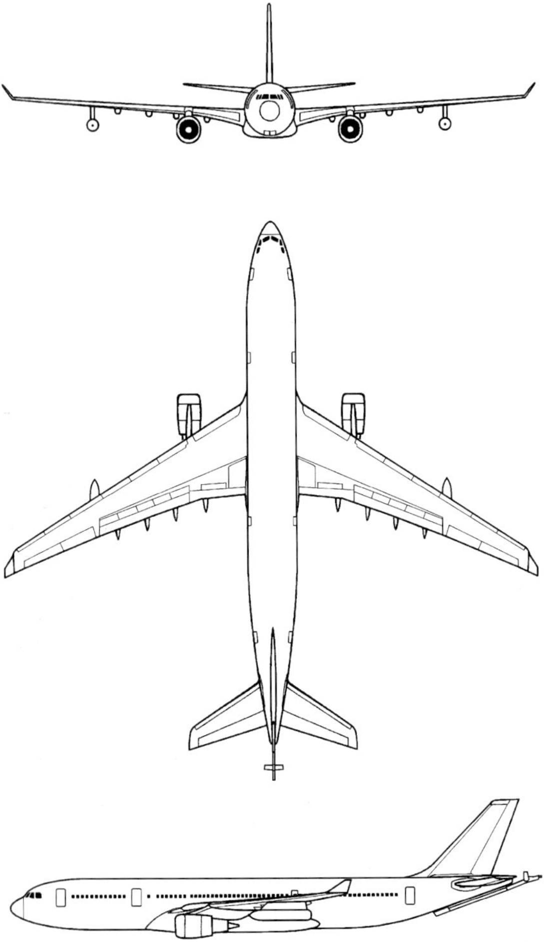

Abmessungen:
Spannweite inkl. Winglets 60,30 m
Länge ohne Luftbetankungsausleger 58,98 m, inkl. Tankausleger 59,69 m
Höhe 17,89 m
Flügelfläche 363,10 m².

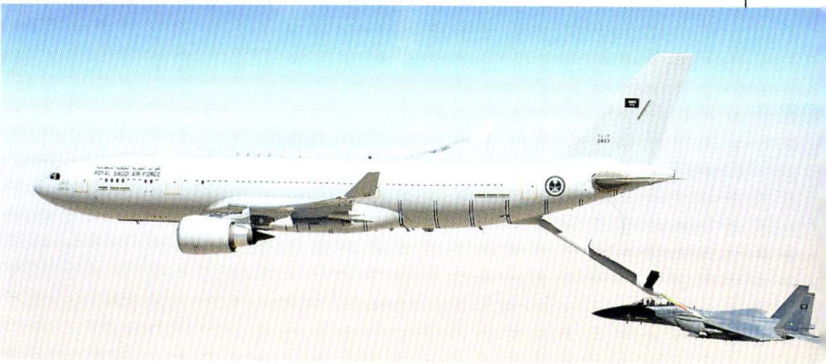

AIRBUS A330-200 MRTT VOYAGER

Ursprungsland: Europäisches Konsortium.
Kategorie: Militärischer Transporter, Tanker und Frachter.
Triebwerke: Zwei Mantelstromtriebwerke Rolls-Royce Trent 772, General Electric CF6-80E1 oder Pratt & Whitney PW4168 von zwischen 29600 und 31000 kp (302 und 316 kN) Standschub.
Leistungen: Max. Reisegeschwindigkeit 900 km/h (Mach 0,86); ökonom. Reisegeschwindigkeit 880 km/h (Mach 0,82); Dienstgipfelhöhe 12650 m; Reichweite als Frachter mit Nutzlasten von 62000 kg bzw. 50000 kg 7780/9815 km, max. Reichweite 14800 km; als Tanker Aktionsradius von 1850 km bei Abgabe von 50000 kg Treibstoff.
Gewichte: Rüstgewicht 120000 kg; max. Startgewicht 233000 kg.
Zuladung: Zwei Mann Cockpitbesatzung und auf dem Hauptdeck 380 Soldaten oder 26 LD3-Container für Fracht; max. Nutzlast als Frachter 62000 kg, als Tanker eine Zuladung von 140000 kg. Für Sanitätseinsätze kann die MRTT mit bis zu 130 Tragen ausgerüstet werden.
Entwicklungsstand: Die erste für militärische Einsätze vorgesehene A330-200 MRTT begann die Flugerprobung am 24. Juni 2006. Aktueller Auftragsbestand: Australien neu 7, bisher 5, Großbritannien 14, Indien 6, neu Qatar 2, Saudi Arabien 6, Singapur 6, neu Südkorea 4, UAE 3. Großbritannien hat die als Voyager bezeichnete A330-200MRTT 2013 in Dienst genommen. Frankreich beschafft 12 Einheiten. Bis Ende 2015 waren 26 Einheiten abgeliefert.
Bemerkungen: Airbus entwickelte aus der A330-Familie eine militärische Variante MRTT als Luftbetanker, die bis zu 140000 l Treibstoff mitführen kann. Die Tanks befinden sich in den Flügeln sowie im unteren Laderaum. So bleibt das Hauptdeck frei für Passagiere und Fracht. Die Treibstoffabgabe erfolgt entweder über zwei Stationen unter den Flügeln oder mittels eines Auslegers am Heck, der auf zwischen 11,6 und 17,8 m ausgefahren werden kann. Die Bedienung erfolgt an einer Konsole im Cockpitbereich. Aus einer Ableitung der Frachtversion A330F (siehe Ausgabe 2014) soll ein Nachfolger für den Airbus-Transporter A300 Beluga gebaut werden. Fünf Exemplare wurden bestellt.
Hersteller: Airbus Defence & Space, Teil der Airbus Group, Werke Toulouse-Blagnac/Getafe, Frankreich/Spanien.

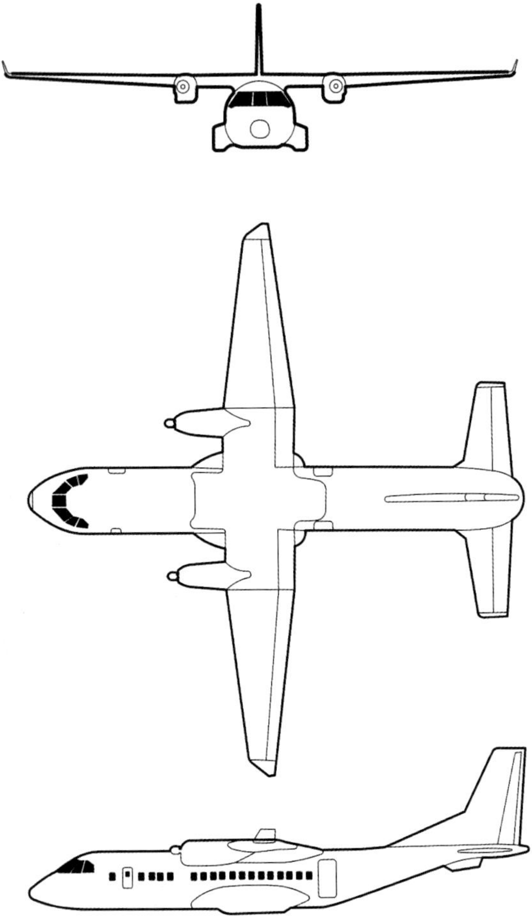

Abmessungen:
Spannweite 25,81 m
Länge 24,45 m
Höhe 8,60 m
Flügelfläche 59,10 m².

AIRBUS (CASA) C295

Ursprungsland: Spanien.
Kategorie: Mehrzwecktransporter.
Triebwerke: Zwei Propellerturbinen Pratt & Whitney Canada PW127G von je 2645 WPS (1972 kW) Leistung, 2920 WPS (2177 kW) mit APR.
Leistungen: Max. Reisegeschwindigkeit 474 km/h auf 7620 m; Steigzeit auf Dienstgipfelhöhe von 7620 m 12 Min; Reichweite mit max. Nutzlast 1445 km, max. Reichweite 5278 km.
Gewichte: Leergewicht 11000 kg; max. Startgewicht 23200 kg.
Zuladung: Zwei Piloten und normalerweise 69 oder bis zu 78 voll ausgerüstete Soldaten; für Evakuationseinsätze 27 liegende Personen und vier Helfer; als Frachter fünf Standard-Container oder drei leichte Fahrzeuge; max. Nutzlast 9250 kg.
Entwicklungsstand: Der erste, bereits dem Serienstandard entsprechende Prototyp, nahm die Flugerprobung am 22. Dezember 1998 auf. Im Oktober 2001 begann CASA mit den Auslieferungen. Folgende Luftwaffen haben bisher Bestellungen aufgegeben: Ägypten 20, Algerien 6, Brasilien 15, Finnland 3, Ghana 2, neu Indien 56 (Lizenzbau), Indonesien 9 (Lizenzbau), Jordanien 2, Kazakhstan 4, Kolumbien 6, Mexico 4, Oman 8, Polen 12, Philippinen 3, Portugal 12, Spanien 13, neu Saudi Arabien 4, Tschechien 4. Für die C295 MPA liegen folgende Aufträge vor: Marine von Chile 6, Portugal 5 der 12 bestellten, UAE 4. Ende 2015 waren 140 Einheiten ausgeliefert, ab 2015 wird nur noch die Version C295W gebaut.
Bemerkungen: Basierend auf der CN-235 (siehe Ausgabe 2012) wurde die C-295 von CASA alleine entwickelt. Durch Einfügen von Rumpfsegmenten vor und hinter dem Flügel vergrößerte man die Außenlänge um 3,10 m, die Kabinenlänge um 3,00 m. Stärkere Triebwerke gelangen zum Einbau, verbunden mit Sechsblatt-Propellern neuester Technologie von Hamilton. Weiter mussten wegen der höheren Gewichte Flügel und Fahrwerk verstärkt werden. Dank dieser Maßnahmen steigt die Ladekapazität gegenüber dem Ausgangsmuster um rund 50%. Die C-295 verfügt über eine neue Avionik Topdeck von Sextant und ist für Luftbetankungen ausgelegt. Die neuesten als C-295W bezeichnete Maschinen sind alle mit Winglets ausgerüstet und erzielen bei reduziertem Treibstoffverbrauch bessere Flugleistungen. Eine Seeüberwachungs- und U-Bootbekämpfungsversion C-295MPA »Persuader« wird ebenfalls angeboten.
Hersteller: Airbus Defense & Space, Teil der Airbus Group, Werk Sevilla, Madrid, Spanien.

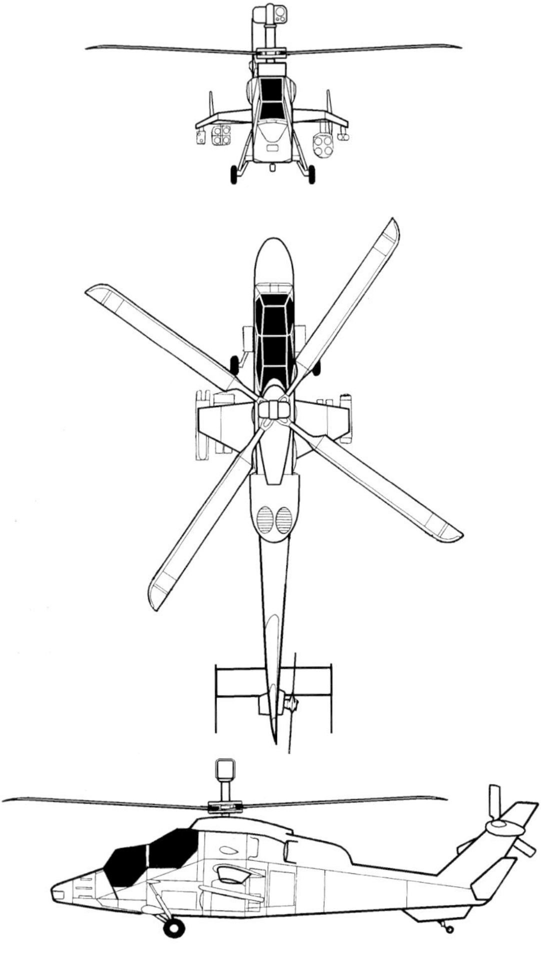

Abmessungen:
Rotordurchmesser 13,00 m
Rumpflänge (HAP mit Kanone) 14,77 m, (UHT) 14,08 m
Höhe inkl. Rotorkopf 3,83 m, inkl. Mastvisier 5,20 m.

AIRBUS HELICOPTERS EC665 TIGER/UHU

Ursprungsland: Frankreich und Deutschland.
Kategorie: Zweisitziger Panzerabwehr- und Erdkampfunterstützungs-Hubschrauber.
Triebwerke: Zwei Gasturbinen MTU/Rolls-Royce/Turboméca MTR 390-E von je 1467 WPS (1094 kW) Leistung.
Leistungen (HAP): Höchstgeschwindigkeit 322 km/h; max. Reisegeschwindigkeit 287 km/h; normale Reisegeschwindigkeit 250 km/h; max. Schrägsteiggeschwindigkeit 11,5 m/Sek; Dienstgipfelhöhe 3960 m; Schwebehöhe ohne Bodeneffekt 3500 m; Flugdauer 2,85 Std; Reichweite 800 km.
Gewichte: Leer (UHT) 4350 kg; normales Startgewicht 5400 kg; max. Überlast (HAD) 6600 kg.
Bewaffnung (HAP): 30-mm-Kanone, bis zu 68 ungelenkte Raketen und vier Mistral-Luft-Luft-Lenkwaffen; (HAD): U.a. acht Panzerabwehrlenkwaffen HOT/Trigat und zwei Luft-Luft-Lenkwaffen Mistral; (UHT): Zwei Behälter für je 22 ungelenkte 67-mm-Raketen, zwei starre 12,7-mm-Kanonen unter den Flügeln und Stinger-Luft-Luft-Lenkwaffen.
Entwicklungsstand: Fünf Prototypen wurden gebaut, wovon der erste am 27. April 1991 erstmals flog. Insgesamt liegen Aufträge für nur noch 183 Tiger vor. Die Französische Luftwaffe erhält 80 Maschinen (je 40 HAP und HAD; Erstflug der letzteren am 17. Dezember 2010), die Deutsche Armee nur noch 57 UHT's. Weitere Besteller: Australische Armee 22, Spanien 24 Einheiten einer verbesserten Ausführung HAD (Lizenzbau, Erstflug 14. Dezember 2007).
Bemerkungen: Drei Versionen werden gebaut: HAP (**H**élicoptère d'**A**ppui **P**rotection = Feuerunterstützung, mit Schützenoptik mittels TV-/Infrarotkamera, Laser-Entfernungsmesser) und HAD (**H**élicoptère **A**ppui **D**estruction = Unterstützungs- und Kampfhubschrauber) für die Französische Armee und UHT (**U**nterstützungs**h**ubschrauber **T**iger, Ausrüstung weitgehend baugleich mit der HAD-Version) für die Deutsche Armee. Die Zelle besteht zu über 75% aus Verbundwerkstoffen. Die Panzerabwehrversion (siehe Dreiseitenriss) erhält ein auf dem Rotormast montiertes Visier mit Kamera. Laufend werden Zusatzsysteme, vorwiegend für den Eigenschutz des Hubschraubers neu installiert.
Hersteller: Airbus Helicopters, Teil der Airbus Group, Werke Donauwörth, Deutschland und Marignane, Frankreich.

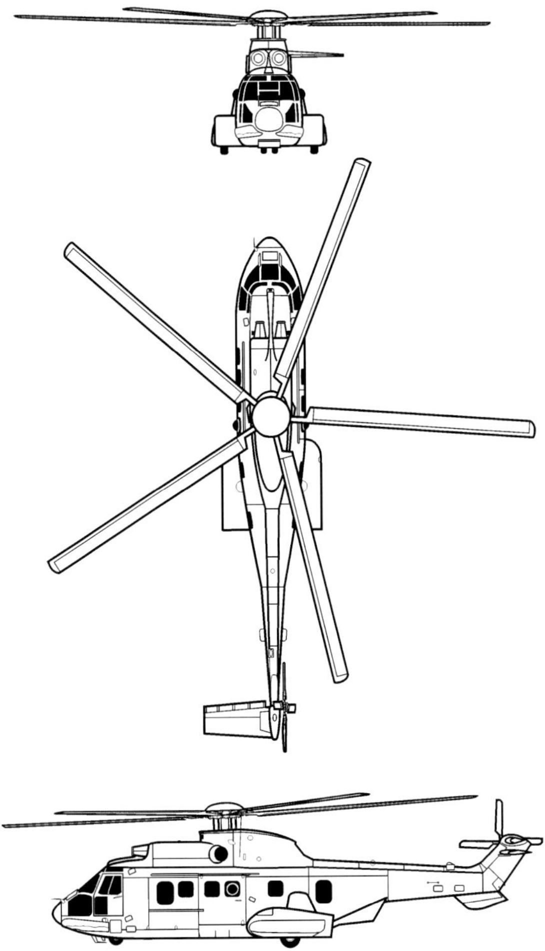

Abmessungen:
Rotordurchmesser 16,20 m
Rumpflänge inkl. Heckrotor 16,79 m
Höhe inkl. Rotorkopf 4,60 m, über Heckrotor 4,97 m.

AIRBUS HELICOPTERS H225 SUPER PUMA/H225M CARACAL

Ursprungsland: Frankreich.
Kategorie: Mittelschwerer ziviler (H225) und militärischer (H225M) Mehrzweckhubschrauber.
Triebwerke (H225): Zwei Gasturbinen Turboméca Makila 2A von je 2100 WPS (1566 kW) Leistung.
Leistungen (H225): Höchstgeschwindigkeit 324 km/h; Reisegeschwindigkeit 262 km/h auf Meereshöhe; max. Schrägsteiggeschwindigkeit 8,7 m/Sek; Schwebehöhe mit Bodeneffekt 3670 m, ohne Bodeneffekt 2481 m; Dienstgipfelhöhe 6095 m; Reichweite mit Standardtreibstoffzuladung 871 km; (H225e) Reichweite mit zehn Passagieren 556 km.
Gewichte (H225): Leer 5256 kg; max. Startgewicht 10400 kg, mit Außenlast 11200 kg.
Zuladung: Zwei Piloten und 24 Passagiere oder 29 Soldaten; max. Nutzlast 5457 kg.
Entwicklungsstand: Erstflug des Prototyps der Ursprungsausführung AS332 am 13. September 1978. Von allen Super Puma-Varianten sind bis heute über 900 Maschinen in Auftrag gegeben worden, davon rund zwei Drittel durch mehr als 40 militärische bzw. paramilitärische Organisationen. 2015 sind zwei namhafte Bestellungen eingetroffen: Luftwaffen von Kuwait 24 H225M bzw. Polen 50 H225M. Die aktuell angebotenen Versionen sind die zivile H225 (Erstflug 27. November 2000) und die Militärausführung H225M in verschiedenen Untervarianten. Der Auftragsbestand von EC225/EC725/H225(M) zusammen beläuft sich derzeit auf etwa 420 Hubschrauber.
Bemerkungen: Anfang 2014 lancierte Airbus Helicopter eine verbesserte Variante der H225e. Um eine größere Reichweite zu erzielen wird in einem Gepäckfach ein 370 Liter-Zusatztank eingebaut. Das maximale Abfluggewicht steigt auf 11500 kg. Dank stärkerer Triebwerke Makila 2A1 sind die Leistungswerte gegenüber dem Ausgangsmuster weitgehend gleich. Eine verbesserte Avionik soll die Belastung des Piloten reduzieren, insbesondere in der Anflugsphase. Weitere Ausführungen sind in früheren Ausgaben von Flugzeuge der Welt beschrieben.
Hersteller: Airbus Helicopter, Teil der Airbus Group, Werk Marignane, Frankreich.

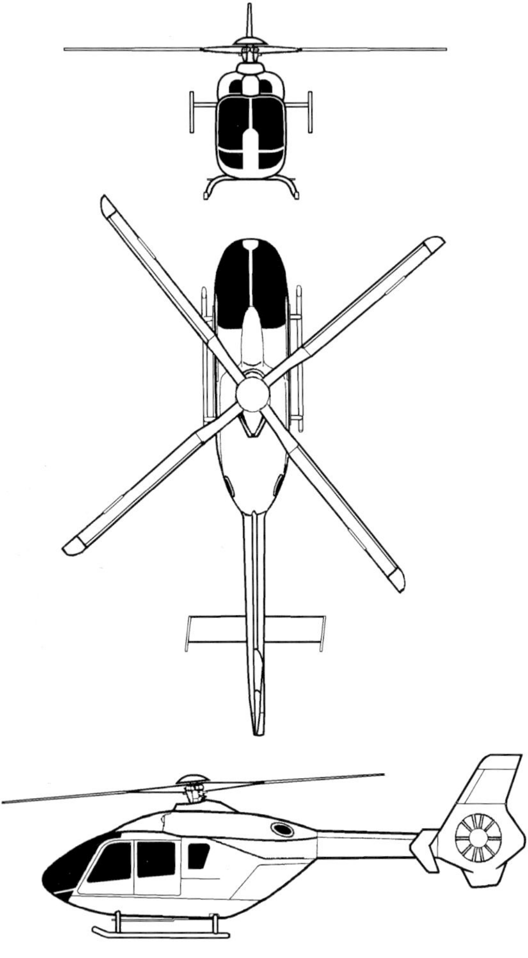

Abmessungen (EC135P3/T3):
Rotordurchmesser 10,40 m
Länge inkl. Rotor 12,26 m, Rumpflänge 10,21 m
Höhe inkl. Rotorkopf 3,16 m, Höhe über alles 3,51 m.

AIRBUS HELICOPTERS H135T2e/H135P3/T3

Ursprungsland: Deutschland.
Kategorie: Leichter Mehrzweckhubschrauber.
Triebwerke: Zwei Gasturbinen (H/EC135T3) Turboméca Arrius 2B2 Plus von je 660 WPS (492 kW) oder (H/EC135P3) Pratt & Whitney Canada PW206B3 gleicher Leistung.
Leistungen (H/EC135P3/T3): Höchstgeschwindigkeit 259 km/h; max. Reisegeschwindigkeit 252 km/h auf Meereshöhe; ökonom. Reisegeschwindigkeit 239 km/h; max. Vertikalsteiggeschwindigkeit 2,00 m/Sek; Dienstgipfelhöhe 6095 m; Schwebehöhe mit Bodeneffekt 4570, ohne 3880 m; max. Reichweite 609 km.
Gewichte (H/EC135PT3/T3): Leer 1482 kg; max. Startgewicht 2980 kg.
Zuladung: Sechs bis acht Personen; bei Rettungseinsätzen zwei Tragen und zwei Sanitäter; max. Nutzlast 1498 kg intern, extern 1300 kg.
Entwicklungsstand: Der erste Prototyp EC135 fliegt seit 15. Februar 1994; Beginn der Ablieferungen am 31. Juli 1996. Die neueste Version EC135P3/T3 begann die Flugerprobung im Juli 2012. Ende 2014 ist das erste Serienexemplar übergeben worden. Airbus Helicopters hat von allen Ausführungen bisher über 1200 Einheiten gebaut. Unter den zahlreichen Operators befinden sich viele Polizeicorps und Rettungsorganisationen aus der ganzen Welt. Die militärische Ausführung heißt neu H135M und wird von verschiedenen Luftwaffen, neu u.a. auch jene von Australien, eingesetzt.
Bemerkungen: Derzeit werden die folgenden Versionen neu als H135 gebaut: EC135P2e/T2e, welche generell bessere Leistungswerte aufweisen. Eine veredelte Version wird unter der Bezeichnung EC135 Hermes vertrieben. Die militärische Ausführung H135M, ist – abgesehen von Zusatzausrüstungen – mit der zivilen jedoch weitgehend identisch. Ganz neu ist die H/EC135P3/T3. Dank leistungsstärkerer Triebwerke kann sie größere Nutzlasten über weitere Strecken transportieren. Zudem sind die »hot-and-high«-Eigenschaften deutlich verbessert. Die Rotorblätter wurden um 10 cm verlängert. Das Cockpit ist weitgehend neu und umfasst eine integrale Avionik von Thales Avionics mit LCD-basierten Multi-Funktions-Displays und einem Navigations-/GPS-System Garmin GTN-750. Unter der Bezeichnung Bluecopter wird derzeit ein Testträger erprobt. Durch geschickte Kombination heute verfügbarer Technologien werden deutlich verbesserte Leistungswerte bei viel geringerer Lärmentwicklung erreicht.
Hersteller: Airbus Helicopters, Teil der Airbus Group, Werk Donauwörth, Deutschland.

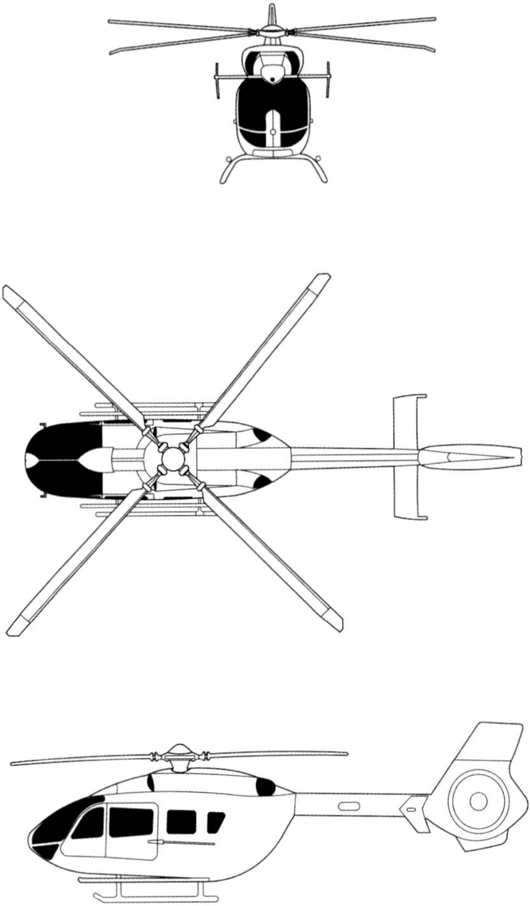

Abmessungen:
Rotordurchmesser 11,00 m
Rumpflänge 10,20 m, mit drehendem Rotor 13,00 m
Höhe inkl. Rotorkopf 3,96 m.

AIRBUS HELICOPTERS H145/UH-72A LAKOTA

Ursprungsland: Deutschland und Japan.
Kategorie: Ziviler (H145) und militärischer (H145M) Mehrzweckhubschrauber.
Triebwerke: Zwei Gasturbinen Turboméca Arriel 2E von je 1038 WPS (775 kW) Leistung.
Leistungen: Höchstgeschwindigkeit 268 km/h auf Meereshöhe; Reisegeschwindigkeit 244 km/h, max. Schrägsteiggeschwindigkeit 8,4 m/Sek; Dienstgipfelhöhe 5486 m; Schwebehöhe mit Bodeneffekt 3932 m, ohne Bodeneffekt 3139 m; normale Reichweite 650 km; Einsatzdauer 3,30 Std.
Gewichte: Leergewicht 1742 kg; max. Startgewicht 3650 kg.
Zuladung: Acht bis zwölf Personen inkl. Piloten; bei EMS-Einsätzen zwei liegende Verletzte und zwei Sanitäter; max. Nutzlast 1731kg.
Entwicklungsstand: Erstflug der EC145 am 12. Juni 1999. Die Ablieferungen begannen Mitte 2001. Aktuell sind fast 550 H145/EC145 im Einsatz, darunter französische Sécurité Civile 32, Gendarmerie 15, ADAC 2, REGA 6. Weitere Großbesteller: Republik Kazakhstan 45, DRF Luftrettung 25 T2 sowie Deutsche Luftwaffe 15 H145M für Kommando-Operationen. 412 UH-72A Lakota (Ende 2015 davon 350 abgeliefert) werden durch die US Army beschafft (Lizenzbau). 100 davon sind neu als Trainingshubschrauber TH-72A vorgesehen, weitere 87 UH-72A werden in diese Version umgebaut. 5 gingen an die US Navy für die Test Pilot School. Zwei der neuesten Besteller: Saudi Arabien 23 H145, Thailand: Luftwaffe 6 und Marine 4.
Bemerkungen: Seit Juni 2010 fliegt die EC145T2 (neu als H145 bezeichnet) mit wesentlich stärkeren Triebwerken und überarbeitetem Getriebe sowie neuer integraler Avionik Helionix. Damit verbessern sich alle Flugleistungen, insbesondere in hohen und heißen Gebieten. Ganz neu ist der Fenestron-Heckrotor aus Verbundwerkstoff; Ablieferung ab 2013. Unter der Bezeichnung UH-72A Lakota betreibt die US Army eine Weiterentwicklung der Basisversion mit spezifischer Ausrüstung. Seit 2015 wird eine vereinfachte Version der H145 angeboten, die dank geringerem Leergewicht und erhöhtem Abfluggewicht rund 145 kg mehr Zuladung mitführen kann.
Hersteller: Airbus Helicopters, Teil der Airbus Group, Werke Donauwörth, Deutschland, sowie Kawasaki Heavy Industries Ltd., Gifu, Japan.

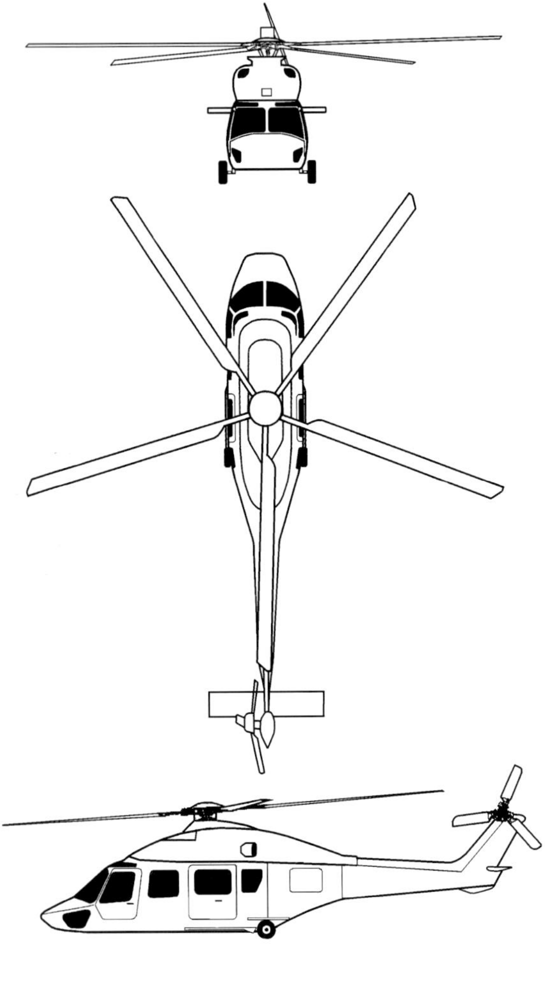

Abmessungen:
Rotordurchmesser 14,80 m
Rumpflänge 15,68 m
Höhe über Rotorkopf 3,47 m, über Heckrotor 5,34 m.

AIRBUS HELICOPTERS H175/AC352

Ursprungsland: Frankreich und Volksrepublik China.
Kategorie: Ziviler Mehrzweckhubschrauber.
Triebwerke: Zwei Gasturbinen Pratt & Whitney Canada PT6C-67E von je 1775 WPS (1325 kW) Leistung.
Leistungen: Höchstgeschwindigkeit 305 km/h; Reisegeschwindigkeit 278 km/h; Dienstgipfelhöhe 6000 m, Aktionsradius mit 16 Passagieren bei Offshore-Einsätzen 250 km, Reichweite 1175 km; max. Flugzeit 4 Std. 19 Min.
Gewichte: Leergewicht 4630 kg; max. Startgewicht rund 7800 kg.
Zuladung: Zwei Piloten und 16 Passagiere.
Entwicklungsstand: Die Flugerprobung des ersten Prototyps begann am 17. Dezember 2009, der zweite startete genau ein Jahr später. Das erste Serienmuster fliegt seit Dezember 2012. Aus technischen Gründen verzögerte sich der Beginn der Auslieferungen an Kunden auf Ende 2014. Bisher sind über 50 Festbestellungen (+ Optionen) von 18 Betreibern bekannt gegeben worden, darunter von Bristow (17), Héli Union (4), Milestone Aviation (5) und UTair (15) und neu Hong Kong Gvt. Flying Service (7). Die EC175 wird parallel in Frankreich wie auch in China endmontiert, die Teileherstellung erfolgt jeweils nur an einem Ort.
Bemerkungen: Die EC175 ist ein 50 : 50-Joint-Venture zwischen Frankreich und der Volksrepublik China. Dieses neue Muster zeichnet sich durch eine breite Einsatzmöglichkeit aus. Dazu weist es eine vergleichsweise sehr große Kabine auf. Weitere Attribute sind hohe Sicherheit und dank reduzierten Wartungskosten auch eine gute Wirtschaftlichkeit. Konstruktion wie auch eingebaute Systeme entsprechen der heutigen State-of-the-Art. Weite Teile des Rumpfes sind aus Verbundwerkstoffen. Eingebaut ist die neueste Avionik Helionix. Was Platzverhältnisse, Reisekomfort, Vibrations- und Lärmwerte wie auch Emissionslasten angeht, sollen Bestwerte erreicht werden. In der Volksrepublik China wird dieser Typ neu unter der Bezeichnung AC352 gebaut. Seit 2013 bietet der Hersteller eine spezifische VIP-Version an. Später könnte noch eine militärische Ausführung folgen.
Hersteller: Airbus Helicopters, Teil der Airbus Group, Werke Marignane, Frankreich und Harbin Aviation Industry Group (AVIC II), Harbin, Volksrepublik China.

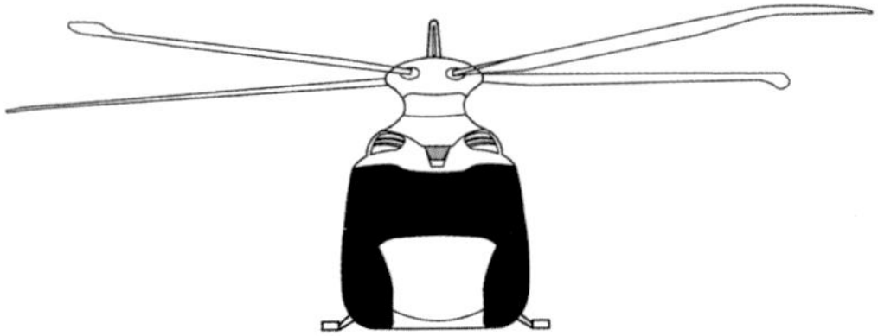

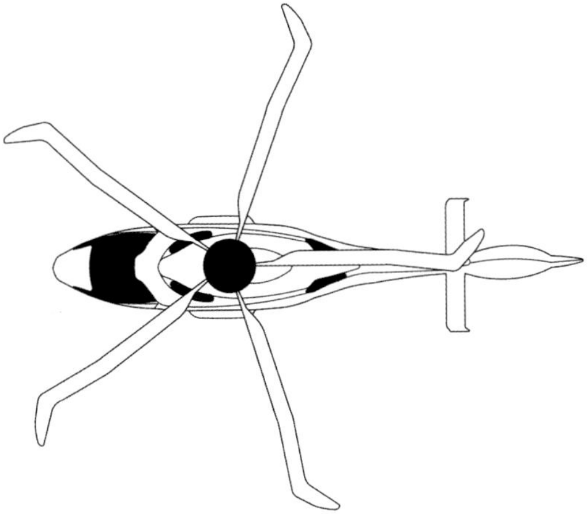

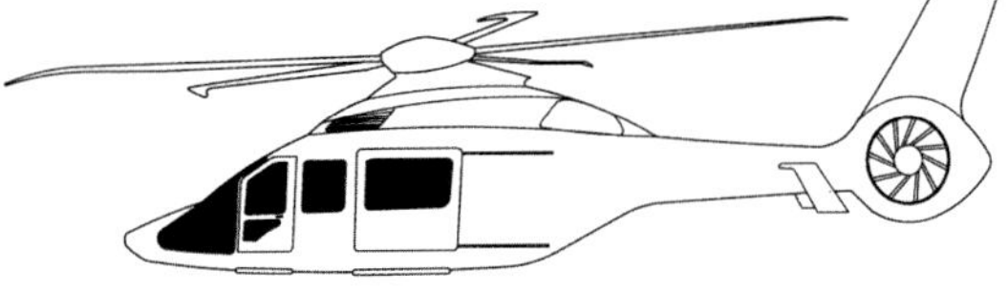

Abmessungen:
Noch keine Angaben erhältlich.

AIRBUS HELICOPTERS H160

Ursprungsland: Frankreich.
Kategorie: Ziviler Mehrzweckhubschrauber.
Triebwerke: Zwei Gasturbinen (Prototyp) Pratt & Whitney Canada PW210 von je 1100 WPS (809 kW) bzw. (Serienhubschrauber) Turboméca Arrano 1A von je zwischen 1100 und 1300 WPS (809 bis 956 kW) Leistung.
Leistungen: (noch sehr provisorische Angaben des Herstellers): Höchstgeschwindigkeit 324 km/h; max. Reisegeschwindigkeit 296 km/h; Reichweite mit max. interner Treibstoffzuladung rund 830 km.
Gewichte: Max. Startgewicht zwischen 5500 und 6500 kg.
Zuladung: Zwei Piloten und bis zu 12 Passagiere. Nutzlast noch unbekannt.
Entwicklungsstand: Ein erster Prototyp nahm die Flugerprobung am 13. Juni 2015 auf, ein zweiter folgte im Dezember 2015. Erste Kundenablieferungen sind für 2018 geplant. Der Auftragsbestand ist noch nicht bekannt.
Bemerkungen: Mit der vollständig neu entwickelten H160 lancierte Airbus Helicopters eine neue Generation von Hubschraubern. Primär als Nachfolger der EC155 (siehe Ausgabe 2015) gedacht, handelt es sich weltweit um den ersten zivilen Hubschrauber, welcher vollständig aus Verbundwerkstoffen hergestellt ist. Es gelangen neu entwickelte Turbinen zum Einbau, der Fünfblattrotor weist neuartige, mehrfach geknickte Rotorblätter auf. Damit soll der Lärm besonders im Vorwärtsflug minimiert werden. Dank des um 12° Grad geneigten Fenestron-Heckrotors reduziert sich der Leistungsbedarf im Schwebeflug. Weiter fällt das Höhenleitwerk auf, welches aus zwei übereinander angeordneten Flächen besteht. Eingebaut ist die neueste Helionix-Avionik, die insbesondere die Arbeitsbelastung der Piloten reduzieren wird. Das Fahrwerk wird elektrisch ein- und ausgefahren. Verschiedene Konfigurationen werden angeboten wie beispielsweise für Offshore-Einsätze, VIP- und allgemeine Personentransporte.
Hersteller: Airbus Helicopter, Teil der Airbus Group, Werk Marignane, Frankreich.

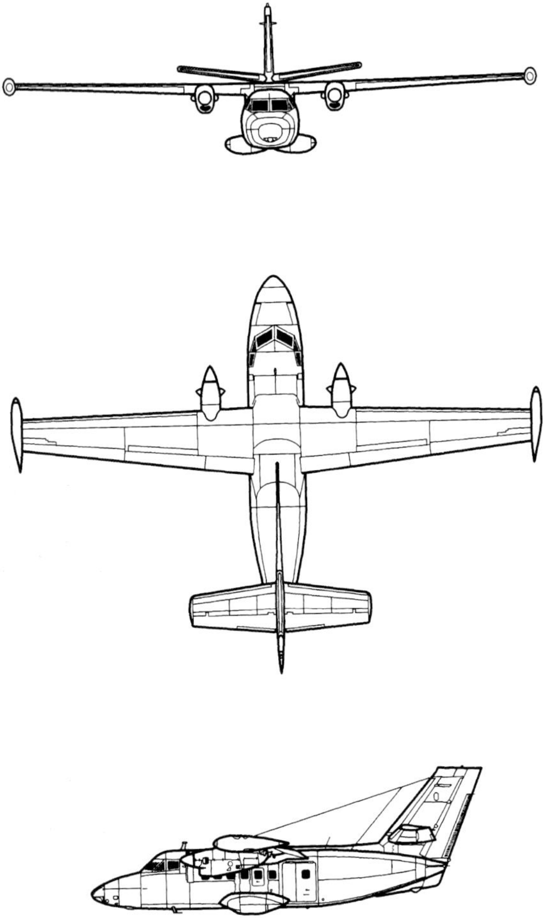

Abmessungen:
Spannweite 19,98 m
Länge 14,42 m
Höhe 5,83 m
Flügelfläche 34,86 m^2.

AIRCRAFT INDUSTRIES L-410 NG/L-410 UVP-E20

Ursprungsland: Tschechien/Russland.
Kategorie: Kurzstrecken-Transportflugzeug für militärische und zivile Zwecke.
Triebwerke: Zwei Propellerturbinen General Electric (L-410 UVP-E-20) H80-200 von je 800 WPS (597 kW) bzw. (L-410 NG) H85 von je 850 WPS (634 kW) Leistung.
Leistungen (L-410 UVP-E20/L-410 NG): Max. Reisegeschwindigkeit 405/417 km/h; max. Steiggeschwindigkeit 8,5 m/Sek; Dienstgipfelhöhe 8382 m; max. Reichweite 1520/2500 km; max. Flugdauer 5,1/10 Std.
Gewichte: Rüstgewicht ca. 4200 kg; max. Startgewicht 6600 kg.
Zuladung: Zwei Mann Cockpitbesatzung und je nach Innenausstattung bis zu 19 Passagiere, als Frachter max. Nutzlast (L-410 UVP-E20/L-410 NG) 1800/2154 kg.
Entwicklungsstand: Die Ursprungsausführung L-410 flog erstmals am 16. April 1969. 1138 wurden ausgeliefert, davon sind heute noch rund 200 in Betrieb. Die erste L-410 UVP-E20 startete am 16. November 2011 zum Erstflug, die neueste Ausführung L-410NG am 29. Juli 2015. Mit den Auslieferungen der L-410 UVP-E20 begann man 2013. Bisher sind von dieser Variante etwa 50 Einheiten verkauft worden, darunter drei für die Luftwaffe von Bangladesh. Die L-410 NG ist ab 2017 erhältlich.
Bemerkungen: Eines der erfolgreichsten Transportflugzeuge der Sowjetunion-Aera wurde neu lanciert. Die neue Ausführung L-410 UVP-E20 verbindet die guten Eigenschaften eines robusten und wirtschaftlichen Transporters der Ursprungsvariante L-410 mit modernen Komponenten. Allen voran sind die GE-Triebwerke zu erwähnen, eine Weiterentwicklung der Walter M601-E/F-Turbine, sowie eine State-of-the-Art Avionik. Die L-410 weist die größte Kabine in ihrer Klasse auf und kann für die verschiedensten Zwecke schnell umgerüstet werden. Dieses sehr einfach und robust gebaute Flugzeug verfügt über STOL-Eigenschaften und kann dank dem widerstandsfähigen Fahrwerk auf unvorbereiteten Pisten starten und landen, dies auch in heißen und hochgelegenen Gebieten. Die Version L-410 NG erhielt einen neuen Flügel mit erhöhter Treibstoffkapazität sowie die Garmin G3000-Avionik.
Hersteller: Aircraft Industries, ex. LET Kunovice, Tochtergesellschaft der russischen UMMC, Kunovice, Tschechien und Ural Factory of Civil Aviation (UZGA).

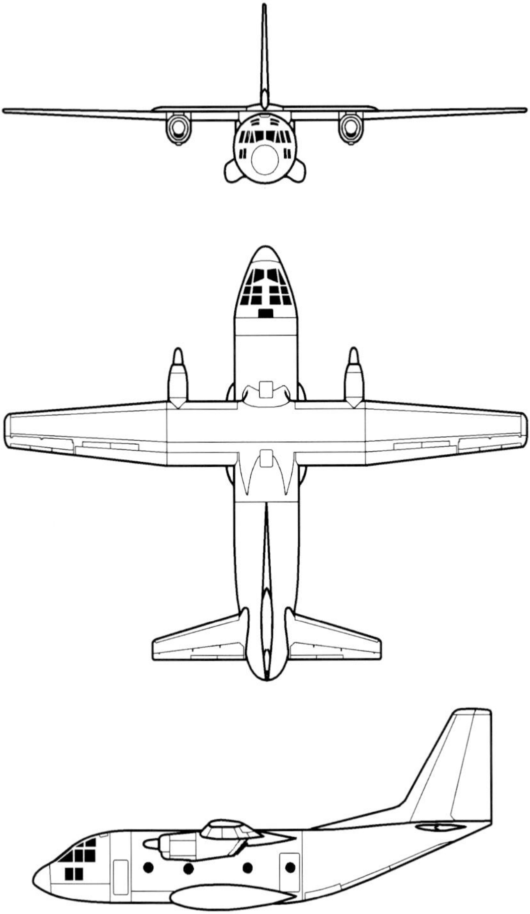

Abmessungen:
Spannweite 28,70 m
Länge 22,70 m
Höhe 9,64 m
Flügelfläche 82,00 m².

ALENIA AERMACCHI C-27J SPARTAN

Ursprungsland: Italien.
Kategorie: Militärischer Mehrzweck- und STOL-Transporter.
Triebwerke: Zwei Propellerturbinen Allison AE2100-D2 von je 4637 WPS (3460 kW) Leistung.
Leistungen: Max. Reisegeschwindigkeit 602 km/h, Langstrecken-Reisegeschwindigkeit 500 km/h auf 6000 m; Anfangssteiggeschwindigkeit 10+ m/Sek; Dienstgipfelhöhe 9150 m; Reichweite mit einer Nutzlast von 10000 kg 1852 km, mit 6000 kg 4260 km; Überführungsreichweite 5926 km.
Gewichte: Leergewicht 16500 kg; max. Startgewicht 31800 kg.
Zuladung: Zwei Mann Cockpitbesatzung und als Truppentransporter 53 voll ausgerüstete Soldaten, 46 Fallschirmjäger oder 36 Verwundete bzw. bis zu 11500 kg Fracht.
Entwicklungsstand: Der erste Prototyp der C-27J fliegt seit 25. September 1999, gefolgt vom ersten Serienmuster am 12. Mai 2000. Die C-27J wurde nach zivilen Grundsätzen im Juni 2001 zugelassen, erste Auslieferungen erfolgten ab 2003. 82 Bestellungen sind bisher eingegangen, u.a. von Australien 10, Bulgarien 2, Griechenland 8, Italien 12, Litauen 3, Marokko 4, Mexico 4, Peru 4, Rumänien 7, Slowakei 2, Taiwan 6, Tschad 2, USAF 16 und neu Zambia? 2. Ende 2015 befanden sich rund 70 Maschinen im Einsatz.
Bemerkungen: Die C-27J ist in einem Joint-Venture von 50 : 50 mit Lockheed Martin entwickelt worden. Sie weist viele Gemeinsamkeiten mit dem mittelschweren Transporter C-130J Hercules II auf (siehe Seiten 216/217). So sind Triebwerk, Sechsblattpropeller und Avionik weitgehend identisch. Damit verspricht man sich bei einem gemeinsamen Beschaffen beider Muster einen wesentlich wirtschaftlicheren Betrieb. Zusammen mit der US Firma ATK bietet der Hersteller unter der Bezeichnung MC-27J Praetorian eine Version als Kampfzonentransporter an. Dazu können mittels einschiebbaren Paletten u.a. eine 30-mm-Kanone GAU-23 Bushmaster, elektrooptische Instrumente oder Infrarotsensoren mitgeführt werden. Die Italienische Luftwaffe wird drei bestehende Einheiten in diese Version umbauen. Ab Mitte 2017 soll eine verbesserte Variante verfügbar sein. Die Triebwerke leisten neu 5100 WPS (3800 kW). Zudem wird eine überarbeitete Avionik eingebaut. Zusammen mit den bereits erhältlichen Winglets kann damit das maximale Startgewicht um 700 kg auf 32500 kg erhöht werden.
Hersteller: Alenia Aermacchi Aeronautica, Rom, Werk Torino-Caselle, Italien.

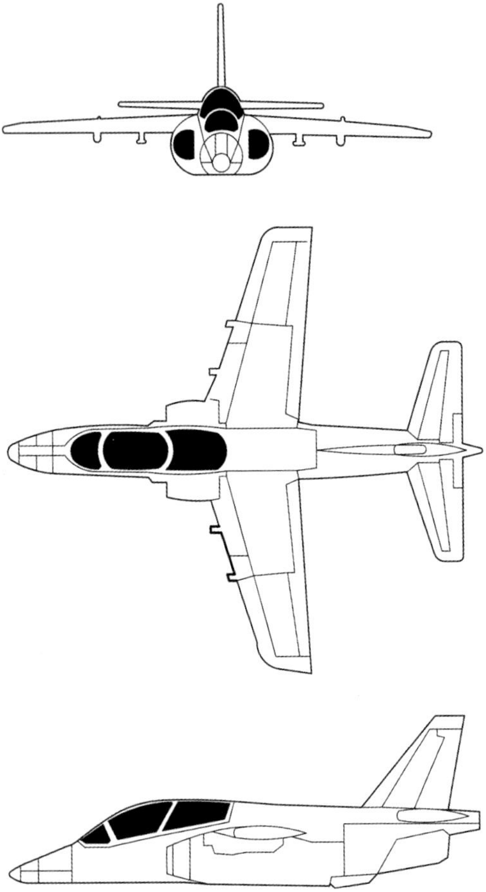

Abmessungen:
Spannweite 8,43 m
Länge 9,85 m
Höhe 3,80 m
Flügelfläche 12,60 m².

ALENIA AERMACCHI M-345 HET

Ursprungsland: Italien.
Kategorie: Basis- und Fortgeschrittenentrainer.
Triebwerke: Ein Mantelstromtriebwerk Williams International FJ44-4M von 1542 kp (15,12 kN) Standschub.
Leistungen (geschätzt): Höchstgeschwindigkeit 795 km/h; max. Reisegeschwindigkeit 740 km/h; Anfangssteiggeschwindigkeit 24 m/Sek; Dienstgipfelhöhe 12190 m; max. Reichweite 1778 km.
Gewichte: Leergewicht 2300 kg; max. Startgewicht 4100 kg.
Bewaffnung: An vier Stationen unter den Flügeln und einer unter dem Rumpf können Waffen aller Art bis zu einem Gewicht von 1000 kg mitgeführt werden.
Entwicklungsstand: Ein noch nicht der definitiven Ausführung entsprechender Demonstrator M-311 fliegt seit 2012. Der erste eigentliche Prototyp soll die Flugerprobung Anfang 2016 aufnehmen. Soweit bekannt, will die Italienische Luftwaffe 30 Exemplare dieses Typs als Ersatz für die Aermacchi MB.339 beschaffen, u.a. auch für die Kunstflugstaffel »Frecce Tricolori«. Die Einsatzreife soll 2017 erreicht werden. Das Ausgangsmuster SIAI-Marchetti S.211 fliegt seit 1981 und wurde an mehrere Luftwaffen, u.a. Singapur und Philippinen geliefert.
Bemerkungen: Unter dem Motto »HET - **H**igh **E**fficency **T**rainer« wird aus der S.211 eine aktualisierte Ausführung M-345 mit äußerst günstigen Betriebskosten entwickelt. Diese sollen sich für diesen Jet in etwa in der Größenordnung eines propellerbetriebenen Trainers der Pilatus PC-9-Kategorie bewegen. Die M-345 füllt die Nische zwischen den Basistrainern und den Fortgeschrittenentrainern aus. Was die Zelle angeht, ist sie konventionell fast ausschließlich aus Aluminium. Die Avionik basiert auf jener der Alenia Aermacchi M-346 (siehe Seiten 54/55), ausgestattet u.a. mit sog. HOTAS-Controls, Head-Up-Display, Multifunktions-Displays und realtime Datalink. Wie weit um diesen Typen herum ein ganzes Trainingssystem angeboten wird, ist noch nicht bekannt.
Hersteller: Alenia Aermacchi SpA, Werk Varese-Venegono, Italien.

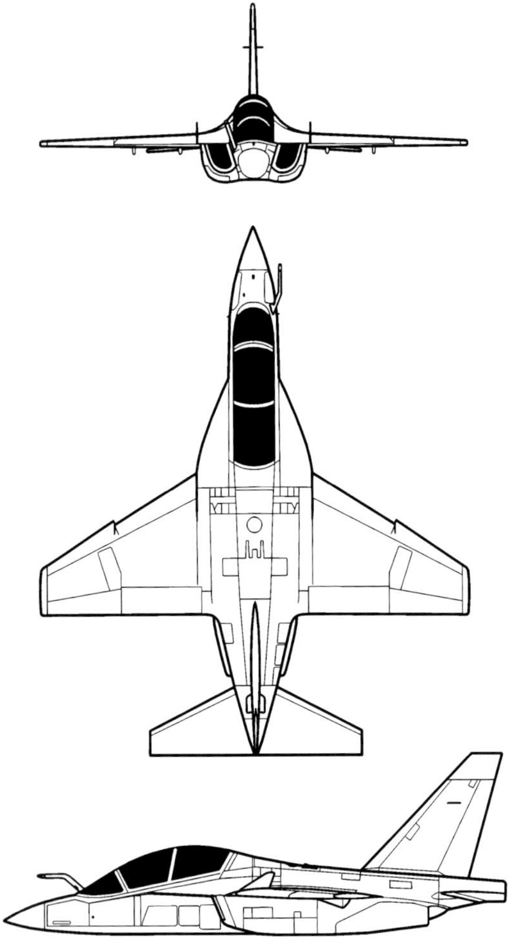

Abmessungen:
Spannweite 9,72 m
Länge 11,49 m
Höhe 4,91 m
Flügelfläche 23,52 m^2.

ALENIA AERMACCHI M-346/T-346A MASTER

Ursprungsland: Italien.
Kategorie: Fortgeschrittenentrainer.
Triebwerke: Zwei Mantelstromtriebwerke ITEC Honeywell F124-GA-200 von je 2850 kp (27,95 kN) Standschub.
Leistungen: Höchstgeschwindigkeit 1092 km/h (Mach 0,96) auf 1520 m; Anfangssteiggeschwindigkeit 112 m/Sek; Dienstgipfelhöhe 13700 m; Reichweite mit max. internem Kraftstoff 1980 km, mit zwei externen Zusatztanks und 10% Reserven 2720 km.
Gewichte: Leergewicht 3910 kg; Startgewicht für Trainingseinsätze 7400 kg, mit voller Bewaffnung 10200 kg.
Bewaffnung: Die M-346 kann an bis zu neun Außenlastträgern eine Waffenlast von bis zu 3000 kg mitführen.
Entwicklungsstand: Das erste von drei Erprobungsmustern startete am 15. Juli 2004 zum Erstflug. Der zweite Prototyp folgte am 17. Mai 2005, das erste Serienmuster am 7. Juli 2008. Als Erstbesteller beschafft die Italienische Luftwaffe vorerst neun, später insgesamt 15 als T-346A bezeichnete Maschinen. Die ersten Exemplare wurden im November 2011 abgeliefert. Weitere Besteller: Israel 30, Singapur 12, Polen 8, UAE eventuell 48.
Bemerkungen: Die T-346A (früher als M-346 Master bezeichnet) ist eine Ableitung des russisch-italienischen Gemeinschaftsprojekts Yak/AEM-130 (siehe Seiten 314/315). Obwohl äußerlich diesem Muster ähnlich, handelt es sich weitgehend um eine Neukonstruktion mit etwas geringeren Abmessungen. Die Struktur besteht überwiegend aus Leichtaluminium, Teile der Flügel sowie Höhen- und Seitenleitwerk sind aus Verbundwerkstoffen. Eine wesentliche Neuerung stellt die von Teleavio/Marconi gelieferte, je nach Einsatz verschieden programmierbare Flugsteuerung dar. Diese kann von manuell bis zur Fly-By-Wire-Konfiguration eingestellt werden. Dadurch lässt sich ein optimaler Trainingseffekt erzielen. Die doppelt redundante Avionik-Struktur basiert auf einem MIL-STD-1553B-Databus und umfasst u.a. TACAN, IFF, IN/GPS usw. Dank diesen Vorzügen ist die M-346 eines der zurzeit weltweit fortschrittlichsten Trainingssysteme für angehende Kampfflieger. Neu wird eine Erdkampfversion mit stärkeren Triebwerken geprüft.
Hersteller: AleniaAermacchi SpA, Werk Varese-Venegono, Italien.

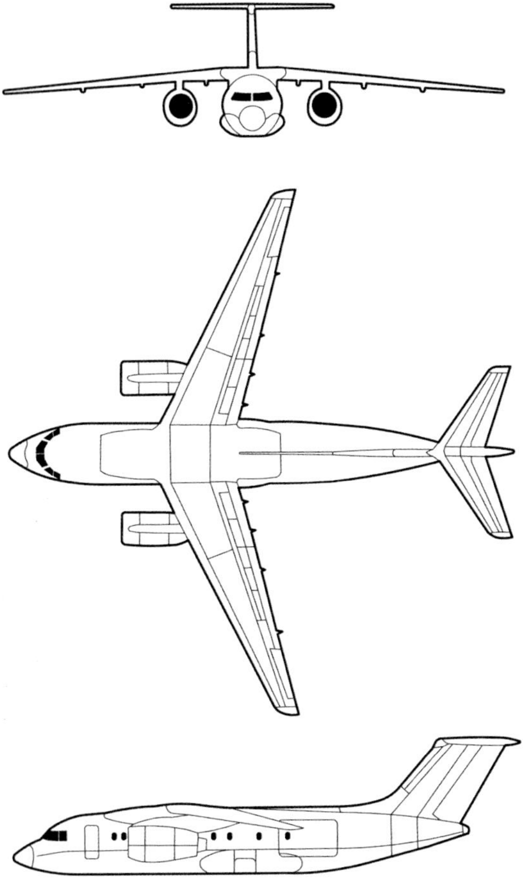

Abmessungen:
Spannweite 28,84 m
Länge 32,95 m
Höhe 10,14 m
Flügelfläche 87,32 m².

ANTONOW AN-178

Ursprungsland: Ukraine/Russland.
Kategorie: Mittelschwerer Militärfrachter.
Triebwerke: Zwei Mantelstromtriebwerke Ivchenko-Progress D-436-148FM von je 7880 kp (77,27 kN) Standschub.
Leistungen (provisorische Angaben, analog An-158): Höchstgeschwindigkeit etwa 870 km/h; Dienstgipfelhöhe 12500 m; Reichweite mit max. Nutzlast 1000 km; Überführungsreichweite 5500 km.
Gewichte: Maximales Startgewicht 52400 kg.
Zuladung: Zwei Piloten und bis zu 99 voll ausgerüstete Soldaten, 80 Fallschirmspringer, 70 Verletzte auf Tragen oder sechs Standardpaletten. Die maximale Nutzlast beträgt gemäß Hersteller 18000 kg.
Entwicklungsstand: Der Erstflug des Prototyps fand am 7. Mai 2015 statt, ein zweiter befindet sich im Bau. Bisher hat sich noch keine Luftwaffe für diesen Typ entschieden. Saudi Arabien prüft jedoch die Beschaffung von bis zu 30 Einheiten. Von ziviler Seite sollen u.a. von der Silk Way Airlines zehn Einheiten bestellt sein. Erste Ablieferungen sind für 2017 vorgesehen.
Bemerkungen: Im Kampf um einen Nachfolger der erfolgreichen Lockheed C-130 Hercules und Antonow An-12 gesellt sich ein weiterer Kandidat dazu. Ausgehend von der An-148/158 (siehe Ausgabe 2014) wird eine Variante für militärische Transporteinsätze entwickelt. Von letzterer übernimmt sie den Hauptflügel und das Seitenleitwerk. Rumpf und Höhenleitwerk sind dagegen Neukonstruktionen. Wie vom Markt erwartet, zeichnet sich die Konstruktion durch einfache und robuste Bauweise aus. Start und Landungen ab unvorbereiteten Pisten sind möglich. Die Innenmaße des Frachtraums sollen in etwa jenem der Antonow An-12 entsprechen. Weitere Angaben sind noch nicht erhältlich. Der Hersteller prüft auch eine Variante mit Rolls Royce- oder Pratt & Whitney-Triebwerken.
Hersteller: Antonow Aeronautical Scientific Complex, Kiew, Ukraine.

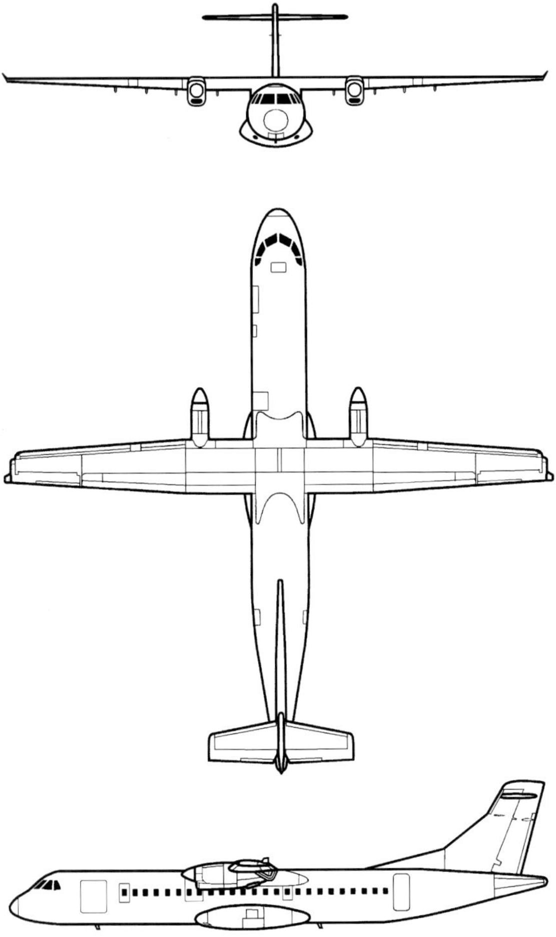

Abmessungen (ATR 42/ATR 72):
Spannweite 24,57/27,05 m
Länge 22,67/27,17 m
Höhe 7,59/7,65 m
Flügelfläche 54,50/61,00 m².

ATR 42-600/ATR 72-600

Ursprungsland: Frankreich und Italien.
Kategorie: Regionalverkehrsflugzeug.
Triebwerke (ATR 42-600/ATR 72-600): Zwei Propellerturbinen Pratt & Whitney Canada PW127M von je 2160 WPS (1590 kW) bzw. 2475 WPS (1820 kW) Startleistung.
Leistungen (ATR 42-600/ATR 72-600): Max. Reisegeschwindigkeit 555/511 km/h auf 7620 m; ökonom. Reisegeschwindigkeit 450 km/h auf 7620 m; Reichweite mit 48/68 Passagieren und max. Gepäckzuladung 1484/1527 km und ohne Nutzlast über 4000 km.
Gewichte (ATR 42-600/ATR 72-600): Rüstgewicht 11300/13010 kg; max. Startgewicht 18600/23000 kg.
Zuladung: Zwei Mann Cockpitbesatzung und verschiedene Innenausstattungen für (ATR 42) max. 48 bzw. (ATR 72) 64 bis 74 Passagiere in Viererreihen mit Mittelgang; Nutzlast (ATR 42-500/600) 5450/5500 kg, als Frachter 5800 kg bzw. (ATR 72-500/600) 7350/7500 kg.
Entwicklungsstand: Die neueste Ausführung ATR 72-600 begann die Flugerprobung am 24. Juli 2009. Eine erste ATR-72-600 erhielt der Erstbesteller am 19. August 2011. Im Dezember 2014 wurde die 200. Einheit abgeliefert. Von allen Varianten waren bis Ende 2015 1538 Flugzeuge von über 200 Operators bestellt, 1278 davon ausgeliefert. Aktuell beläuft sich die Jahresproduktion auf rund 80 Einheiten.
Bemerkungen: Mit der ATR-42/72-600 wurde die dritte Generation dieses bewährten Flugzeugs lanciert. Bei gleichen Abmessungen wie die früheren Varianten erfährt sie einige Verbesserungen. So sind stärkere Triebwerke PW127M eingebaut, die insbesondere bessere Startleistungen auf hoch gelegenen Flugplätzen ermöglichen. Zudem kann eine größere Nutzlast mitgeführt werden. Das Cockpit ist völlig neu und mit einer Thales-Avionik ausgerüstet. Weiter erhöhte man den Kabinenkomfort. Derzeit wird an einer nochmals verbesserten, größeren und voraussichtlich mit einem neuen Rumpf ausgestatteten Weiterentwicklung für 90 Passagiere gearbeitet. Unter der Bezeichnung ATR 72-600THMUA ist eine Seeüberwachungsversion erhältlich. Zehn Einheiten hat die Türkische Marine beschafft, Italien vier als P-72A bezeichnet.
Hersteller: Avions de Transport Régional (ATR): Aérospatiale Matra, Toulouse-Blagnac, Frankreich und Alenia, Neapel, Italien.

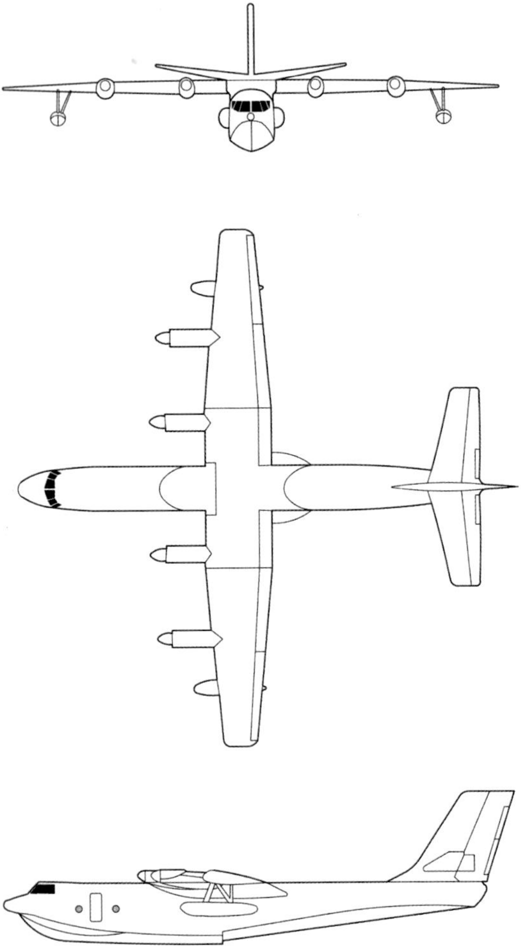

Abmessungen (sehr provisorische Angaben):
Spannweite 38,80 m
Länge 36,74 m
Höhe 12,84 m.

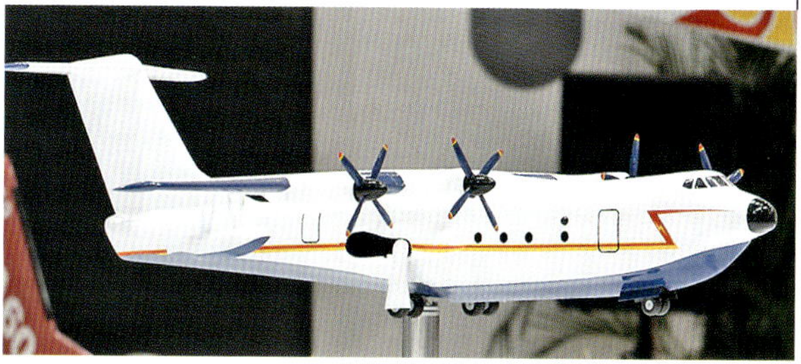

AVIC AG600

Ursprungsland: Volksrepublik China.
Kategorie: Amphibisches SAR- oder auch ASW-/Patrouillenflugzeug für Langstrecken, ev. auch für zivile Einsätze (z.B. Löscheinsätze) vorgesehen.
Triebwerke: Vier Propellerturbinen WJ-6 von je 5103 WSP (3805 kW) Leistung.
Leistungen (noch sehr provisorisch, nach Angaben des Herstellers): Höchstgeschwindigkeit 560 km/h; Reisegeschwindigkeit 450 km/h; Dienstgipfelhöhe 6000 m; Reichweite 5500 km.
Gewichte: Leergewicht 20000 kg; max. Startgewicht 49000 oder 53500 kg.
Zuladung: Zwei Mann Cockpitbesatzung und je nach Innenausstattung und Aufgabe bis zu 50 Personen. Max. Nutzlast 12000 kg.
Entwicklungsstand: An der Luftfahrtausstellung in Zhuhai im November 2012 wurde ein Modell eines neuen chinesischen Amphibienflugzeugs vorgestellt. Derzeit wird ein Prototyp gebaut, der voraussichtlich 2016 erstmals fliegen wird. Wann mit der Serienfertigung zu rechnen ist, wurde bisher nicht bekannt. Gemäß Hersteller sollen bereits 17 Einheiten bestellt worden sein.
Bemerkungen: In Größe und Auslegung dürfte dieses neue Muster der japanischen Shinmaywa US-2 (siehe Ausgabe 2014) recht nahe kommen, in den Dimensionen aber etwas größer sein. Die AG600 ist für eine Vielzahl von Aufgaben vorgesehen, so beispielsweise als Passagierflugzeug, als Frachter bzw. als Combi-Frachter sowie auch als Patrouillenflugzeug/Seenotretter. Auch eine Version als Löschflugzeug mit einer Wasserzuladung von 12000 Litern soll geplant sein. Rumpf und Flügel sind weitgehend vollständig aus Aluminium. Der Hauptflügel ist als Schulterdecker, das Heckleitwerk in T-Form ausgelegt. Dank des in der Mitte abgestuften Rumpfes in Bootsform werden sehr gute Eigenschaften auch bei rauher See erwartet. Die AG600 ist mit einem einziehbaren Dreipunktfahrwerk ausgestattet. Bei den Triebwerken WJ-6 handelt es sich um eine recht alte Konstruktion, abgeleitet vom sowjetischen Ivchenko AI-20. Sie sind mit modernen sechsblättrigen Propeller vermutlich aus Verbundwerkstoffen ausgestattet. Der Dreiseitenriss auf der gegenüberliegenden Seite ist als noch sehr provisorisch zu betrachten.
Hersteller: Aviation Industry Corporation of China bzw. CAIGA China Aviation Industry General Aircraft Co. Ltd., Herstellungsort noch unbekannt.

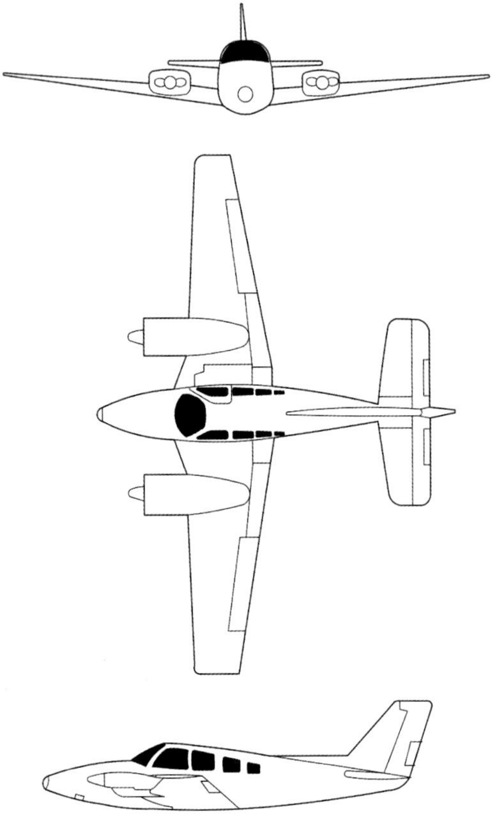

Abmessungen:
Spannweite 11,53 m
Länge 9,09 m
Höhe 2,97 m
Flügelfläche 18,52 m².

BEECHCRAFT B.58 BARON

Ursprungsland: USA.
Kategorie: Zweimotoriges Sport- und Reiseflugzeug.
Triebwerke: Zwei luftgekühlte Vierzylinder-Boxermotoren Teledyne Continental IO-550C von je 300 PS (224 kW) Leistung.
Leistungen: Max. Reisegeschwindigkeit 374 km/h auf 2135 m; Anfangssteiggeschwindigkeit 8,8 m/Sek; Dienstgipfelhöhe 6306 m; Reichweite mit vier Passagieren 1876 km; Überführungsreichweite 2741 km.
Gewichte: Leergewicht 1814 kg; max. Startgewicht 2495 kg.
Zuladung: Pilot und vier bzw. maximal fünf Passagiere; Maximalzuladung 597 kg.
Entwicklungsstand: Die Beechcraft Baron wird in unterschiedlichen Versionen ab 1961 angeboten. Seitdem befindet sich dieses Muster ununterbrochen in Produktion. Die neueste Ausführung wird seit 2005 abgeliefert. Bis 2015 wurden rund 6800 Exemplare gebaut. Derzeit produziert der Hersteller jährlich rund 30 Einheiten.
Bemerkungen: Die Beechcraft B.58 Baron ist von der einmotorigen G.36 Bonanza (siehe Ausgabe 2008 unter Hawker) abgeleitet. Ursprünglich gab es zwei Varianten: Die B.55 mit kürzerem Rumpf und die B.58 mit verlängertem Rumpf. Derzeit wird nur noch letztere Ausführung gebaut. Die aktuelle Ausführung dieses noch konventionell in Aluminiumbauweise hergestellten Typs ist mit einem Glascockpit Garmin G.1000 ausgerüstet. Dank einer großen zweiflügligen Tür ist der Einstieg in die für diese Klasse von Flugzeugen recht großzügig dimensionierte Kabine bequem. Die Inneneinrichtung wurde in den letzten Jahren überarbeitet: Bessere Geräuschdämmung, verstärkte Lüftung/Heizung, neue Sitze und ein Satelliten gestütztes Unterhaltungssystem. Der Hersteller gibt als Verkaufspreis US$ 1,2 Mio. an. Geplant ist, in einigen Jahren auch eine Version mit einem Dieseltriebwerk anzubieten. Im Vergleich zu mehreren Konkurrenzmustern zeichnet sich die Baron durch eine hohe Reichweitenleistung aus.
Hersteller: Beechcraft Corporation, Tochtergesellschaft der Textron Inc., Werk Wichita, Kansas, USA.

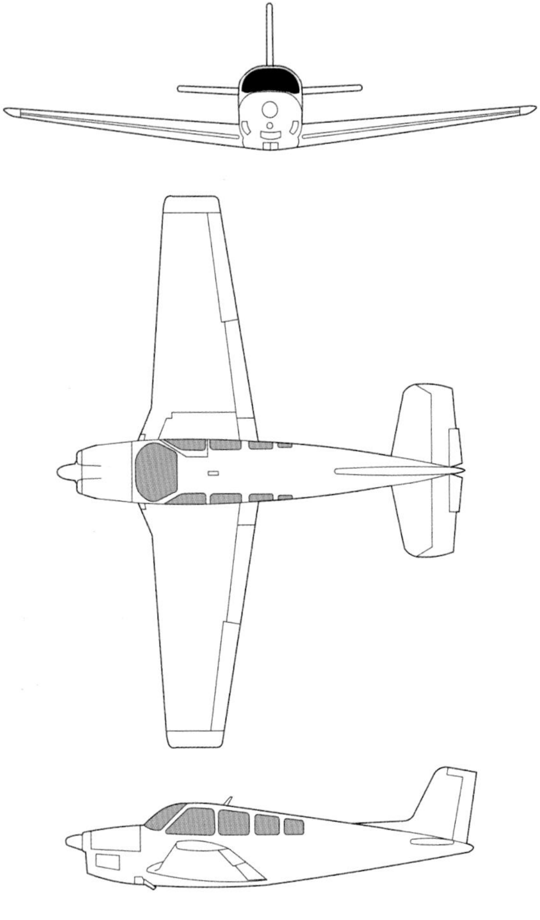

Abmessungen:
Spannweite 10,21 m
Länge 8,38 m
Höhe 2,62 m
Flügelfläche 18,52 m².

BEECHCRAFT BONANZA G36

Ursprungsland: USA.
Kategorie: Sport- und Reiseflugzeug.
Triebwerke: Ein luftgekühlter Sechszylinder-Boxermotor Teledyne Continental IO-550-B von 300 PS (224 kW) Leistung.
Leistungen: Max. Reisegeschwindigkeit 326 km/h auf 1830 m; Dienstgipfelhöhe 5639 m; Reichweite mit max. Nutzlast 448 km, mit vier Passagieren 1169 km; max. Reichweite 1578 km.
Gewichte: Leergewicht 1148 kg; max. Startgewicht 1656 kg.
Zuladung: Pilot und maximal fünf Passagiere; Maximalzuladung 431 kg.
Entwicklungsstand: Die Beechcraft Bonanza in verschiedenen Versionen wird seit bald 70 Jahren ununterbrochen hergestellt. Mit mehr als 17000 Exemplaren ist sie somit eines der am meisten gebauten Sport- und Reiseflugzeuge. Der erste Prototyp der Ursprungsvariante flog erstmals am 22. Dezember 1945 und wurde ab 1947 ausgeliefert. Seitdem wurde die Bonanza konsequent weiter entwickelt. Ab 2009 wird ausschließlich noch die Ausführung G36 angeboten.
Bemerkungen: Seit der Übernahme 2012 von Beechcraft durch den Textron-Konzern werden alle Typen einem Erneuerungsprozess unterzogen, so auch die neu als G36 bezeichnete Bonanza. Sie erhielt ein neues Kabinen-Design, u.a. mit überarbeiteten Piloten-/Passagiersitzen, integriertem Tisch und LED-Ambiente-Innenbeleuchtung. Die Funktionen der Klimaanlage wurden verbessert und automatisiert. Eingebaut ist eine Garmin G1000-Avionik. Rumpf und Flügel sind konventionell fast vollständig aus Aluminium hergestellt. Die G36 verfügt über ein Einziehfahrwerk. Die Basisversion wird für rund US$ 700000 angeboten. Frühere Ausführungen zeichneten sich durch ein markantes V-Heckleitwerk aus.
Hersteller: Beechcraft Corporation, Tochtergesellschaft der Textron Inc., Werk Wichita, Kansas, USA.

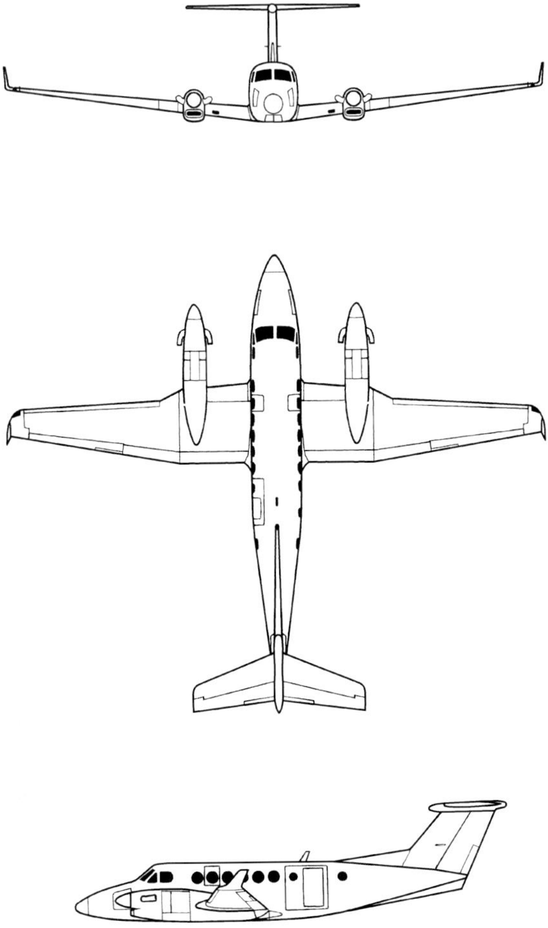

Abmessungen:
Spannweite (C90GTx/250+350i+350ER) 16,36/17,65 m
Länge (C90GTx/250/350i+350ER) 10,82/13,36/14,22 m
Höhe (C90GTx/250/350i+350ER) 4,34/4,52/4,37 m
Flügelfläche (C90GTx/250+350i+350ER) 27,30/28,80 m².

BEECHCRAFT KING AIR C90GTX/250/350I

Ursprungsland: USA.
Kategorie: Arbeits-, Firmen- und Mehrzweckflugzeug.
Triebwerke (C90GTx/250/350i): Zwei Propellerturbinen Pratt & Whitney Canada PT6A-135A von je 550 WPS (410 kW), PT6A-52 von je 850 WPS (634 kW) bzw. PT6A-60A von je 1050 WPS (783 kW) Leistung.
Leistungen (C90GTx/250/350i): Höchstgeschwindigkeit 500/574/583 km/h; Reisegeschwindigkeit 385/474/570 km/h; Anfangssteiggeschwindigkeit 9,0/12,4/13,8 m/Sek; Dienstgipfelhöhe 9144/10700/10700 m; Reichweite mit vier Passagieren und mit 45 Min Reserven 2213/1990/3268 km; (350ER) 4770 km.
Gewichte (C90GTx/250/350i): Leergewicht 3282/3982/4320 kg; max. Startgewicht 4581/5670/6804 kg, (350ER) 7490 kg.
Zuladung (C90GTx/250/350i): Ein bis zwei Mann Cockpitbesatzung und in der Kabine normalerweise sieben/neun Einzelsitze in vis-à-vis-Anordnung, max. jedoch bis zu 9/15 Passagiere; max. Nutzlast 1501/1728/2528 kg, bei vollen Treibstofftanks (C90GTx) 335 kg.
Entwicklungsstand: Seit 1964 befindet sich dieses Muster ununterbrochen in Produktion. Aktuell fliegen über 7200 King Airs in mehr als 20 Varianten. Derzeit werden die Versionen C90GT, B200, 250 und 350 angeboten. Die C90GTx ist seit 2010 erhältlich, die 350i (siehe Dreiseitenriss) seit 2009. Die neueste Ausführung King Air 250 wird seit Mitte 2011 ausgeliefert. Jährlich werden etwa 80 King Airs gebaut.
Bemerkungen: Die C90GTx King Air verfügt gegenüber der Vorversion C90GTi über Winglets aus Verbundwerkstoff. Damit konnten einige Leistungsdaten verbessert werden wie Nutzlast, Reichweite und spezifischer Kraftstoffverbrauch. Die 350i schließt die lange Reihe von Versionen nach oben ab. Sie stellt derzeit die größte und am besten ausgerüstete Ausführung dar. Neu ist vor allem die Inneneinrichtung. Für längere Strecken ausgelegt ist die King Air 350ER, welche seit 2008 angeboten wird. 2010 lancierte der Hersteller die King Air 250. Dank Winglets, leichteren Propellern aus Verbundwerkstoff und überarbeiteten Triebwerken bietet sie bessere Start- und Landeeigenschaften. Weiterhin werden mehrere militärische Varianten der King Air 350 gebaut, meistens für ELINT/SIGINT-Aufgaben, u.a. in der Version MC-12V für die USAF (siehe Foto).
Hersteller: Beechcraft Corporation, Tochtergesellschaft der Textron Inc., Werk Wichita, Kansas, USA.

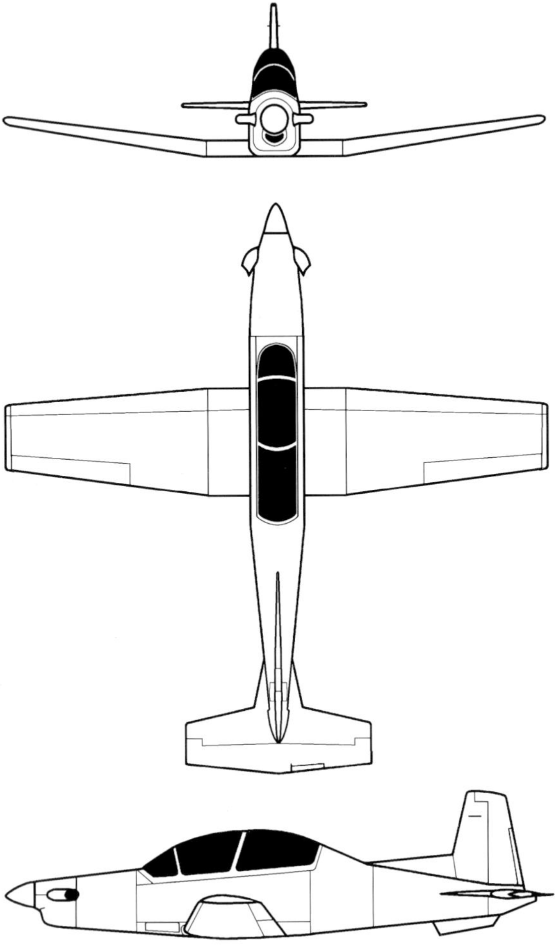

Abmessungen:
Spannweite 10,15 m
Länge 10,14 m
Höhe 3,26 m
Flügelfläche 16,29 m^2.

BEECHCRAFT T-6A/B/C TEXAN II

Ursprungsland: USA/Schweiz.
Kategorie: Zweisitziger Basis- und Fortgeschrittenentrainer.
Triebwerke: Eine Propellerturbine Pratt & Whitney Canada PT6A-68 von 1708 WPS (1275 kW) Leistung, reduziert auf 1100 WPS (820 kW).
Leistungen: Höchstgeschwindigkeit in großen Höhen 575 km/h, auf Meereshöhe 500 km/h, Reisegeschwindigkeit auf 2285 m 426 km/h; Anfangssteiggeschwindigkeit 20,3 m/Sek; Dienstgipfelhöhe 10670 m; Reichweite 1574 km; max. Flugdauer 3 Std.
Gewichte: Leergewicht 2087 kg; max. Startgewicht 2955 kg.
Entwicklungsstand: Der erste Erprobungsträger (eine umgebaute Pilatus PC-9) flog erstmals im September 1992. Darauf stellte Beech zwei weitere Produktionsprototypen her (Erstflug 23. Dezember 1993), gefolgt vom ersten Serienflugzeug am 15. Juli 1998. Die amerikanischen Streitkräfte beschaffen insgesamt 773 Maschinen: USAF 454 (alle mittlerweile abgeliefert), USN 315, rund 250 geliefert, US Army 4 T-6B. Weitere T-6A/B erhielten oder erhalten Griechenland 45, NATO Flying Training (NFTC) 26 T-6A, Irak 16 T-6A, Israel 25 T-6A, Marokko 24 T-6C, Mexikos Luftwaffe neu 24 T-6C+, Marine 2 T-6C+, Neuseeland 11 T-6C. Neuerdings soll auch die RAF die T-6C beschaffen. Im August 2015 wurde die 900. T-6 abgeliefert.
Bemerkungen: Die Texan II basiert auf der Pilatus PC-9 (siehe Ausgabe 2008). Rund 70% der Konstruktion wurde jedoch neu definiert. Die wesentlichen Unterschiede sind: Verstärkte Rumpfstruktur und Cockpithaube, Druckkabine, Null-Null-Schleudersitze, neue digitale Elektronik (GPS, MLS, Antikollisionsanzeige, HUD) und Einpunktbetankung. Die T-6A ist Bestandteil eines integrierten Trainingssystems, welches auch Simulatoren und übrige Logistik umfasst. 272 der von der USN geplanten Texan II sind T-6B mit einem integralen Glas-Cockpit, HUD und weiterentwickelter Avionik. Von ihr abgeleitet ist neu die T-6C für den Export im Angebot. Hawker testet derzeit für die USAF eine leichte Erdkampfversion AT-6 Wolverine (ex. Coyote); Erstflug 5. April 2010. Die Zelle weist punktuelle Strukturverstärkungen auf, die Triebwerkleistung ist auf 1600 WPS (1193 kW) erhöht. Unter den Flügeln können Waffen mitgeführt werden. Eventuell beschafft Irak 24 Einheiten.
Hersteller: Beechcraft Corporation, Tochtergesellschaft der Textron Inc., Werk Wichita, Kansas, USA.

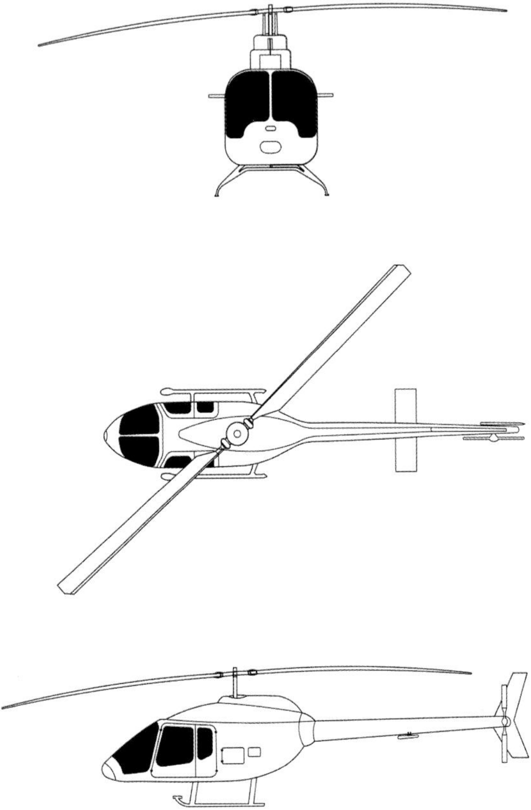

Abmessungen:
Rotordurchmesser 11,28 m
Länge 12,90 m
Höhe 3,05 m.

BELL 505 JET RANGER X

Ursprungsland: USA/Kanada.
Kategorie: Leichthubschrauber.
Triebwerke: Eine Gasturbine Turboméca Arrius 2R von 504 WPS (376 kW) Leistung.
Leistungen (nach Angaben des Herstellers): Höchstgeschwindigkeit 232+ km/h; Dienstgipfelhöhe 6096 m; Schwebehöhe mit Bodeneffekt 4267 m, ohne Bodeneffekt 3657 m; max. Flugdauer 3,5 Std; Reichweite zwischen 670 und 780 km.
Gewichte: Noch keine Angaben erhältlich.
Zuladung: Ein Pilot und bis zu vier Passagiere; Nutzlast intern 680 kg.
Entwicklungsstand: Ein erster Prototyp startete am 10. November 2014 zum Erstflug. Mittlerweile fliegen drei 505. Bisher sind Kaufabsichtserklärungen für rund 350 Einheiten eingegangen, 70 davon allein aus der Volksrepublik China. Die Zulassung wird für Ende erstes Quartal 2016 erwartet.
Bemerkungen: Bell möchte mit der 505 an die früheren kommerziellen Erfolge der JetRanger-Familie anschließen, von der bisher fast 7400 hergestellt wurden. Dieser Leichthubschrauber ist zudem eine Antwort an die Konkurrenten Airbus Helicopters/Eurocopter EC120 und Robinson R66 (siehe Seiten 266/267). Die Jet Ranger X stellt eine völlige Neukonstruktion dar. Sie verfügt über eine geräumige Kabine und ist dank großflächiger Fenster sehr hell und komfortabel, der Boden völlig eben. Aus welchen Werkstoffen die Zelle hergestellt wird, ist noch nicht bekannt. Ein Teil der dynamischen Komponente wird von der sich mittlerweile nicht mehr in Produktion befindlichen Bell 206L übernommen, so zum Beispiel der Zweiblattrotor und der Heckrotor. Dank automatischer Triebwerksteuerung und -überwachung soll die Arbeitsbelastung des Piloten auf ein Minimum beschränkt werden. Im Cockpit ist die Garmin G1000-Avionik eingebaut. Es ist davon auszugehen, dass Bell ein mit US$ 1,07 Mio. preisgünstiges Modell sowohl in der Anschaffung wie auch im Betrieb anstrebt.
Hersteller: Bell Helicopter Textron Inc., Canadian Division, Mirabel, Montreal, Kanada; Werk: Lafayette, Louisiana, USA.

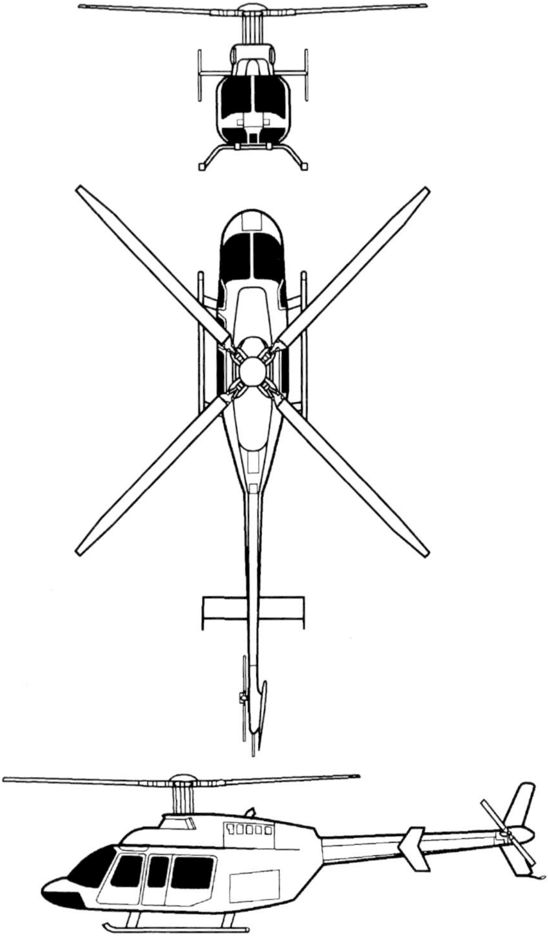

Abmessungen:
Rotordurchmesser 10,66 m
Rumpflänge 10,57 m, bei drehendem Haupt- und Heckrotor 12,61 m
Höhe über Heckflosse 3,10 m, mit den als Option erhältlichen höheren Kufen 3,30 m.

BELL 407/407GX/407GXP

Ursprungsland: USA (Kanada).
Kategorie: Leichter Mehrzweckhubschrauber.
Triebwerke (407GX): Eine Gasturbine Rolls Royce 250-C47B von 674 WPS (503 kW) Leistung.
Leistungen (407GX): Höchstgeschwindigkeit 259 km/h, max. Reisegeschwindigkeit 246 km/h; max. Schrägsteiggeschwindigkeit 6,4 m/Sek; Dienstgipfelhöhe 6096 m; Schwebehöhe mit Bodeneffekt 5852 m, ohne Bodeneffekt 5364 m; Reichweite ohne Reserven 611 km; max. Flugzeit 3,8 Std.
Gewichte (407GX): Standard-Leergewicht 1221 kg; max. Startgewicht 2268 kg, mit externer Nutzlast 2722 kg.
Zuladung (407GX): Pilot und sechs Passagiere; max. interne Nutzlast 1047 kg, externe Nutzlast 1200 kg.
Entwicklungsstand: Der erste von zwei Prototypen nahm im Juni 1995 die Flugerprobung auf. Bell begann mit der Auslieferung noch 1995. Mittlerweile sind bei einer Jahresproduktion von etwa 80 Einheiten über 1200 Exemplare gebaut worden.
Bemerkungen: Die Bell 407 ersetzte die Erfolgsmodelle 206 JetRanger und TwinRanger. Nebst deutlich stärkerem Triebwerk verfügt die 407 über einen von der OH-58D abgeleiteten Vierblattrotor aus Kunststoff. Auch das Dynamiksystem ist von diesem Muster übernommen. Schließlich wird ein volldigitales Triebwerkmanagementsystem FADEC eingebaut. Dank dieser Maßnahmen fliegt die 407 wesentlich vibrationsärmer und kostengünstiger. Gegenüber der Vorgängerin 206 ist die Kabine 18 cm breiter und verfügt über größere Fenster und Türen. Die ab 2004 ausgelieferten Modelle weisen einige Verbesserungen auf, die besonders der Zuverlässigkeit und dem Komfort dienen, so u.a. neuer Heckausleger, überarbeitete Kühlung, Startgenerator, faltbare Rotorblätter, neue Sitze usw. Anfangs 2011 lancierte Bell die 407GX, ausgerüstet mit der Garmin G100H-Avionik und weiteren Modifikationen. Ganz neu wurde 2015 eine nochmals modernisierte 407GXP vorgestellt, ausgerüstet mit dem stärkeren Triebwerk M250-C47B/8 mit 809 WPS (604 kW). Damit verbessern sich insbesondere Höhenleistungen in heißen Gebieten. Die 407GXP hat auch eine aufdatierte Avionik Garmin G1000H erhalten. Bis zu 200 Einheiten wird das US Rettungsunternehmen Air Methods erwerben.
Hersteller: Bell Helicopter Textron Inc., Canadian Division, Mirabel, Montreal, Kanada.

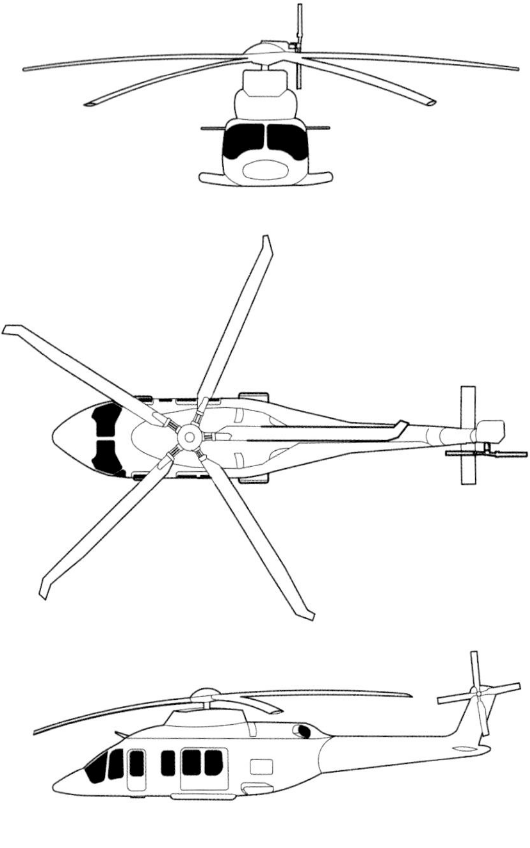

Abmessungen:
Rotordurchmesser 16,70 m
weitere Angaben noch nicht erhältlich.

BELL 525 RELENTLESS

Ursprungsland: USA.
Kategorie: Ziviler Mehrzweckhubschrauber.
Triebwerke: Zwei Gasturbinen General Electric CT7-2F1 von je rund 1800 WPS (1342 kW) Leistung.
Leistungen (nach Angaben des Herstellers): Höchstgeschwindigkeit 287 km/h; Schwebehöhe mit Bodeneffekt 3658 m, ohne 1829 m; Reichweite mit max. interner Treibstoffzuladung und sechs Passagieren rund 920 km.
Gewichte: Max. Startgewicht 9072 kg, mit externer Nutzlast 9524 kg.
Zuladung: Zwei Piloten und bis zu 16 Passagiere, bei dichter Bestuhlung bis zu 20 Personen; max. Nutzlast 3700 kg.
Entwicklungsstand: Ein erster von drei geplanten Prototypen hat am 1. Juli 2015 die Flugerprobung aufgenommen, ein zweiter folgte am 23. Dezember 2015. Mit den Auslieferungen an Kunden soll anfangs 2017 begonnen werden. Bisher sind etwa 60 Einheiten bestellt worden.
Bemerkungen: Nach vielen Jahren Pause lanciert Bell wieder einmal eine völlige Neukonstruktion eines mittelschweren Mehrzweckhubschraubers. Es handelt sich hierbei um das bisher größte Hubschraubermodell des Herstellers. Besonderer Wert wurde darauf gelegt, möglichst alle Mitbewerber bezüglich diversen Kriterien zu schlagen. Im Vordergrund stehen dabei die AgustaWestland AW189 (siehe Seiten 20/21) und die Airbus Helicopters H175 (siehe Seiten 44/45). So behauptet der Hersteller, dass die 525 bezüglich Sicherheit, Komfort, Verhältnis Nutzlast/Reichweite, Transportvolumen jeweils das klassenbeste Modell darstellt. Der Rumpf besteht aus einer Kombination von Aluminiumlegierungen und Verbundwerkstoffen. Die Inneneinrichtung kann je nach Bedürfnis flexibel gestaltet werden. Im Cockpit ist die digitale Avionik Garmin G5000HTM eingebaut, wobei erstmals in einem zivilen Hubschrauber Touchscreens Anwendung finden. Besonders zu erwähnen ist, dass die 525 über eine Fly-By-Wire-Steuerung verfügt. Der Hauptrotor ist fünfblättrig und soll sehr wenig Vibration auslösen. Bell wird auch eine spezifische SAR-Ausführung anbieten.
Hersteller: Bell Helicopter Textron Inc., Canadian Division, Mirabel, Montreal, Kanada.

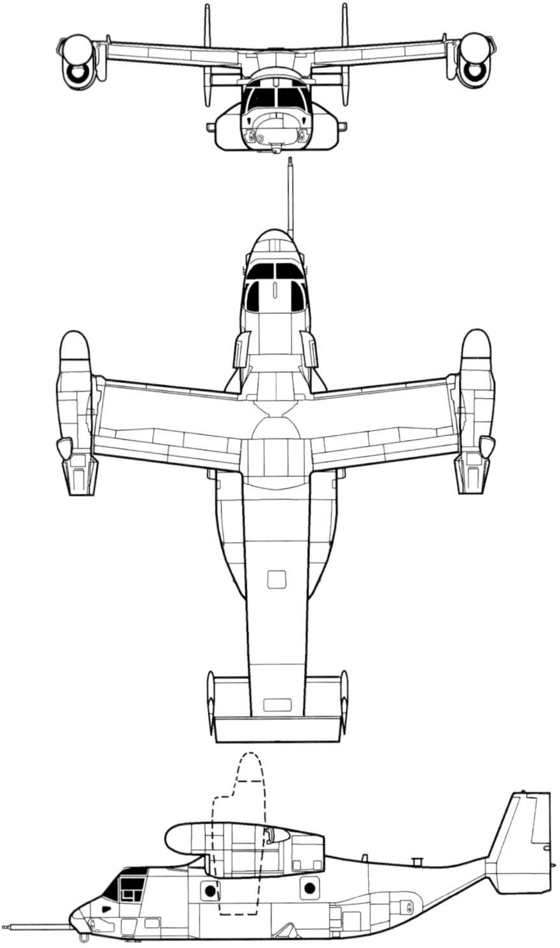

Abmessungen:
Spannweite inkl. Rotoren 25,77 m, ohne 15,52 m
Länge mit gefalteten Rotoren 19,20 m, Rumpflänge alleine 17,47 m
Höhe über alles 6,73 m.

BELL-BOEING V-22B OSPREY

Ursprungsland: USA.
Kategorie: Schwenkrotorflugzeug (MV-22B) als Kampfzonentransporter und (CV-22B) für militärische Spezialeinsätze.
Triebwerke: Zwei Propellerturbinen Rolls Royce AE1107C von je 6150 WPS (4590 kW) Leistung.
Leistungen: Max. Reisegeschwindigkeit als Flächenflugzeug 550 km/h, in Helikopterkonfiguration 185 km/h auf Meereshöhe; max. Geschwindigkeit mit einer Außenlast von 6804 kg 370 km/h; max. Steiggeschwindigkeit im Flugzeugmodus 16,25 m/Sek; Dienstgipfelhöhe 7925 m; Reichweite bei Senkrechtstart und einer Nutzlast von 5443 kg 2224 km, bei Kurzstart und einer Nutzlast von 9072 kg 3336 km; Überführungsreichweite 3892 km.
Gewichte (CV-22B): Rüstgewicht 15032 kg; normales Startgewicht unter VTO-Bedingungen 23855 kg, max. unter STO-Bedingungen 27442 kg.
Zuladung: Drei Mann Besatzung und bis zu 24 ausgerüstete Soldaten oder 12 Tragen für Verletzte plus Sanitäter, max. Nutzlast 9072 kg.
Entwicklungsstand: Der erste V-22-Prototyp nahm die Flugerprobung am 9. März 1989 auf. Bis Ende 2015 sind rund 300 Einheiten hergestellt worden. Die US-Streitkräfte beschaffen: USMC 360 MV-22B, USAF 51 CV-22B für Spezialmissionen. Die erste Einsatzstaffel des USMC mit der definitiven Ausführung wurde Mitte 2006 gebildet. Bis zu 48 als CMV-22B bezeichnete Ospreys erhält die USN als Versorger von Flugzeugträgern. Die Luftwaffe Japans wird bis zu 17 beschaffen, fünf davon sind bereits bestellt.
Bemerkungen: Die Osprey gibt es vorerst in zwei Ausführungen, den Kampfzonentransporter MV-22B sowie die für Spezialeinsätze vorgesehene CV-22B (siehe Dreiseitenriss). Von der MV-22 (siehe Foto) unterscheidet sie sich hauptsächlich durch zusätzliche Avionik und Kommunikationssysteme. So wurde neu das Terrainfolgeradar Raytheon APQ-186 sowie ein Elektronikabwehrsystem ITT ALQ-211 eingebaut. Zur Erhöhung des Aktionsradius auf 925 km sind in den Flügeln acht zusätzliche Tanks und seitlich am Rumpf zwei Treibstoffbehälter vorhanden. Derzeit prüft man, die V-22 mit neuen Triebwerken auszurüsten.
Hersteller: Bell Helicopter Textron Inc., Fort Worth, Texas, und Boeing Helicopter Company, Philadelphia, Werk Amarillo, Texas, USA.

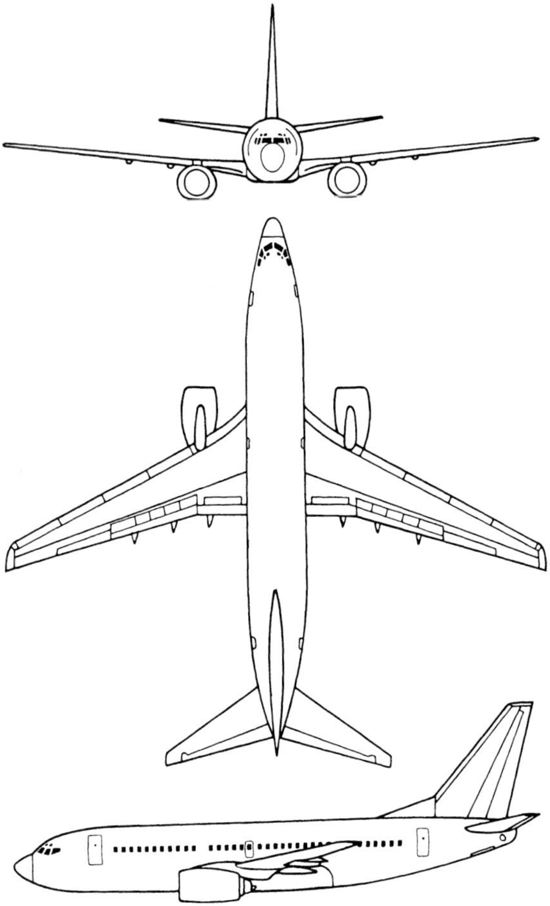

Abmessungen:
Spannweite ohne Winglets 34,30 m, inkl. Winglets 35,70 m
Länge (-600) 31,20 m, (-700) 33,60 m, (-800) 39,50 m
Höhe 12,50 m
Flügelfläche 124,60 m^2.

BOEING 737-600/-700/-800/-MAX

Ursprungsland: USA.
Kategorie: Kurz- und Mittelstrecken-Verkehrsflugzeug.
Triebwerke: Zwei Mantelstromtriebwerke CFM International CFM56-7B18 (-600) von je zwischen 8391 kp (82,29) und CFM56-7B26 (-800) 11974 kp (117,43 kN) Standschub.
Leistungen: Max. Reisegeschwindigkeit 876 km/h (Mach 0,82), norm. Reisegeschwindigkeit 835 km/h; Dienstgipfelhöhe 12500 m; Reichweite mit 108 Passagieren (-600) 5940 km, mit 128 Passagieren (-700) 5940 km, mit 160 Passagieren (-800) 5380 km.
Gewichte (-600/-700/-800): Rüstgewichte 36370/37640/41410 kg; max. Startgewichte 65090/69400/78204 kg.
Zuladung (-600/-700/-800): Zwei Mann Cockpitbesatzung und in normaler Zweiklassenbestuhlung 108/128/160 Passagiere, maximal jedoch 132/149/189 Personen, bei der MAX8 bis zu 200 Personen.
Entwicklungsstand: Die Boeing 737NG (New Generation) gelangte in Etappen ab 1997 zum Erstflug. Bis Ende 2015 sind von den Modellen -600/-700/-800/-900 einschließlich deren Unterversionen und von der BBJ 7026 Maschinen in Auftrag gegeben worden, 5713 davon waren ausgeliefert. Zählt man noch die früheren Versionen hinzu, so sind es 13237 Maschinen, davon 8845 gebaut. Angesichts der regen Nachfrage wird die Monatsproduktion in Etappen auf 52 erhöht. Die neueste Ausführung 737 MAX in den Versionen MAX 7, 8 und 9 flog erstmals am 29. Januar 2016 und soll 2017 in Dienst gestellt werden. Bereits lagen Ende 2015 Aufträge und Optionen für 3072 von rund 60 Gesellschaften vor.
Bemerkungen: Im Grundaufbau unterscheiden sich diese NG-Modelle weitgehend nur durch die Rumpflänge. In den letzten Jahren wurde besonders die -800 mit Winglets ausgerüstet, entweder bereits ab Werk oder nachgerüstet. Unter der Bezeichnung 737 MAX hat Boeing Mitte 2011 eine neue Version lanciert. Sie erhält Triebwerke der neuesten Generation General Electric CFM Leap-X. Dies erfordert ein um über 20 cm höheres Bugfahrwerk, Verstärkungen im Flügelmittelkasten und an den Flügeln sowie neue Triebwerkaufhängungen. Dazu gibt es weitere Modifikationen, insbesondere an Aerodynamik und Inneneinrichtung. Alle Maßnahmen zusammen ermöglichen eine namhafte Treibstoffreduktion sowie deutlich bessere Abgas- und Lärmwerte. Unter dem Namen BBJ MAX 8/9 werden auch Businessjet-Versionen angeboten.
Hersteller: The Boeing Company, Commercial Airplane Group, Seattle, Werk Renton, Washington, USA.

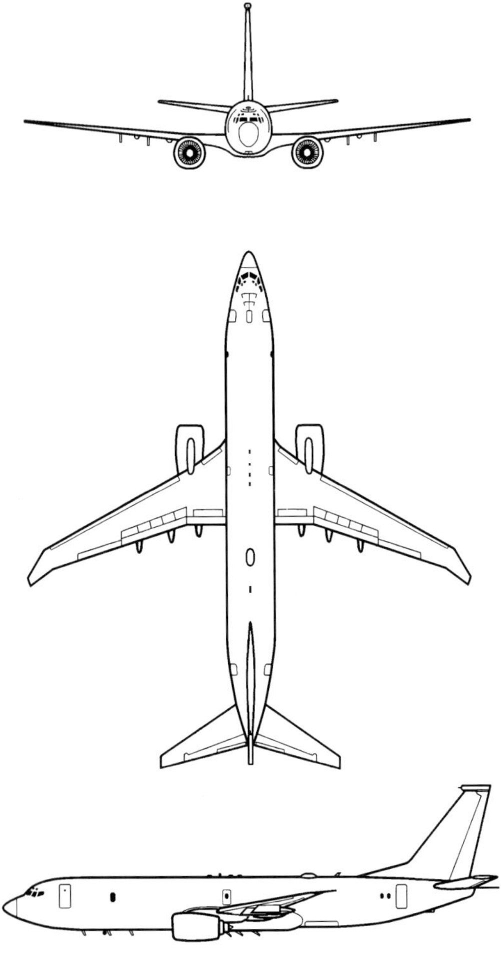

Abmessungen:
Spannweite 37,64 m
Länge 39,47 m
Höhe 12,83 m
Flügelfläche 124,60 m^2.

BOEING P-8A POSEIDON

Ursprungsland: USA.
Kategorie: Langstrecken-Seeaufklärungs- und Angriffsflugzeug.
Triebwerke: Zwei Mantelstromtriebwerke CFM International CFM56-7B27 von je 12469 kp (120,0 kN) Standschub.
Leistungen: Höchstgeschwindigkeit 907 km/h; norm. Reisegeschwindigkeit 789 km/h, Dienstgipfelhöhe 12500 m; max. Aufenthaltsdauer im Zielgebiet 4 Std. 2200 km vom Stützpunkt entfernt.
Gewichte: Rüstgewicht 62700 kg; max. Startgewicht 85130 kg.
Zuladung: Insgesamt eine Besatzung von neun Personen, zwei davon im Cockpit, ein Avionik-Engineer sowie sechs System-Operateure.
Bewaffnung: In einem Waffenschacht sowie unter dem Rumpf und unter den Flügeln kann eine Vielzahl von Waffen mitgeführt werden, so u.a. Bomben, Torpedos, Minen und Lenkwaffen aller Art.
Entwicklungsstand: Der erste von insgesamt drei Prototypen nahm die Flugerprobung am 25. April 2009 auf, der letzte fliegt seit 29. Juli 2010. Bis Ende 2015 sind rund 35 Poseidons gebaut worden. Die US Navy erhält seit 2013 117 P-8A. Die Indische Marine erwirbt vorerst zwölf der Version P-8i; Ablieferung seit 2012. Neueste Besteller: Australien 8, Großbritannien 9.
Bemerkungen: Mit der P-8A Poseidon wird die US Navy die veralteten P-3 Orions ersetzen. Als Ausgangsmuster dient die Boeing 737-800ERX. Die Flügel dagegen stammen von der 737-900, sind aber leicht modifiziert. Die P-8A werden auf der gleichen Produktionsstraße wie die zivilen Muster gefertigt und dann entsprechend umgebaut und ausgerüstet. Der Rumpf ist verstärkt, um die höheren Belastungen aufzufangen. Zur Erfüllung der Aufgaben, u.a. die U-Boot-Jagd, Schiffsbekämpfung und allgemeine Überwachungsmissionen, verfügt die Poseidon über modernste Systeme. Sichtbar davon sind die rund 100 Antennen an Rumpf und Flügeln. Als wichtigstes Element ist das synthetische Breitbandradar APY-10 zu erwähnen. Geprüft werden auch weitere Varianten, so eine für sog. SIGINT-Aufgaben als Ersatz der Lockheed EP-3E Orion. Die US Navy hat einen Bedarf von zwischen 19 und 26 Maschinen.
Hersteller: The Boeing Company, Defense & Space Group, St. Louis, Werk Renton, Washington, Washington, USA.

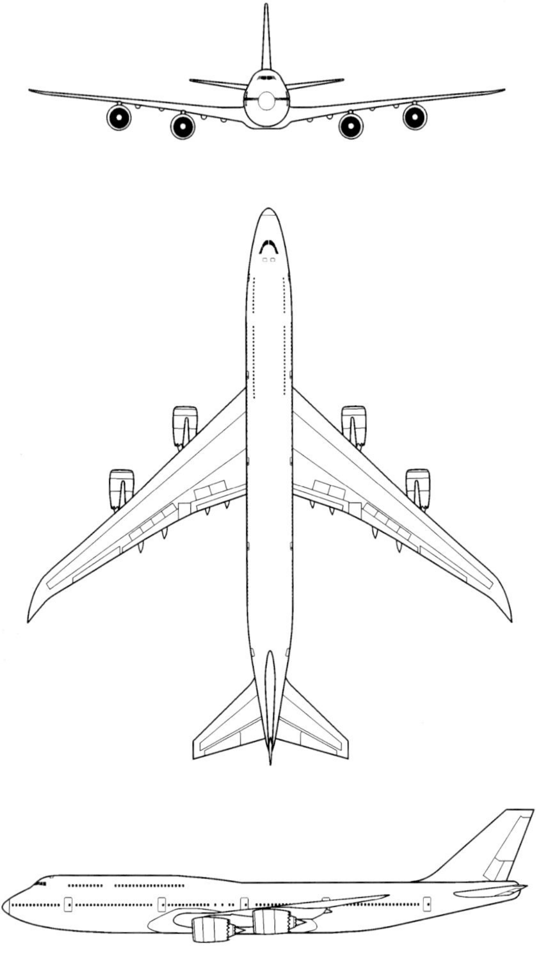

Abmessungen:
Spannweite 68,40 m
Länge 76,30 m
Höhe 19,41 m
Flügelfläche 554,00 m².

BOEING 747-8I/-8F

Ursprungsland: USA.
Kategorie: Langstrecken-Passagierflugzeug (-8I) und Frachter (-8F).
Triebwerke: Vier Mantelstromtriebwerke General Electric GEnx-2B67 von je 30163 kp (295,80 kN) Standschub.
Leistungen: Langstrecken-Reisegeschwindigkeit (-8I) 913 km/h (Mach 0,855), (-8F) Mach 0,845; Reichweite mit max. Nutzlast als Frachter 8185 km; Reichweite der 747-8I mit max. Treibstoffzuladung 14815 km.
Gewichte (747-8I/-8F): Rüstgewicht 213000/190900 kg; max. Startgewicht 448000 kg.
Zuladung: Zwei Mann Cockpitbesatzung und (-8I) beispielsweise 467 Passagiere in drei Klassen. Als Frachter (-8F) 140000 kg Nutzlast.
Entwicklungsstand: Der Prototyp der Frachtausführung 747-8F startete am 8. Februar 2010 zum Erstflug, gefolgt vom Prototypen der Passagierversion 747-8I (siehe Dreiseitenriss) am 20. März 2011. Von der 747-8F waren bis Ende 2015 70 Einheiten bestellt. Für die 747-8I liegen derzeit folgende Aufträge vor: Lufthansa 19, Air China 7, Arik 2, Korean 10. Neun weitere Maschinen werden in VIP-Ausführung (siehe Foto) gebaut. Die Auslieferung des Frachters an den Erstbesteller Cargolux begann im Oktober 2011, jene der Passagierausführung Anfang 2012. Bei einer neu auf ein Flugzeug pro Monat reduzierten Produktionsrate sind bis Ende 2015 rund 100 Maschinen abgeliefert worden. Zwei Einheiten werden von der USAF für den Presidential Flight beschafft.
Bemerkungen: Boeing lancierte im November 2005 die verlängerte Ausführung 747-8. Der Rumpf der beiden Ausfuhrungen -8I/-8F ist gegenüber der 747-400 um 5,09 m länger, das Abfluggewicht um ca. 40000 kg höher. Die überarbeiteten Tragflächen erhalten anstatt der Winglets neu geformte Flügelspitzen. Zudem erfolgen Verbesserungen primär durch aerodynamische Verfeinerungen an Flügeln und Triebwerkgondeln mit dem Ziel, den Außenlärm zu reduzieren. Nebst bewährten Komponenten der 747-Reihe werden auch mehrere Komponenten von der neuen 787 verwendet, so u.a. die Triebwerke. Damit verfügen die 747-8I bzw. die 8F über wesentlich bessere Leistungsdaten als die Vorgängerversion. Die ab Dezember 2013 ausgelieferten Modelle sind mit leistungsstärkeren Triebwerken ausgerüstet.
Hersteller: The Boeing Company, Commercial Airplane Group, Seattle, Werk Everett, Washington, USA.

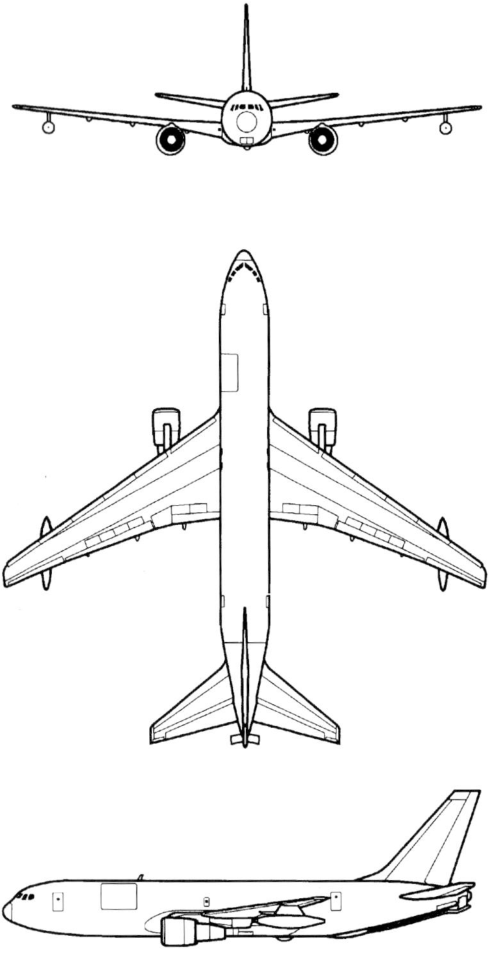

Abmessungen:
Spannweite 48,10 m
Länge 50,50 m
Höhe 15,85 m
Flügelfläche 283,30 m^2.

BOEING KC-46A PEGASUS

Ursprungsland: USA.
Kategorie: Militärischer Tanker und Transporter.
Triebwerke: Zwei Mantelstromtriebwerke Pratt & Whitney PW4062 von je 28712 kp (281,57 kN) Standschub.
Leistungen: Höchstgeschwindigkeit 915 km/h (Mach 0,86); Reisegeschwindigkeit 850 km/h (Mach 0,80); Dienstgipfelhöhe 12200 m; max. Reichweite 12200 km.
Gewichte: Leergewicht 82377 kg; max. Startgewicht 188240 kg.
Zuladung: Zwei Piloten und ein Betankungsoperateur; als Frachter 19 Standardpaletten mit max. 50000 kg, als Tanker eine Zuladung von 124205 l bzw. 92197 kg. Alternativ können auch bis zu 114 Passagiere transportiert werden.
Entwicklungsstand: Die erste E-767T-T/KC-767, noch ohne Tankerausrüstung nahm am 16. Juli 2003 die Flugerprobung auf. Italien und Japan beschaffen je 4 Einheiten. Eine später in die KC-46A umzubauende 767-2C nahm nach technischen Verzögerungen am 28. Dezember 2014 die Flugerprobung auf. Der erste von drei vollständig ausgerüsteten Prototypen flog erstmals am 2. Juni 2015. Die USAF hat einen Erstbedarf von 179 Maschinen angemeldet. Ab 2017 soll die Einsatzfähigkeit erreicht werden. Neu hat die Luftwaffe Japans drei KC-46A bestellt. Die zivile 767, insbesondere deren Frachtausführung, wird weiterhin gebaut. 2015 konnte ein großer Auftrag von 50 Einheiten (+ 50 Optionen) der Frachtversion von FedEx verbucht werden.
Bemerkungen: Die veralteten Boeing KC-135 der USAF sollen weitgehend durch die KC-46A ersetzt werden. Als Tanker verfügt das neue Muster über einen Flying Boom unten am Heck und zwei Betankungspods unter den Flügeln. Die Kabine kann sowohl für Passagier- als auch Frachteinsätze ausgelegt werden. Vorne links am Rumpf befindet sich eine große Frachttüre. Bei Einsätzen als fliegende Ambulanz können bis zu 58 Patienten mitgeführt werden. Mehrere heutige B767-Passagier- und Frachtmaschinen werden in Tanker umgebaut. Brasilien und Kolumbien haben beispielsweise solche Einheiten erworben.
Hersteller: The Boeing Company, Boeing Integrated Defense Systems, St. Louis, Missouri, Werke Everett und Wichita, USA.

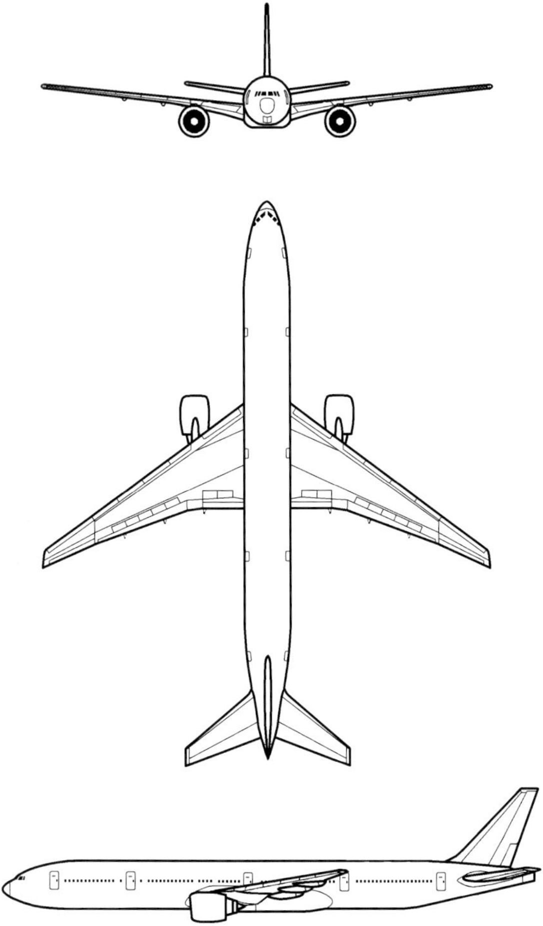

Abmessungen:
Spannweite 64,80 m, (777-X) 71,80 m bzw. eingeklappt 64,80 m
Länge (200LR/F) 63,70 m, (300, -ER) 73,90 m, (-8X) 69,50 m, (-9X) 76,30 m
Höhe 18,44 m
Flügelfläche 436,80 m^2.

BOEING 777-300ER/200LR/X

Ursprungsland: USA.
Kategorie: Langstrecken- (777-300ER) bzw. Ultra-Langstecken-Verkehrsflugzeug (777-200LR).
Triebwerke (777-300ER/-200LR): Zwei Mantelstromtriebwerke General Electric GE90-115B/-110B1 von je 52700/49865 kp (519,0/489,0 kN) Standschub.
Leistungen (777-300ER/-200LR): Max. Reisegeschwindigkeit 950 km/h (Mach 0,87); Langstrecken-Reisegeschwindigkeit 895 km/h (Mach 0,84); Dienstgipfelhöhe 13106 m; max. Reichweite 14594/17445 km; 777-8X 17220 bzw. 777-9X 14075 km.
Gewichte (777-300ER/-200LR): Rüstgewicht 169135/156635 kg; max. Startgewicht 351734/347800 kg, (777-9X) 352000 kg.
Zuladung (777-300ER/-200LR): Zwei Piloten und in normaler Dreiklassenbestuhlung 365/301, max. mit Economy-Einrichtung 550/440 Passagiere; 777-8X 350 bzw. 777-9X 400 in Dreiklassenbestuhlung.
Entwicklungsstand: Die erste 777-300ER nahm die Flugerprobung am 24. Februar 2003 auf, gefolgt von der 777-200LR am 8. März 2005. Der Frachter 777-200F flog erstmals am 14. Juli 2008. Von allen 777-Varianten sind bis Ende 2015 1885 bestellt worden, aufgeteilt wie folgt: 777-200 88, -200ER 422, -200LR 59, -300 60, -300ER 790, -F 160. Davon waren 1381 abgeliefert. Bereits sind für die B777X Aufträge über 306 (+ Optionen) Einheiten eingegangen, darunter von Emirates, Lufthansa usw. Die Indienststellung ist für 2020 vorgesehen.
Bemerkungen: Derzeit baut Boeing nur noch die Ultra-Langstrecken-Version 777-200LR, den davon abgeleiteten Frachter 777F (siehe Ausgabe 2011) sowie die verlängerte 777-300ER. Im Oktober 2013 wurde der Entscheid gefällt, zwei weitere Varianten zu entwickeln, die Ultralangstrecken-Version 777-8X sowie die verlängerte 777-9X. Diese sollen gegenüber dem neuen Konkurrenten A350 (siehe Seiten 28/29) im Markt gleichziehen können. Im Wesentlichen sind folgende Verbesserungen vorgesehen: Ein neuer fast 20% größerer Flügel aus Verbundwerkstoffen, deren Spitzen klappbar sind, schwächere Triebwerke GE9X neuester Generation mit einer Leistung von 46266 kp (453 kN) und weitere aerodynamische Verbesserungen. Damit erhofft man sich eine deutliche Verbesserung der Wirtschaftlichkeit.
Hersteller: The Boeing Company, Commercial Airplane Group, Seattle, Werk Everett, Washington, USA.

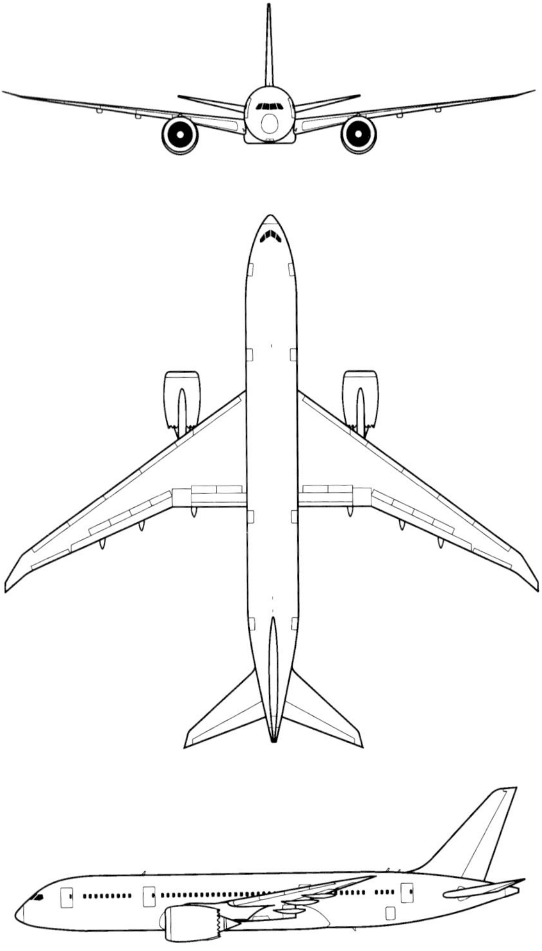

Abmessungen (787-8/-9):
Spannweite 60,12 m
Länge 56,72/62,81 m, (787-10) 68,00 m
Höhe 16,92/17,02 m
Flügelfläche 361 m^2.

BOEING 787 DREAMLINER

Ursprungsland: USA.
Kategorie: Mittel- bis Langstrecken-Verkehrsflugzeug.
Triebwerke: Zwei Mantelstromtriebwerke General Electric GEnx-1B oder Rolls-Royce Trent 1000 von je zwischen 25000 und 32000 kp (244 bis 311 kN) Leistung.
Leistungen: Reisegeschwindigkeit 913 km/h (Mach 0,85); Reiseflughöhe 13100 m; Reichweite bei voller Zuladung (787-8) 11000 km, max. Reichweite (787-8) 13620 km, (787-9) 14140 km, (787/10) 12964 km.
Gewichte: Rüstgewicht (787-8) 111493 kg; max. Startgewicht (787-8) 227930 kg, (787-9) 252651 kg, (787-10) 250860 kg.
Zuladung: Zwei Mann Cockpitbesatzung und (787-8/-9/-10) in Dreiklassenbestuhlung 217/257/300 Passagiere, bei Einheitsklasse 230/300/330 Passagiere.
Entwicklungsstand: Der Erstflug der 787-8 fand am 15. Dezember 2009 statt. Die Ablieferungen an den Erstbesteller ANA begannen im November 2011. Bis Ende 2015 sind Aufträge für 1142 Einheiten eingegangen (787-8 451, 787-9 529, 787-10 1692). 363 davon waren abgeliefert, monatliche Produktion derzeit 10 Einheiten. Die Ausführung 787-9 hatte am 17. September 2013 den Erstflug, Beginn des kommerziellen Einsatzes im Juli 2014. Die neueste Ausführung 787-10 wird voraussichtlich 2017 die Flugerprobung aufnehmen.
Bemerkungen: Mit der Familie 787 Dreamliner lancierte Boeing eine neue Generation von Verkehrsflugzeugen. Zwei Neuerungen sind dabei zentral: Der erhöhte Passagierkomfort und die Wirtschaftlichkeit. So ist der Passagierraum besonders attraktiv gestaltet. Nebst bequemen Stühlen mit mehr Sitzabstand fallen die großen Fenster auf. Durch ein Bündel von Maßnahmen, vor allem aber durch zukunftsweisende Technologien, wurden bezüglich Wirtschaftlichkeit und Ökologie neue Bestwerte erreicht. Erstmals stellt man bei einem so großen Flugzeug den Rumpf vollständig aus Verbundwerkstoffen her. Die Triebwerke zeichnen sich vor allem durch einen hohen Wirkungsgrad, einfache Wartung und geringen Lärm aus. Bei einer typischen Auslastung ist der Treibstoffverbrauch pro Person, gemessen an der zurückgelegten Distanz, drei Mal geringer als bei einem Personenwagen. Neuerdings wird auch eine Businessjetversion 787BBJ angeboten.
Hersteller: The Boeing Company, Commercial Airplane Group, Seattle/Chicago, Werke Everett, Washington und Charleston, South Carolina, USA.

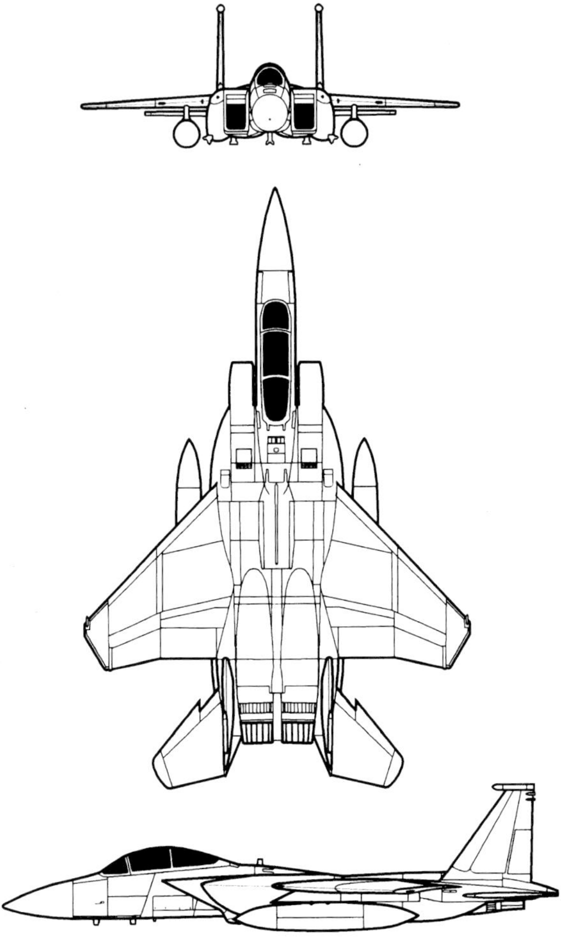

Abmessungen:
Spannweite 13,05 m
Länge 19,45 m
Höhe 5,65 m
Flügelfläche 56,50 m^2.

BOEING F-15E/K/SG EAGLE

Ursprungsland: USA.
Kategorie: Zweisitziger Luftüberlegenheitsjäger und Erdkämpfer.
Triebwerke: Zwei Mantelstromtriebwerke (F-15E) Pratt & Whitney F100-PW-229 bzw. (F-15K) General Electric F-110-GE-129 von je 8073 kp (79,20 kN) Standschub ohne und 13200 kp (129,40 kN) mit Nachbrenner.
Leistungen: Kurzzeitig erreichbare Spitzengeschwindigkeit 2698 km/h oder Mach 2,54 auf 12190 m; länger dauernde Höchstgeschwindigkeit 2443 km/h oder Mach 2,4 auf 12190 m; Dienstgipfelhöhe 18300 m; max. Aktionsradius 1270 km; Überführungsreichweite mit Zusatztanks 4445 km.
Gewichte: Rüstgewicht 14379 kg; max. Startgewicht 36741 kg.
Bewaffnung: Eine sechsläufige 20-mm-Revolverkanone M61A1 und bis zu 10500 kg Außenlasten (Erdkampf) bzw. je vier Luft-Luft-Lenkwaffen AIM-7F Sparrow und AIM-9L Sidewinder oder bis zu acht AIM-120 (Luftüberlegenheitsseinsatz).
Entwicklungsstand: Die erste F-15E begann mit den Testflügen am 11. Dezember 1986. Ablieferungen in einer Stückzahl von 245 an die USAF ab 1988. Der F-15E ähnliche Ausführungen bestellten Israel 25 F-15I und Saudi Arabien 72 F-15S (Beschreibung siehe Ausgabe 2002). Südkorea erhielt 60 F-15K, Singapore nach neuesten Informationen 40 F-15SG. Neuester Auftrag: Saudi Arabien weitere 84 F-15SA. Von allen F-15-Versionen sind insgesamt gegen 1600 Einheiten gebaut worden.
Bemerkungen: Die Ausführung F-15K für Südkorea unterscheidet sich vom Ausgangsmuster F-15E u.a. durch neue Triebwerke, neues Cockpit, verbesserte Sensoren und Avionik. Das ebenfalls neue APG-63V1 oder V-2-Radar erlaubt, bewegte Ziele auf dem Land wie auch im Meer zu verfolgen. Die Ablieferungen begannen 2005. Derzeit baut Boeing nur die auf der F-15K basierende Variante F-15SG (früher F-15T genannt), die mit einer neuen AESA-Version des APG-63-Radars ausgerüstet ist. Im Rahmen eines Modernisierungsprogramms erhalten rund 225 F-15E der USAF ein neues AESA-Radar APG-82. Die Abfangjägerausführung F-15C wird teilweise mit diesem Radar ausgerüstet. Die in der Ausgabe 2011 vorgestellte Weiterentwicklung F-15SE Silent Eagle soll in modifizierter Form weitergeführt werden. Offenbar interessiert sich neuerdings Israel zur Beschaffung dieser Version.
Hersteller: The Boeing Company, Defence & Space Group, Seattle, Washington, Werk St. Louis, Missouri, USA.

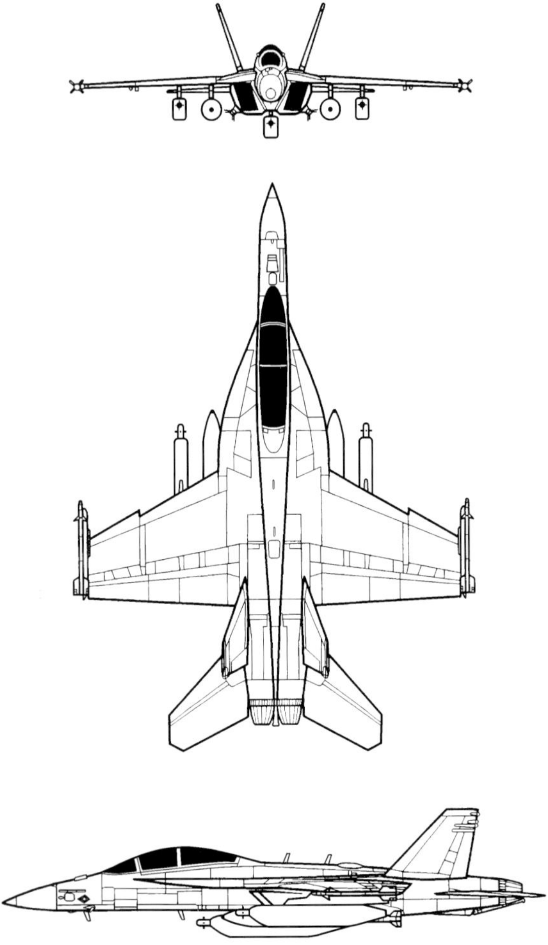

Abmessungen:
Spannweite 13,70 m
Länge 18,40 m
Höhe 4,88 m
Flügelfläche 46,45 m^2.

BOEING EA-18G Growler

Ursprungsland: USA.
Kategorie: Zweisitziges bord- und landgestütztes Elektronikkampfflugzeug.
Triebwerke: Zwei Mantelstromtriebwerke General Electric F414-GE-400 von je 6470 kp (63,4 kN) Standschub ohne und 9978 kp (97,86 kN) mit Nachverbrennung.
Leistungen: Höchstgeschwindigkeit auf optimaler Höhe Mach 1,8+; max. Reisegeschwindigkeit Mach 0,95; Dienstgipfelhöhe 15240 m; Radius als Abfangjäger mit je zwei Luft-Luft-Lenkwaffen Sidewinder und AMRAAM 760 km, bei Tiefangriffseinsätzen mit vier 450-kg-Bomben, zwei Sidewinders und zwei 1818-l-Außentanks (hoch-tief-tief-hoch) 722 km.
Gewichte: Leergewicht 15010 kg; max. Startgewicht 29964 kg.
Bewaffnung: An insgesamt neun Aufhängepunkten unter den Flügeln und unter dem Rumpf bis zu fünf ALQ-99/-218/-227-Störbehälter, Zusatztanks oder AGM-88-HARM-Radarabwehr-Lenkwaffen.
Entwicklungsstand: Der erste von zwei Prototypen der EA-18G nahm die Flugerprobung am 16. August 2006 auf, gefolgt vom ersten Serienflugzeug im September 2007. Die USN stockte 2015 mit einer weiteren Nachbestellung die Gesamtbestellung auf mittlerweile 156 Einheiten auf. Insgesamt werden 10 Staffeln gebildet, die erste erlangte im Oktober 2009 die Einsatzbereitschaft. Im Mai 2014 wurde die 100. Growler der USN übergeben. Australien erwirbt ebenfalls 12 EA-18G Growler.
Bemerkungen: Die EA-18G basiert auf der zweisitzigen Variante der F/A-18F (siehe Ausgabe 2015). Ihre Hauptaufgabe ist die Bekämpfung von Radar-/Flabanlagen und anderen Verteidungseinrichtungen in einem modernen Kampfumfeld mit elektronischen Störmitteln (sog. SEAD-Kapazität, **S**uppression of **E**nemy **A**ir **D**efence). Die ersten Maschinen des Blocks I werden mit folgenden Behältern ausgerüstet: Empfänger-System ALQ-218(V2), ALQ-227 zur Bekämpfung der Kommunikations-Einrichtungen sowie Störsystem im Nieder- und Hochfrequenzbereich ALQ-99. Im Übrigen behält die EA-18G die gleiche Einsatz- und Waffenkapazität wie die F/A-18F bei. Spätere Beschaffungsblocks erhalten weiter entwickelte Systeme, so u.a. eines zur Egalisierung gegnerischer Gegenmaßnahmen, so dass die Freund-Feind-Erkennung und die Kommunikation in der Angriffsphase jederzeit aufrechterhalten bleiben können.
Hersteller: The Boeing Company, Defence & Space Group, Seattle, Washington, Werk St. Louis, Missouri, USA.

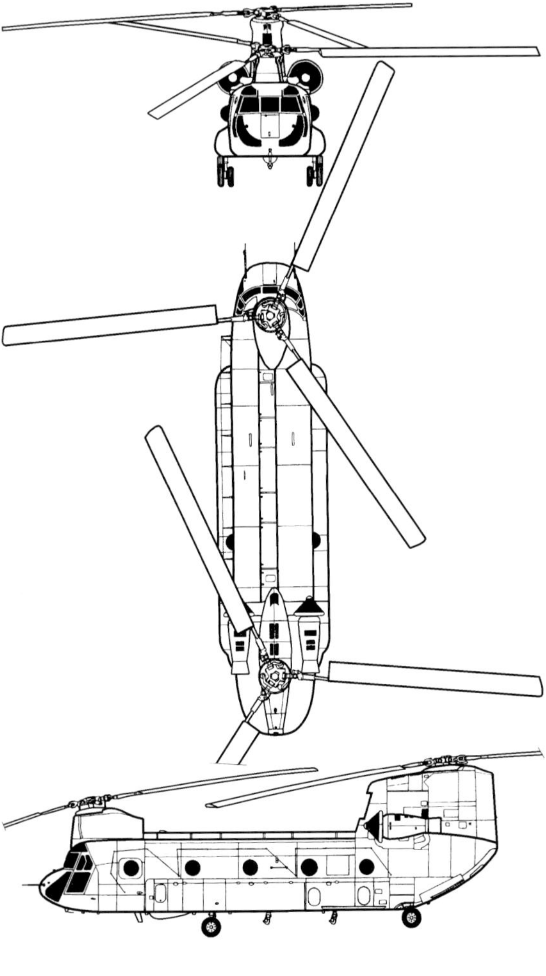

Abmessungen:
Durchmesser jedes der beiden Rotoren 18,29 m
Rumpflänge 15,84 m
Rumpfhöhe ohne Rotor 5,20 m.

BOEING CH-47SD/F CHINOOK

Ursprungsland: USA.
Kategorie: Schwerer Transporthubschrauber.
Triebwerke: Zwei Gasturbinen AlliedSignal T55-714A von je 4733 WPS (3529 kW) Leistung.
Leistungen: Höchstgeschwindigkeit 298 km/h auf Meereshöhe; Durchschnittsgeschwindigkeit 245 km/h; max. Schrägsteiggeschwindigkeit 9,38 m/Sek; Schwebehöhe mit Bodeneffekt 1837 m, ohne Bodeneffekt 1675 m; max. Flughöhe 6030 m; max. Einsatzradius 600 km; Überführungsreichweite 1902 km.
Gewichte: Leer 11550 kg; norm. Startgewicht 22688 kg.
Zuladung: Zwei Piloten und 45 Personen; als Ambulanzhubschrauber 24 Patienten plus zwei Sanitäter. Max. 11340 kg Außenlasten.
Entwicklungsstand: Der Erstflug der neuesten Ausführung CH-47SD fand am 25. August 1999 statt. Im Juli 2006 wurden die ersten Serienhubschrauber der US Army übergeben. Neu werden 464 CH-47F beschafft. Bei rund der Hälfte handelt es sich um neue Hubschrauber, die restlichen sind Umbauten aus der Version CH-47D. Weitere Besteller dieser Ausführung: Australien 7, Großbritannien 22, Indien 15, Indonesien neu 4, Italien 16 (+ 4 Optionen), Kanada 15, Niederlande 6 + 14 weitere, Türkei neu 11 und UAE 22. Über 300 befinden sich bereits im Einsatz. Beginnend mit dem Prototypen Boeing Vertol 114 bzw. YHC-1B 1961 befindet sich die Chinook in den verschiedensten Versionen seit über 50 Jahren ununterbrochen in Produktion.
Bemerkungen: Die CH-47SD (= »Super« D) ist eine wesentlich weiterentwickelte Ausführung. Das Äquivalent der US Army heißt CH-47F und flog erstmals am 25. Juni 2001. Die wichtigsten Neuerungen sind: Stark verbesserte Avioniksysteme mit einem MIL-STD-1553-Databus und ein voll integriertes Glascockpit, welches für NVG-Einsätze geeignet ist. Die Triebwerke erzeugen eine um rund 22% höhere Leistung. Zudem werden größere Treibstofftanks eingebaut. Zur Erhöhung der Lebensdauer und zur Senkung des Vibrationspegels ist die Zelle verstärkt und versteift. Schließlich gelangen neue Elastomerlager an den Rotorköpfen zur Anwendung. Damit steigt die Zuverlässigkeit und sinkt der Wartungsaufwand. Die Version F wird weiter entwickelt. So soll eine Block 2-Version ein auf 24000 kg erhöhtes Abfluggewicht zulassen.
Hersteller: The Boeing Company, Helicopters Division, Philadelphia, Pennsylvania, USA.

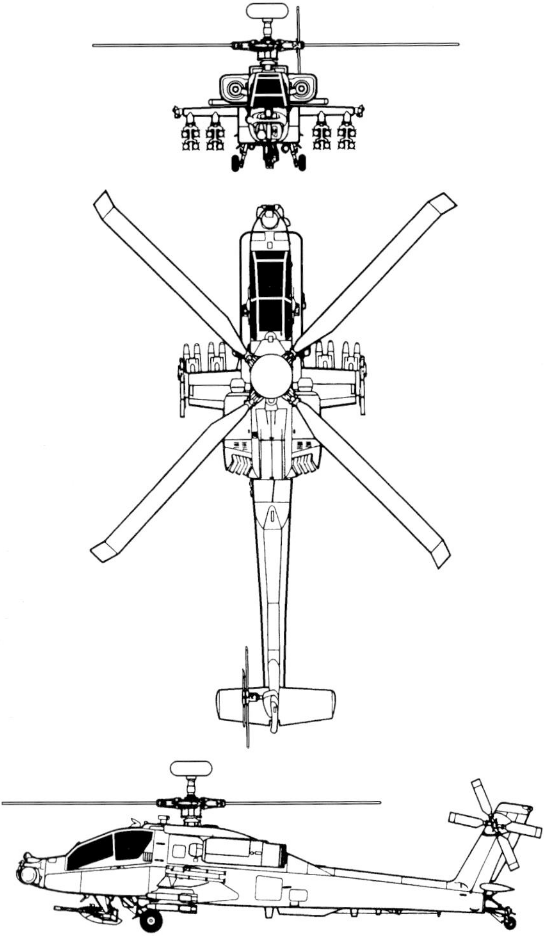

Abmessungen:
Rotordurchmesser 14,63 m
Rumpflänge 14,70 m
Höhe inkl. Mastvisier 4,90 m.

BOEING AH-64E APACHE GUARDIAN

Ursprungsland: USA.
Kategorie: Zweisitziger Kampf- und Aufklärungshubschrauber.
Triebwerke (AH-64E): Zwei Gasturbinen General Electric T700-701D von je 1994 WPS (1500 kW) Leistung.
Leistungen (AH-64D Block II bei 6552 kg): Höchstgeschwindigkeit 296 km/h; typische Einsatzgeschwindigkeit bei 7158 kg 272 km/h; max. Schrägsteiggeschwindigkeit 12,7 m/Sek; Schwebehöhe mit Bodeneffekt 5246 m, ohne Bodeneffekt 4124 m; Aktionsradius mit max. interner Treibstoffzuladung 407 km, Überführungsreichweite 1701 km.
Gewichte (AH-64E): Leergewicht 5165 kg; max. Startgewicht 10433 kg.
Bewaffnung: Eine einläufige 30-mm-Kanone unter dem Vorderrumpf sowie bis zu 16 lasergelenkte Hellfire-Panzerabwehrraketen oder 76 ungelenkte 70-mm-Raketen. Als Defensivbewaffnung können Luft-Luft-Lenkwaffen wie Stinger, Sidewinder oder Mistral mitgeführt werden.
Entwicklungsstand: Die neueste Ausführung AH-64E fliegt seit 4. Dezember 2009. 634 bestehende AH-64D (siehe Ausgabe 2013) werden umgebaut sowie 56 für die US Army neu produziert. Seit Februar 2014 befindet sich die erste Staffel im Einsatz. Die 100. AH-64E wurde im April 2015 abgeliefert. Weitere Besteller dieser Version: Indien 22, Indonesien 8, Saudi Arabien 48+, Süd Korea 36, Taiwan 30; neuester Besteller: Qatar 23. Von allen AH-64-Varianten sind derzeit über 1200 von 19 Luftwaffen beschafft worden. Jährlich werden rund 60 Hubschrauber umgebaut bzw. neu produziert.
Bemerkungen: Bei praktisch unverändertem Äußeren weist die AH-64E erhebliche Verbesserungen auf, u.a. leistungsfähigere Triebwerke, verstärktes Getriebe, längere Rotorblätter aus Verbundwerkstoff und ein reduziertes Strukturgewicht. Eine Folge davon sind verbesserte Flugleistungen und eine größere Überlebensfähigkeit. Völlig neu ist die Avionik. Sie besitzt eine sog. offene Systemarchitektur. Die AH-64E ist zudem in der Lage, unbemannte Drohnen zu steuern und deren Bilder zu empfangen. Der bisherige Name Longbow Apache wurde für diese Version in Apache Guardian umbezeichnet.
Hersteller: The Boeing Company, Helicopters Division, Philadelphia, Pennsylvania, Werk Mesa, Arizona, USA.

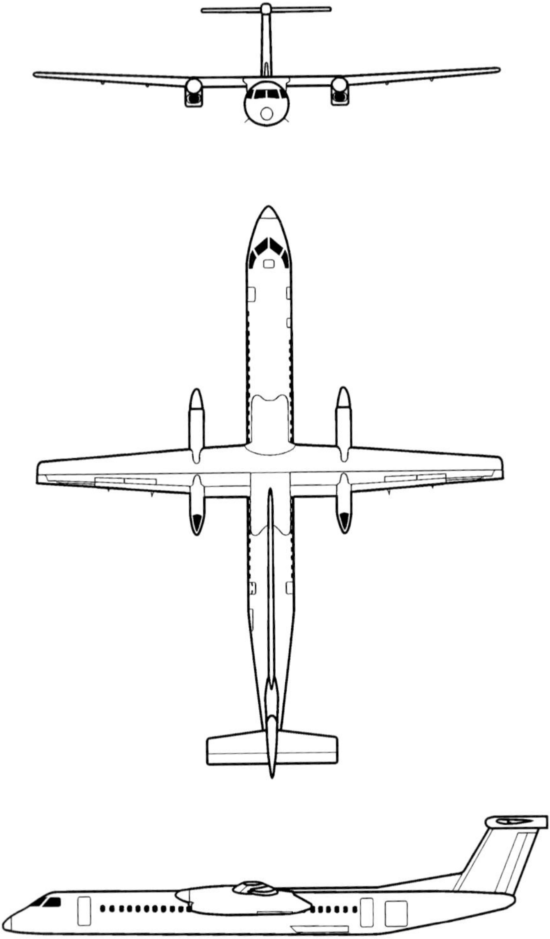

Abmessungen:
Spannweite 28,42 m
Länge 32,84 m
Höhe 8,36 m
Flügelfläche 63,08 m².

BOMBARDIER Q400

Ursprungsland: Kanada.
Kategorie: Regionalverkehrs- und Mehrzweckflugzeug.
Triebwerke: Zwei Propellerturbinen Pratt & Whitney Canada PW150A von je 4580 WPS (3415 kW) Leistung bzw. 5070 WPS (3781 kW) mit APR.
Leistungen: Max. Reisegeschwindigkeit 667 km/h; ökonom. Reisegeschwindigkeit 565 km/h; Dienstgipfelhöhe 7620 m; Reichweite mit max. Nutzlast 1596 km, mit 70 Passagieren 2522 km.
Gewichte: Rüstgewicht 17108 kg; max. Startgewicht 29574 kg.
Zuladung: Zwei Piloten und Standard-Innenausstattung für 70 Passagiere in Viererreihen, bei dichter Bestuhlung bis zu 86 Passagiere. Max. Nutzlast 8625 kg.
Entwicklungsstand: Die erste Dash 8-400 (mittlerweile als Q400 bezeichnet) startete am 31. Januar 1998 zum Erstflug, Ablieferung im Januar 2000. Ende 2015 lagen für die Version Q400 bzw. Q400 NextGen Aufträge für 521 Einheiten (+ Optionen) von rund 50 Betreibern vor. Die 500. Q400 wurde im Juni 2015 abgeliefert. Von allen Dash-8-Versionen sind mittlerweile etwa 1220 bestellt.
Bemerkungen: Die Dash 8 Q400 ist eine nochmals vergrößerte Ausführung des Grundmusters Dash 8. Gegenüber der Dash 8-300 (siehe Ausgabe 1996) unterscheidet sie sich durch den 7,16 m längeren Rumpf, leistungsfähigere Triebwerke und ein verstärktes Flügelmittelstück. Dadurch vergrößert sich die Spannweite um rund 1 m. Neue, besonders lärmarme Sechsblattrotoren von Dowty sind rund 20 cm weiter vom Rumpf entfernt platziert worden. Zur weiteren Lärmreduktion ist ein sog. »active cabin-noise control system« (= aktives Lärmunterdrückungssystem) eingebaut, welches den in die Kabine eindringenden Lärm erheblich auf 77 dB abdämpft, weshalb der Name des Musters auf Q400 (**Q** = quiet/ruhig) abgeändert wurde. Die derzeit angebotene Variante Q400 NextGen (Erstablieferung im Mai 2009) weist einige Verbesserungen in der Inneneinrichtung auf. Bombardier prüft unter der Bezeichnung Dash 8 Q400X eine weitere Verlängerung des Musters für 90 Passagiere. Neu wird auch eine kombinierte Passagier-/Frachtversion Q400 Combi angeboten. Ryukyu Air Commuter als erster Betreiber hat am 31. Dezember 2015 eine Combi erhalten.
Hersteller: Bombardier Aerospace, Montreal, Werk Downsview, Ontario, Kanada.

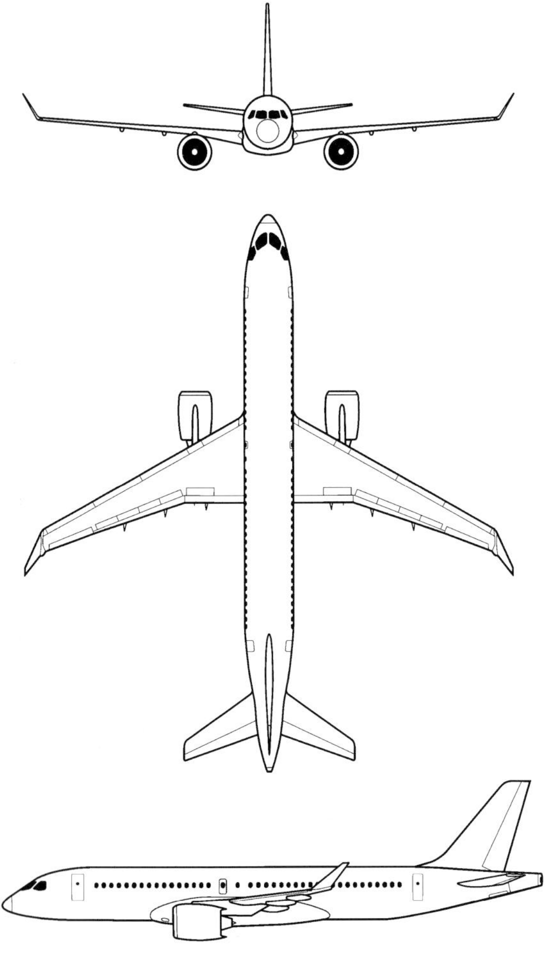

Abmessungen:
Spannweite 35,10 m
Länge (CS100) 34,80 m, (CS300) 38,70 m
Höhe 11,50 m
Flügelfläche 112,30 m².

BOMBARDIER CSERIES

Ursprungsland: Kanada.
Kategorie: Kurz- und Mittelstrecken-Verkehrsflugzeug, Firmenflugzeug.
Triebwerke: Zwei Mantelstromtriebwerke Pratt & Whitney (CS100/300) PW1521G von je 9510 kp (93,40 kN) bzw. (CS100ER/300ER) PW1524G von je 10546 kp (103,60 kN) Standschub.
Leistungen (nach Angaben des Herstellers): Max. Reisegeschwindigkeit Mach 0,82; normale Reisegeschwindigkeit Mach 0,78; Dienstgipfelhöhe 12492 m; Reichweite (CS100/ER) 4074/5463 km, (CS300/ER) 4074/5436 km.
Gewichte (CS100/300): Leergewicht 33340/35154 kg; max. Startgewicht 54749/59557 bzw. (ER) 58151/65317 kg.
Zuladung: Zwei Mann Cockpitbesatzung und je nach Innenausstattung (CS100) zwischen 108 und 125 Passagiere bzw. (CS300) zwischen 130 und 150/160 Passagiere; max. Nutzlast (CS100/300) 14583/18552 kg.
Entwicklungsstand: Der Erstflug fand am 16. September 2013 statt. Mittlerweile fliegen alle vier CS100-Prototypen. Aus technischen Gründen verschiebt sich die Indienststellung auf das zweite Quartal 2016. Bis Ende 2015 waren von mehreren Flug- bzw. Leasing-Gesellschaften 243 Maschinen (+ Optionen) der Versionen CS100 (53) und CS300 (190) bestellt, u.a. von Lufthansa für Swiss 20 CS100/10 CS300, Air Baltic 10 CS300, Korean 10 CS300, Republic Airways 40 (CS300). Private Air erhält 5 als Businessflugzeuge ausgerüstete CS100. Die erste CS300 (siehe Dreiseitenriss) hat am 27. Februar 2015 die Flugerprobung aufgenommen.
Bemerkungen: Bei der CSeries handelt es sich um eine vollständige Neukonstruktion. Um in den Bereichen Wirtschaftlichkeit, Lärm und Umwelt Höchstwerte zu erreichen, hat man zu den neuesten technologischen Lösungen gegriffen. 46% der Flugzeugteile bestehen aus Verbundwerkstoffen, u.a. das gesamte Leitwerk. Rumpf sowie die Cockpitsektion sind aus leichten Aluminium-Lithium-Legierungen. Zum Einbau gelangen Triebwerke, welche derzeit zu den effizientesten gehören sollen. Durch die großzügig dimensionierte Kabine, große Kabinenfenster, neue Beleuchtungstechniken, überdurchschnittlich große Gepäckfächer und größere Armfreiheit soll ein für diese Flugzeugklasse hohes Komfortniveau erreicht werden. Die Avionik stammt von Rockwell-Collins. Gesteuert wird die CSeries mittels Sidesticks und einem Fly-By-Wire-System. Bombardier bietet auch eine VIP-Ausführung an.
Hersteller: Bombardier Aerospace, Montreal, Quebec, Werk Montreal-Mirabel, Quebec, Kanada.

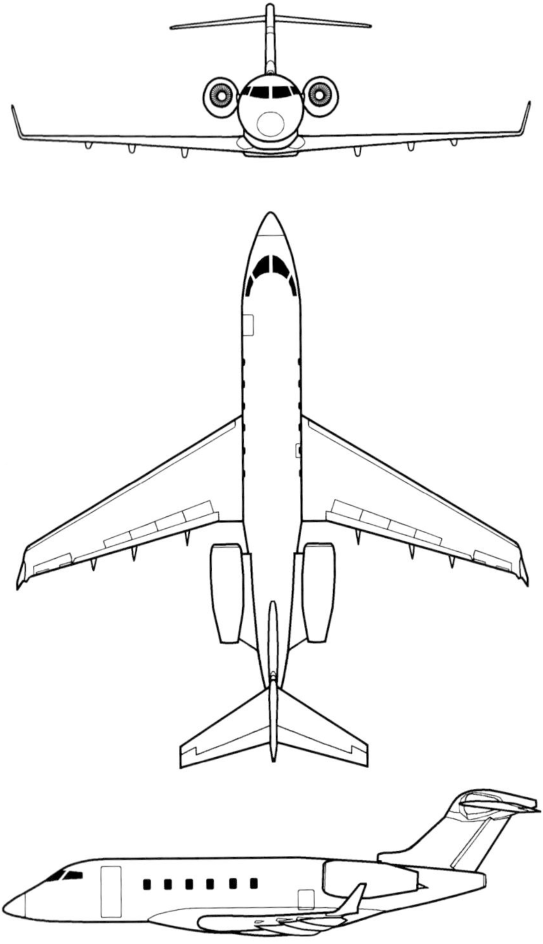

Abmessungen:
Spannweite (300/350) 19,46/21,00 m
Länge 20,93 m
Höhe 6,10 m
Flügelfläche 48,60 m².

BOMBARDIER CHALLENGER 300/350

Ursprungsland: Kanada.
Kategorie: Firmenflugzeug.
Triebwerke (300/350): Zwei Mantelstromtriebwerke Honeywell HTF7000/HTF7350 von je 3100/3321 kp (30,40/32,57 kN) Standschub.
Leistungen (300/350): Max. Reisegeschwindigkeit 870 km/h (Mach 0,82); normale Reisegeschwindigkeit 850 km/h (Mach 0,80); Dienstgipfelhöhe 13716 m; Reichweite mit acht Passagieren und IFR-Reserven 5740/5926 km.
Gewichte (300/350): Rüstgewicht 10659/11249 kg; max. Startgewicht 17622/18416 kg.
Zuladung: Zwei Piloten und je nach Innenausstattung 8 bis 16 Passagiere; max. Nutzlast 1588 kg, mit vollen Treibstofftanks 612 kg.
Entwicklungsstand: Der erste noch als BD-100 Continental bezeichnete Prototyp nahm die Flugerprobung am 14. August 2001 auf. Die Zulassung erfolgte Mitte 2003. Bis Ende 2015 sind rund 450 Einheiten gebaut worden, die jährliche Produktionsrate beträgt derzeit rund 55 Maschinen. Die Challenger 350 wurde Mitte 2014 erstmals ausgeliefert. Das Fractional-Ownership-Unternehmen NetJets will bis zu 75 Einheiten beschaffen.
Bemerkungen: Das Mittelstrecken-Firmenflugzeug Challenger 300 (siehe Dreiseitenriss) schließt bei Bombardier die Lücke zwischen der Learjet- und der Challengerfamilie von Businessjets. Sie weist für ihre Klasse einen sehr großen Rumpfquerschnitt auf (Innenmaße 7,68 m lang, 2,19 m breit, 1,85 m hoch), so dass durchgehend Stehhöhe ermöglicht wird. Normalerweise umfasst die Innenausstattung acht Einzelsitze, eine kleine Küche vorne und hinten eine Toilette sowie direkten Zugang zum Gepäckraum. Dieses erfolgreiche Muster wurde mit der Version 350 (siehe Foto) aufdatiert. Dank stärkerer Triebwerke sind wesentliche Leistungsparameter besser, der Treibstoffverbrauch liegt aber unter dem der Vorgängerin. Eingebaut ist die neue Avionik Rockwell Collins ProLine 21. Zudem wurde die Inneneinrichtung überarbeitet. Äußerlich sichtbar ist der Flügel größerer Spannweite mit Winglets. Bombardier gibt als Basispreis US$ 26,5 Mio. an.
Hersteller: Bombardier Aerospace, Montreal, Quebec, Werk Montreal-Dorval, Quebec, Kanada.

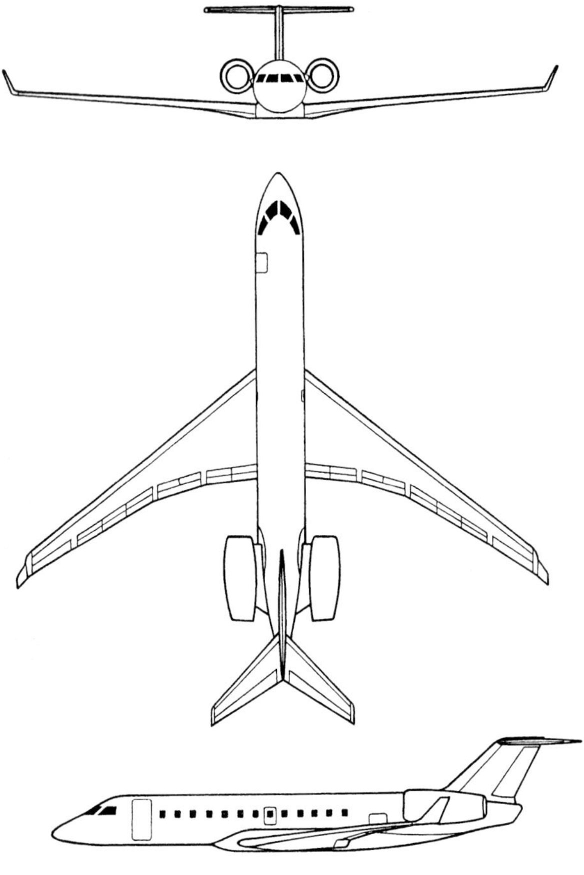

Abmessungen:
Spannweite inkl. Winglets (5000/6000) 28,65 m, (7000/8000) 31,79 m
Länge (5000) 29,50 m, (6000) 30,30 m, (7000) 33,83 m, (8000) 30,97 m
Höhe 7,70 m
Flügelfläche (5000/6000) 94,94 m².

BOMBARDIER GLOBAL EXPRESS 5000/6000/7000/8000

Ursprungsland: Kanada.
Kategorie: Langstrecken-Firmenflugzeug.
Triebwerke (5000/6000): Zwei Mantelstromtriebwerke BMW/Rolls-Royce BR710-48A2-20 von je 6690 kp (65,6 kN) Standschub.
Leistungen: Max. Reisegeschwindigkeit 950 km/h (Mach 0,89); Langstrecken-Reisegeschwindigkeit 907 km/h (Mach 0,85); max. Anfangssteiggeschwindigkeit 18,3 m/Sek; Dienstgipfelhöhe15545 m; Reichweite bei Mach 0,85 (5000) 9620 km, (6000) 11390 km.
Gewichte: Rüstgewicht (5000/6000) 23056/23224 kg; max. Startgewicht (5000/6000) 42000/44452 kg.
Zuladung: Zwei Piloten im Cockpit und je nach Innenausstattung bis zu (5000/6000) 17/19 Passagiere; max. Nutzlast 3266 kg.
Entwicklungsstand: Erstflug der Ursprungsausführung Global Express am 13. Oktober 1996. Die Global Express 6000 (ex. XRS, siehe Dreiseitenriss und Foto) folgte am 16. Januar 2005 und die 5000 am 7. März 2003. Die neu vorgestellten Varianten 7000/8000 dürften die Flugerprobung 2016 bzw. 2017 aufnehmen, aber erst ab Mitte 2018 in Dienst gestellt werden. Ende 2015 waren etwa 650 Global Express aller Versionen abgeliefert. Die größten Betreiber der Global Express-Familie NetJets und VistaJet haben 2012 Anschlussaufträge über 50 + 70 Optionen aller Versionen bzw. VistaJet 56 + 86 Optionen der Versionen 5000/6000/8000 erteilt.
Bemerkungen: 2011 kündigte Bombardier an, dass ausgehend von diesen Varianten zwei neue entwickelt werden, die 7000 und die 8000. Beide nutzen das General Electric-Triebwerk Passport 20 neuester Technologie mit einer Leistung von 7500 kp (73,00 kN), welches bezüglich Treibstoffverbrauch, Lärmemissionen und Abgaswerte neue Bestwerte verspricht. Im vergrößerten Flügel wird die Treibstoffkapazität erhöht, so dass Reichweiten von bis zu (7000) 13520 km bzw. (8000) 14631 km erreicht werden. Damit ist die 8000 der Businessjet mit der momentan größten Reichweite. So werden beispielsweise Flüge von London nach Australien non-stop möglich. Sonst unterscheiden sich diese beiden Versionen fast nur bezüglich der Rumpflänge. Die Preise für die jeweilige Basisversion bewegen sich zwischen US$ 69 und 73 Mio.
Hersteller: Bombardier Aerospace, Montreal, Werk Montreal-Mirabel, Quebec, Kanada.

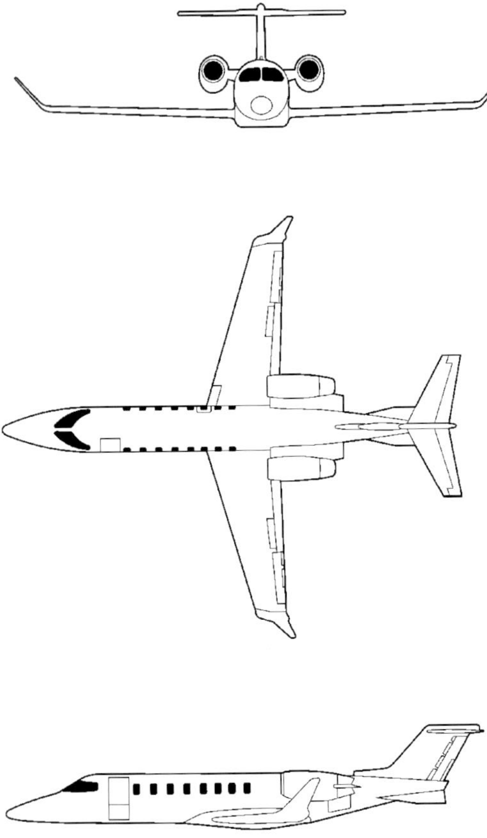

Abmessungen:
Spannweite einschließlich Winglets 15,51 m
Länge (70) 16,93 m, (75) 17,68 m
Höhe 4,31 m
Flügelfläche 28,95 m².

BOMBARDIER LEARJET 70/75

Ursprungsland: USA.
Kategorie: Firmenflugzeug.
Triebwerke: Zwei Mantelstromtriebwerke Honeywell TFE731-40BR von je 1746 kp (17,1 kN) Standschub.
Leistungen: Max. Reisegeschwindigkeit 860 km/h (Mach 0,81); Langstreckenreisegeschwindigkeit 796 km/h; Dienstgipfelhöhe 15545 m; max. IFR-Reichweite mit vier Passagieren (70) 3815 km, (75) 3778 km.
Gewichte (70/75): Rüstgewicht 6221/6300 kg; max. Startgewicht 9752 kg.
Zuladung (70/75): Zwei Piloten und in der Kabine normalerweise sechs/acht, maximal sieben/neun Passagiere; max. Nutzlast 1036/957 kg.
Entwicklungsstand: Die erste Learjet 75 (siehe Dreiseitenriss), eine umgebaute Learjet 45, startete am 8. August 2011 zum Erstflug, gefolgt von der zur 70 umgebauten Learjet 40 am 2. Februar 2012. Das erste dem Serienstandard entsprechende Muster fliegt seit Anfang 2013. Learjet 70 und 75 werden parallel produziert und seit Ende 2013 ausgeliefert, bisherige Bestellungen 10 bzw. 39. Von den Ausführungen Learjet 40 und 45 wurden bisher rund 600 Einheiten gebaut.
Bemerkungen: Die im Mai 2012 vorgestellte Learjet 70 löst die Learjet 40 als kleinsten Businessjet von Bombardier ab, die Learjet 75 die Learjet 45. Beide neuen Versionen weisen gegenüber ihren Vorgängern neue Triebwerke mit mehr Schub auf. Zudem konnte man Gewicht einsparen. Damit erzielen die Learjet 70 und 75 eine kürzere Startstrecke, erhöhte Steig- und Reichweitenleistungen und einen kleineren Treibstoffverbrauch. Weiter will man die Betriebskosten gegenüber den Vorgängern senken. Zum Einbau gelangt eine neue Avionik Vision, welche auf der G5000 von Garmin International basiert. Schließlich wird auch die Kabine aufgewertet und Elemente der mittlerweile eingestellten Learjet 85 (siehe Ausgabe 2015) übernommen. Die Learjet 70/75 weisen folgende Innenmaße auf: Länge 5,39 m/6,04 m, Breite 1,56 m, Höhe 1,50 m. Die Außenabmessungen entsprechen jenen der Learjet 40/45. Bombardier verlangt für die Learjet 75 US$ 13,8 Mio.
Hersteller: Bombardier Aerospace, Werk Wichita, Kansas, USA, Montreal, Quebec, Kanada.

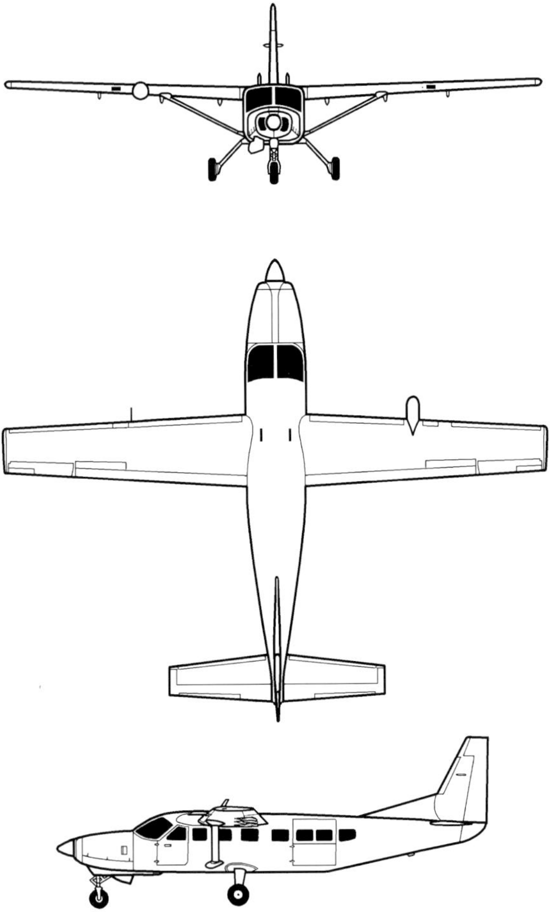

Abmessungen:
Spannweite 15,87 m
Länge (Caravan) 11,50 m, (Grand Caravan) 12,72 m
Höhe (Caravan) 4,52 m, (Grand Caravan) 4,70 m
Flügelfläche 25,96 m².

CESSNA 208B GRAND CARAVAN EX

Ursprungsland: USA.
Kategorie: Mehrzweckflugzeug.
Triebwerke: Eine Propellerturbine Pratt & Whitney Canada PT6A-140 von 867 WPS (646 kW) Leistung.
Leistungen: Max. Reisegeschwindigkeit mit Pod unter dem Rumpf 343 km/h auf 3050 m, 328 km/h auf 6095 m; ohne Pod erhöht sich die Reisegeschwindigkeit um ca. 20 km/h; Anfangssteiggeschwindigkeit 6,5 m/Sek; Dienstgipfelhöhe 7620 m; max. Reichweite mit 45 Min. Reserven 1467 km auf 3050 m.
Gewichte: Leergewicht 2072 kg; max. Startgewicht 3994 kg.
Zuladung: Ein bis zwei Piloten und in der Standardausführung neun Passagiere, maximal jedoch 14 Passagiere oder 1618 kg Fracht.
Entwicklungsstand: Mitte 2012 hat Cessna die neueste Ausführung Grand Caravan EX lanciert. Die ersten Auslieferungen begannen Anfang 2013. Inskünftig soll die Caravan EX auch in China bei CAIGA endmontiert werden. Nebst dieser Ausführung produziert Cessna gegenwärtig noch die 208B Grand Caravan, Caravan 675, Caravan Amphibian und Super Cargo Master. Diese Versionen wurden in früheren Ausgaben beschrieben. Jährlich baut Cessna rund 100 Maschinen. In den 30 Jahren Produktionszeit wurden bisher über 2500 Einheiten hergestellt.
Bemerkungen: Als eigentliches »Arbeitspferd« wird die Caravan für die verschiedensten Aufgaben eingesetzt, sei es vom Frachter über militärische Aufgaben bis hin zum Passagierflugzeug mit VIP-Einrichtung. Die neueste Ausführung Grand Caravan EX bleibt in den Außenabmessungen gleich, wird jedoch mit dem um fast 25% stärkeren Triebwerk PT6A-140 angetrieben. Damit verbessern sich alle Leistungsmerkmale wesentlich, besonders in hoch gelegenen und heißen Gebieten. Die Reisegeschwindigkeit ist um rund 20 km/h höher, die Steigleistungen nehmen um 20% zu. Zum 30jährigen Produktionsjubiläum 2015 wurde die Inneneinrichtung, insbesondere die Sitze, überarbeitet. Die Cessna Caravan wird zunehmend auch bewaffnet für sog. ISR-Aufgaben (Intelligence, Surveillance, Reconnaissance) eingesetzt. Kenya, Mauretanien und Niger erhalten 2015 je eine entsprechend ausgerüstete Maschine.
Hersteller: Cessna Aircraft Company, Wichita, Kansas, USA.

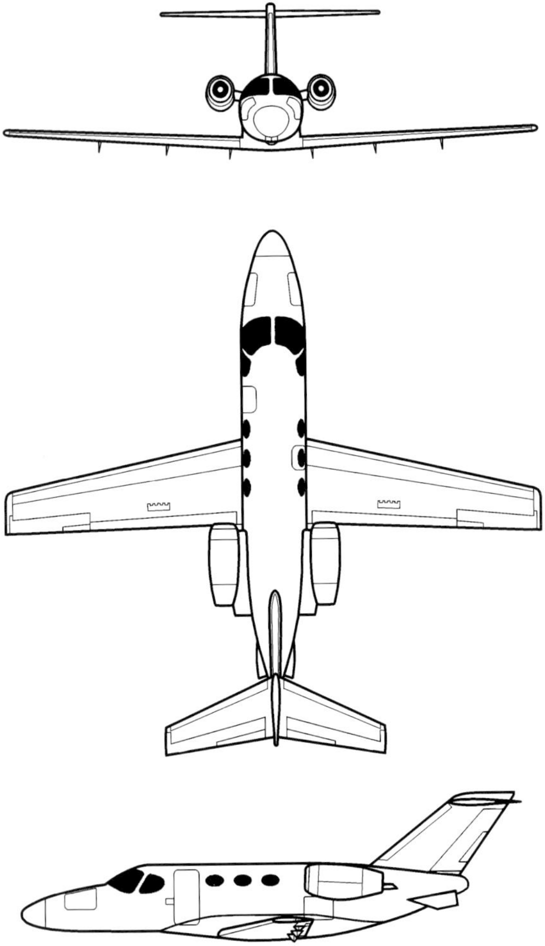

Abmessungen:
Spannweite 13,16 m
Länge 12,37 m
Höhe 4,09 m
Flügelfläche 19,50 m².

CESSNA 510 CITATION MUSTANG

Ursprungsland: USA.
Kategorie: Taxi- und leichtes Firmenflugzeug.
Triebwerke: Zwei Mantelstromtriebwerke Pratt & Whitney PW615F von je 662 kp (6,49 kN) Standschub.
Leistungen: Typische Reisegeschwindigkeit 630 km/h auf 10688 m; max. Steiggeschwindigkeit 15,2 m/Sek; Dienstgipfelhöhe 12500 m; Reichweite unter IFR-Bedingungen bei einer Nutzlast von 270 kg 2161 km.
Gewichte: Rüstgewicht 2540 kg; max. Startgewicht 3921 kg.
Zuladung: Pilot und bis zu fünf Passagiere; Nutzlast bei voller Treibstoffzuladung 249 kg, maximal 522 kg.
Entwicklungsstand: Der Prototyp der Citation Mustang absolvierte den Erstflug am 23. April 2005, das erste Serienflugzeug folgte am 29. August 2005. Anfänglich wurden jährlich bis zu 150 Maschinen hergestellt. Seit 2013 ist die Nachfrage aber massiv zurückgegangen, so dass aktuell nur noch geringe Stückzahlen produziert werden.
Bemerkungen: Mit diesem kleinsten Jet der Cessna-Familie will sich der Hersteller gegenüber der neu aufkommenden Konkurrenz von sehr leichten und preisgünstigen Düsenflugzeugen am Markt behaupten. Die Citation Mustang stellt eine Brücke zwischen mit Kolbenmotoren ausgerüsteten Sport- und Reiseflugzeugen und den eigentlichen Businessjets dar. Der Basispreis beträgt rund US$ 3,47 Mio. Von der Auslegung her ist die ganz aus Aluminium hergestellte Mustang der CitationJet-Familie ähnlich, in den Außenabmessungen jedoch kleiner. Der Flügel mit einer 8,50-Pfeilung wurde völlig neu konzipiert. Die kleine Passagierkabine (Länge 4,42 m, Breite 1,42 m, Höhe 1,37 m) verfügt jedoch über eine Toilette. Im Cockpit gelangt die Garmin G100-Avionik zum Einbau, welche drei große Flachbildschirme und als Erleichterung für den Piloten ein umfassendes Flight Management System umfasst. Cessna prüft derzeit eine Ableitung mit einer Propellerturbine statt mit zwei Mantelstromtriebwerken zu entwickeln. Diese wäre in Anschaffung und Betrieb deutlich kostengünstiger als die Mustang.
Hersteller: Cessna Aircraft Company, Werk Independence, Wichita, Kansas, USA.

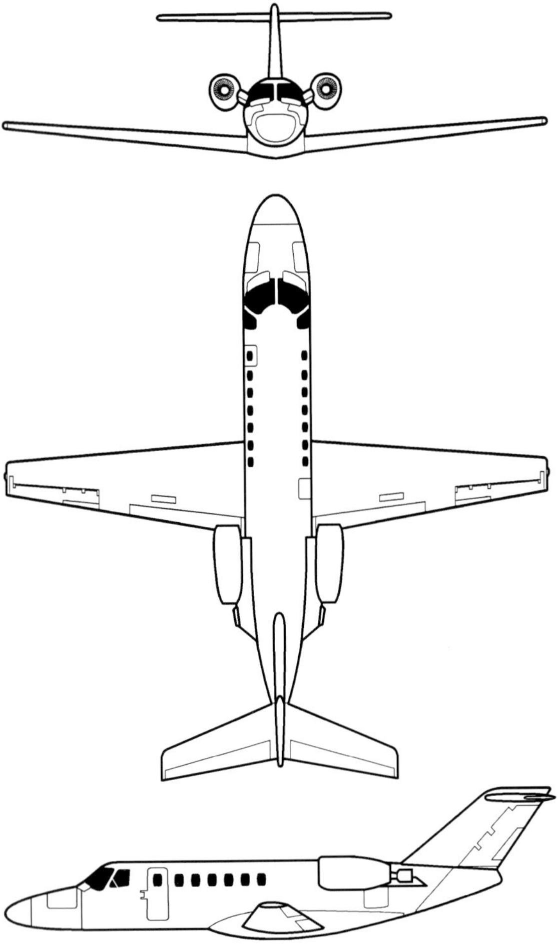

Abmessungen:
Spannweite 16,26 m
Länge 15,59 m
Höhe 4,62 m
Flügelfläche 27,32 m².

CESSNA 525B CITATION CJ3+

Ursprungsland: USA.
Kategorie: Firmenflugzeug.
Triebwerke: Zwei Mantelstromtriebwerke Williams Rolls-Royce FJ44-3A von je 1279 kp (12,54 kN) Standschub.
Leistungen: Max. Reisegeschwindigkeit 772 km/h (Mach 0,737); max. Steiggeschwindigkeit 22,75 m/Sek; Dienstgipfelhöhe 13716 m; max. Reichweite 3778 km.
Gewichte: Leergewicht 3874 kg; max. Startgewicht 6291 kg.
Zuladung: Pilot und Copilot/Passagier im Cockpit und bis zu neun Passagiere; Nutzlast bei voller Treibstoffzuladung 372 kg, max. Nutzlast 894 kg.
Entwicklungsstand: Das erste Serienflugzeug absolvierte den Erstflug am 28. Juli 2014. Mit den Ablieferungen begann man bereits im Herbst 2014. Bisher sollen rund 20 Einheiten verkauft worden sein. Die Produktion des Ausgangsmusters CJ3 wurde nach rund 400 gebauten Einheiten 2014 eingestellt.
Bemerkungen: Die Familie der CitationJet CJ1, CJ2, CJ3 und CJ4 (siehe frühere Ausgaben von Flugzeuge der Welt) wird kontinuierlich modernisiert. Neuestes Beispiel ist die CitationJet CJ3+. Gegenüber dem Ausgangsmuster CJ3 wurden einige Verbesserungen vorgenommen. So hat man Cockpit wie Kabine neu gestaltet. Die Innenmaße mit einer Länge von 4,78 m, Breite 1,47 m und Höhe 1,45 m blieben aber unverändert. Der Kabinendruck konnte reduziert werden. Eingebaut ist die Avionik Garmin G3000 mit teilweise neuen Funktionalitäten, u.a. einem neuen Wetterradar. Die CJ3+ ist nun mit einem Wireless Media Server ausgestattet. Damit wird im Flug auch high-speed Internet möglich. Dieses Muster ist für den Einpilotenbetrieb zugelassen. Der Preis für eine Cessna CJ3+ wird mit US$ 8,44 Mio. angegeben.
Hersteller: Cessna Aircraft Company, Wichita, Kansas, USA.

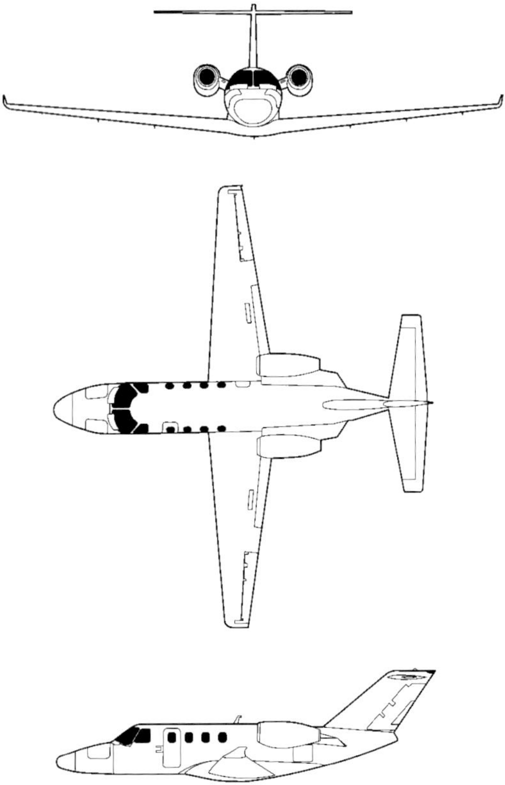

Abmessungen:
Spannweite 14,40 m
Länge 12,98 m
Höhe 4,24 m
Flügelfläche 22,30 m^2.

CESSNA 525 CITATION M2

Ursprungsland: USA.
Kategorie: Leichtes Firmenflugzeug.
Triebwerke: Zwei Mantelstromtriebwerke Williams Rolls-Royce FJ44-1AP-21 von je 891 kp (8,74 kN) Standschub.
Leistungen: Max. Reisegeschwindigkeit 748 km/h auf 9450 m (Mach 0,71); Steigzeit auf 12497 m 25 Min; max. Steiggeschwindigkeit 18,7 m/Sek; Dienstgipfelhöhe 12497 m; max. Reichweite 2852 km.
Gewichte: Rüstgewicht 3177 kg; max. Startgewicht 4853 kg.
Zuladung: Pilot und Copilot/Passagier im Cockpit und vier bis sechs Passagiere. Anstelle des sechsten Passagiersitzes kann auch eine Toilette eingebaut werden. Max. Zuladung 633 kg, bei vollen Treibstofftanks 227 kg.
Entwicklungsstand: Der erste von zwei Prototypen nahm die Flugerprobung am 9. März 2012 auf. Das erste Serienflugzeug flog erstmals am 23. August 2013. Mit den Auslieferungen begann man Ende des zweiten Semesters 2013. Im Herbst 2015 wurde bereits die 100. M2 hergestellt.
Bemerkungen: Mit dem neuesten Glied M2 der Citation-Familie will Cessna eine Angebotslücke zwischen der Mustang (siehe Seiten 110/111) und der Citation CJ2+ (siehe Ausgabe 2006) schließen. Sie soll als Ersatz für die nicht mehr produzierte CJ1 (siehe Ausgabe 2002) dienen. Von der Grundauslegung her sieht die M2 ihren Vorgängerinnen recht ähnlich. Die Grundstruktur besteht ebenfalls größtenteils aus Aluminiumlegierungen. Zur Gewichtsoptimierung sind einzelne Teile aus Verbundwerkstoff. Die Innenmaße der Kabine des kreisrunden Rumpfes betragen: Länge 3,35 m, Breite 1,47 m, Höhe 1,45 m. In der Flugzeugnase sowie im Rumpfheck sind zwei recht große Gepäckräume vorhanden. Die ungepfeilten Flügel verlaufen vollständig unter dem Rumpf, so dass die Kabine dadurch in der ganzen Länge nicht eingegrenzt ist. Im Cockpit ist das Avionik-System Garmin 3000 mit den heute üblichen drei LCD-Mulitifunktions-Großbildschirmen eingebaut. Cessna gibt den Preis für die Basisausführung mit US$ 4,67 Mio. an.
Hersteller: Cessna Aircraft Company, Werke Wichita und Independence, Kansas, USA.

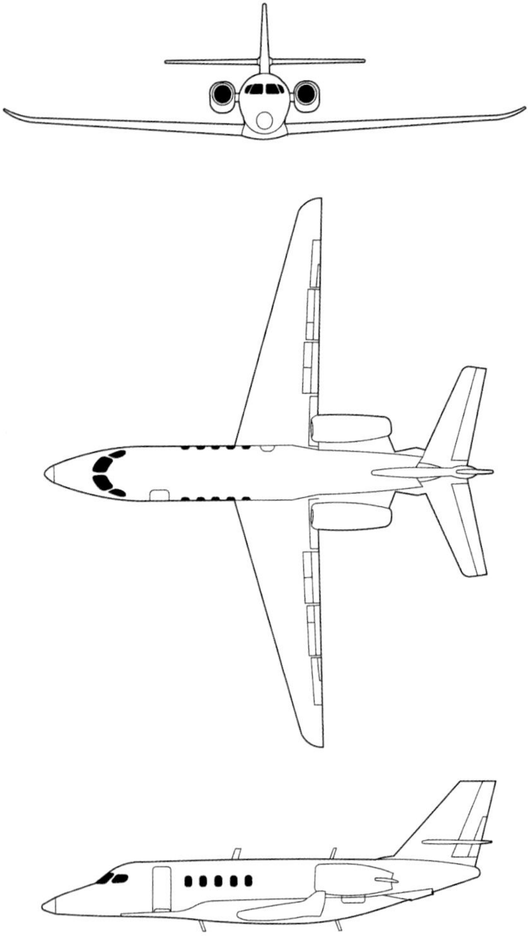

Abmessungen:
Spannweite 22,05 m
Länge 18,97 m
Höhe 6,38 m
Flügelfläche 50,40 m^2.

CESSNA 680A LATITUDE

Ursprungsland: USA.
Kategorie: Firmenflugzeug.
Triebwerke: Zwei Mantelstromtriebwerke Pratt & Whitney PW306D1 von je 2679 kp (26,27 kN) Standschub.
Leistungen: Maximale Reisegeschwindigkeit 826 km/h (Mach 0,80); Dienstgipfelhöhe 13700 m; max. Reichweite 5278 km.
Gewichte: Leergewicht 8462 kg; max. Startgewicht 13971 kg.
Zuladung: Zwei Piloten und je nach Inneneinrichtung bis zu neun Passagiere; max. Nutzlast 1154 kg, bei vollen Treibstofftanks 454 kg.
Entwicklungsstand: Ein erster von insgesamt drei vorgesehenen Prototypen nahm die Flugerprobung am 18. Februar 2014 auf. Mit den Auslieferungen hat man im dritten Quartal 2015 begonnen. Vorderhand größter Einzelbesteller ist NetJets mit 25 Festbestellungen und 125 Optionen.
Bemerkungen: Mit der neuen Latitude will Cessna die Lücke im Angebot zwischen der Cessna Citation-Reihe und der Sovereign (siehe Seiten 118/119) ausfüllen, d.h. konkret das mittlere Segment von Geschäftsreiseflugzeugen. Dieses ist bereits durch Konkurrenzmuster, wie beispielsweise der EMBRAER 450/500 (siehe Seiten 166/167) prominent besetzt. Flügel, Heckstruktur und Triebwerkaufhängung stammen von der Sovereign, der Rumpf ist dagegen eine völlige Neukonstruktion. Wesentliche Teile der Struktur von Rumpf und Flügel sind aus Aluminium. Auf eine möglichst komfortable Kabine mit den Innenmaßen von Länge 6,63 m, Breite 1,96 m und Höhe 1,83 m wurde besonders geachtet. Sie weist einen ebenen Boden auf und ermöglicht Stehhöhe. Erstmals in einem Businessjet sind Airbags in der Kabine integriert. Eingebaut ist die neueste Cockpit-Generation Garmin G5000. Der Hersteller gibt den Basispreis für die Latitude mit US$ 16,3 Mio. an.
Hersteller: Cessna Aircraft Company, Werk Wichita, Kansas, USA.

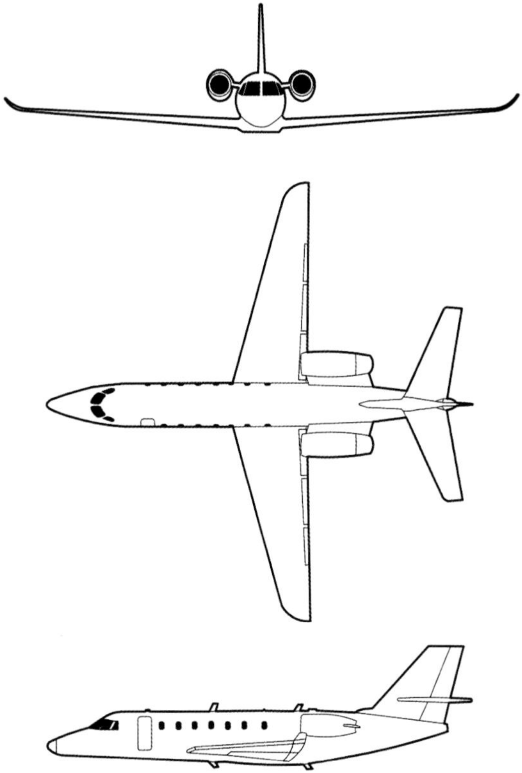

Abmessungen:
Spannweite einschließlich Winglets 22,04 m
Länge 19,35 m
Höhe 6,20 m
Flügelfläche 50,40 m².

CESSNA 680 CITATION SOVEREIGN+

Ursprungsland: USA.
Kategorie: Firmenflugzeug.
Triebwerke: Zwei Mantelstromtriebwerke Pratt & Whitney Canada PW306D von je 2679 kp (26,28 kN) Standschub.
Leistungen: Max. Reisegeschwindigkeit 852 km/h (Mach 0,80) auf 9449 m; Zeit um 13100 m zu erreichen 26 Min; max. Schrägsteiggeschwindigkeit 20,73 m/Sek; Dienstgipfelhöhe 14325 m; Reichweite mit acht Passagieren und IFR-Reserven 4962 km, bei VFR-Regeln 5908 km.
Gewichte: Leergewicht 8306 kg; max. Startgewicht 13959 kg.
Zuladung: Zwei Piloten und bis zu zehn Passagiere; Nutzlast mit max. Treibstoffzuladung 601 kg, max. Nutzlast 1220 kg.
Entwicklungsstand: Die Ausführung Sovereign+ wurde überraschend Ende 2012 vorgestellt, als sie bereits in Produktion war und die Vorgängerausführung Sovereign (siehe Ausgabe 2010) nach 349 gebauten Flugzeugen ablöste. Mit den Kundenauslieferungen begann man Mitte 2013. Der aktuelle Bestellungsstand ist nicht bekannt.
Bemerkungen: Die bewährte Sovereign wurde konsequent weiter entwickelt. Den grösßten Unterschied stellt der Flügel dar, welcher nun Winglets erhielt und eine dadurch um 2,75 m größere Spannweite aufweist. Auch eine neue Version von etwas leistungsfähigeren, aber trotzdem sparsameren Triebwerken gelangt zum Einbau. Beides zusammen ermöglicht eine leicht erhöhte Reichweite und bessere Steigleistungen. Der Rumpf mit einer Innenlänge von 7,70 m, einer Breite von 1,68 m und einer Höhe von 1,73 m ist gegenüber der Vorversion jedoch in den Abmessungen gleich geblieben. Es gelangt aber ein neues Kommunikationssystem zum Einbau. Das Cockpit ist völlig neu gestaltet und mit der modernsten Avionik Garmin G5000 ausgerüstet. Auch die Sovereign+ wird die guten Start- und Landeeigenschaften der Sovereign beibehalten (Startlänge ca. 1113 m, Landelänge 817 m). Cessna gibt als Verkaufspreis für eine typisch ausgerüstete Sovereign+ US$ 18,1 Mio. an.
Hersteller: Cessna Aircraft Company, Wichita, Kansas, USA.

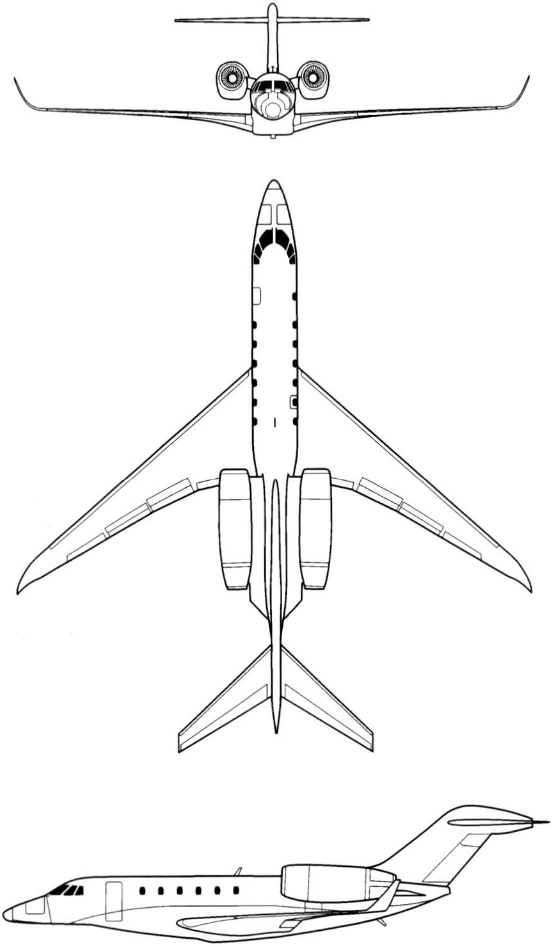

Abmessungen:
Spannweite 21,09 m
Länge 22,43 m
Höhe 5,86 m
Flügelfläche 48,96 m².

CESSNA 750 NEW CITATION X+

Ursprungsland: USA.
Kategorie: Firmenflugzeug.
Triebwerke: Zwei Mantelstromtriebwerke Rolls Royce (Allison) AE 3007C2 von je 3190 kp (31,28 kN) Standschub.
Leistungen: Max. Reisegeschwindigkeit 978 km/h bzw. Mach 0,935; Anfangssteiggeschwindigkeit 22,0+ m/Sek; Dienstgipfelhöhe 15545 m; IFR-Reichweite bei Mach 0,82 mit sechs Passagieren und 45 Min. Reserven 6004 km, max. Reichweite 6408 km.
Gewichte: Leergewicht 10038 kg; max. Startgewicht 16601kg.
Zuladung: Zwei Mann Cockpitbesatzung und normalerweise acht, maximal aber bis zu 12 Passagiere in Einzelsitzen und einer dreiplätzigen Couch; Nutzlast mit vollen Treibstofftanks 834 kg, max. 1291 kg.
Entwicklungsstand: Das erste Erprobungsmuster der Citation X nahm die Flugtests am 21. Dezember 1993 auf. Die Kundenauslieferungen begannen im Juni 1996. Rund 350 wurden bisher hergestellt. Die neue Version, nun als Citation X+ bezeichnet, flog erstmals am 17. Januar 2012. Am 1. August 2013 folgte das erste Serienmuster. Bedingt durch technische Verzögerungen begannen die Kundenauslieferungen erst im Juni 2014.
Bemerkungen: Das bisherige Topmodell Citation X von Cessna wurde von der Citation X+ abgelöst. Der Hersteller lancierte die um 0,38 m längere, mit Rolls Royce-Triebwerken AE3007 neuerer Generation ausgerüstete Weiterentwicklung. Sie erhält ein völlig neues Cockpit Garmin G5000 mit Head-Up-Display, ausgerüstet u.a. mit drei großen und mehreren kleinen LCD-Multifunktionsbildschirmen. Die Citation X+ weist in Teilbereichen bessere Flugleistungen auf. Cessna behauptet, dass dieses Modell mit der auf Mach 0,935 angehobenen Geschwindigkeit weiterhin das schnellste Geschäftsreiseflugzeug im Markt sei. Mit der größeren Reichweite kann beispielsweise die Strecke von New York nach London nonstop beflogen werden. Der Durchmesser des Innenraums bleibt mit einer Breite von 1,67 m und einer Höhe von 1,73 m gleich wie bei der Citation X. Die Länge der Kabine beträgt nun aber 7,67 m.
Hersteller: Cessna Aircraft Company, Wichita, Kansas, USA.

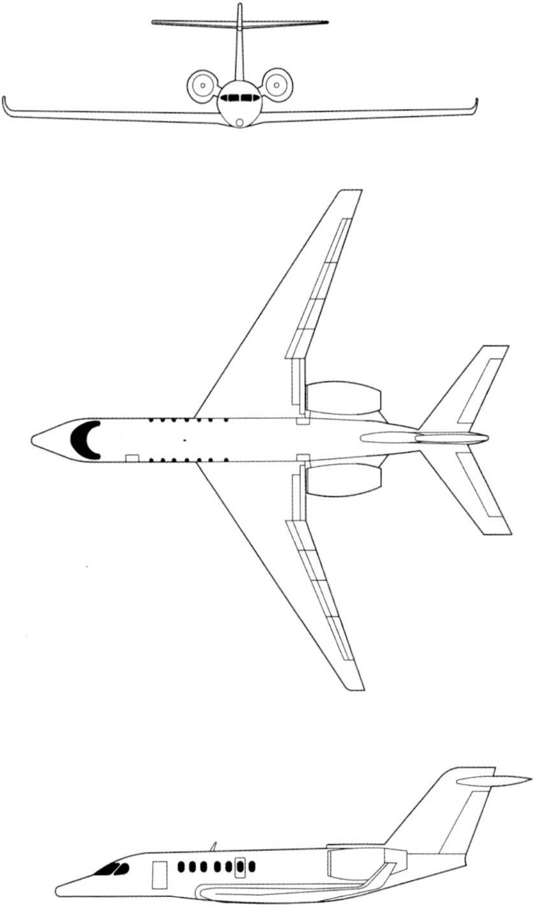

Abmessungen:
Spannweite 20,42 m
Länge 22,30 m
Höhe 5,91 m
Flügelfläche 49,91 m^2.

CESSNA LONGITUDE

Ursprungsland: USA.
Kategorie: Mittelstrecken-Firmenflugzeug.
Triebwerke: Zwei Mantelstromtriebwerke Honeywell HTF7700L von je 3425 kp (33,58 kN) Standschub.
Leistungen (nach Angaben des Herstellers): Max. Reisegeschwindigkeit 882 km/h (Mach 0,84); Dienstgipfelhöhe 13716 m; Reichweite mit vier Passagieren 6297 km.
Gewichte: Noch keine Angaben erhältlich.
Zuladung: Zwei Piloten im Cockpit und je nach Innenausstattung normalerweise acht, aber bis zu 12 Passagiere; Nutzlast bei max. Tankfüllung 680 kg.
Entwicklungsstand: Ein erster Prototyp sollte 2015 fliegen. Cessna hat das Projekt mittlerweile überarbeitet, womit sich der Erstflug auf 2016 verzögert. Primär wurden die Leistungen zurückgenommen und das SNECMA Silvercrest-Triebwerk durch das schwächere HTF7700L ersetzt. Mit der Zulassung und den Erstauslieferungen rechnet Cessna im Laufe von 2017. Der Bestellungsstand ist nicht bekannt.
Bemerkungen: Bei der Longitude handelt es sich um Cessnas erste vollständige Neuentwicklung seit langem und keine Verbesserung bestehender Typen. Zusammen mit der Latitude (siehe Seiten 116/117) weist die Longitude von allen Cessna-Modellen den größten Rumpfquerschnitt mit Innenbreite von 1,96 m und Innenhöhe von 1,83 m auf. Die Kabinenlänge beläuft sich auf 7,67 m. Auch bezüglich Komfort sollen Bestwerte erzielt werden. Jeder Passagiersitz verfügt über einen Touchscreen, mit welchem man u.a. die Beleuchtung, die Fensterverdunkelung, das Unterhaltungssystem und die dynamische Realtime-Karte bedienen kann. Hinten in der Kabine ist eine kleine Küche eingebaut. Im Cockpit ist die Avionik Garmin G5000 mit Synthetic Vision Technology vorgesehen. Teilweise soll eine Fly-By-Wire-Steuerung eingebaut werden. Der Kaufpreis bewegt sich in der Größenordnung von US$ 26 Mio. Eine weiter entwickelte Ausführung Hemisphere mit breiterem Rumpf und größerer Reichweite wurde kürzlich angekündigt. Sie soll erstmals 2019 fliegen.
Hersteller: Cessna Aircraft Company, Wichita, Kansas, USA.

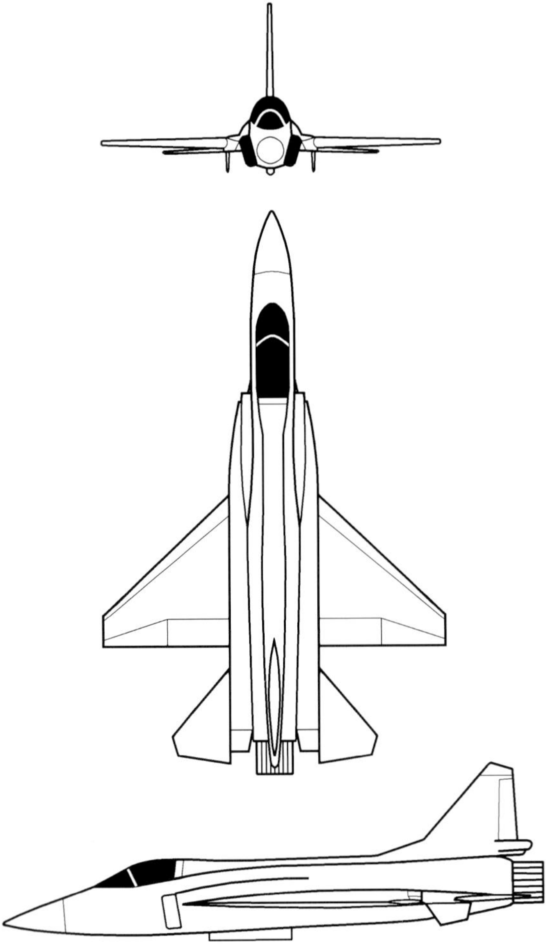

Abmessungen:
Spannweite 9,46 m
Länge 14,26 m
Höhe 4,77 m
Flügelfläche 24,40 m².

CHENGDU FC-1/JF-17 SUPER 7

Ursprungsland: Volksrepublik China.
Kategorie: Einsitziger Luftüberlegenheitsjäger und Erdkämpfer.
Triebwerke: Ein Mantelstromtriebwerk Klimow RD-93 von 5040 kp (49,4 kN) ohne und 8300 kp (81,4 kN) mit Nachverbrennung.
Leistungen (geschätzt): Höchstgeschwindigkeit ohne Außenlasten 1600 km/h (Mach 1,6); Dienstgipfelhöhe 16700 m; Aktionsradius als Jäger 1200 km, als Erdkämpfer 700 km; Reichweite mit internem Kraftstoff 1800 km; Überführungsreichweite 3000 km.
Gewichte: Leergewicht 6585 kg; Startgewicht normal beladen ohne Außenlasten 9100 kg; max. Startgewicht 12400 kg.
Bewaffnung: Eine doppelläufige 23-mm-Kanone GSh-223-2 links unter dem Rumpf und Luft-Luft- bzw. Luft-Boden-Lenkwaffen sowie Bomben an vier Stationen unter den Flügeln, zwei an den Flügelspitzen und einer unter dem Rumpf. Max. Waffenladung 3600 kg.
Entwicklungsstand: Das erste Erprobungsmuster nahm die Flugerprobung am 25. August 2003 auf. Im März 2007 wurde die erste Serienmaschine der Pakistanischen Luftwaffe übergeben. Pakistan will bis zu 200 Einheiten beschaffen (Lizenzbau). Anfang 2014 wurde die 50. Einheit fertiggestellt. Sri Lanka hat 18 FC-1 bestellt.
Bemerkungen: Das chinesisch-pakistanische Gemeinschaftsprojekt FC-1 wurde in enger Zusammenarbeit mit der russischen MAPO entwickelt. Als kompakter Allwetter-Mehrzweckjäger soll er den Leistungen der F-16 nahe kommen. Die Auslegung der FC-1 ist recht konventionell. Rumpf wie Flügel bestehen aus Aluminium. Die Steuerung ist noch vollständig Servo-gesteuert. Spätere Ausführungen sollen ein Fly-By-Wire-System erhalten. Eingebaut ist eine chinesische Avionik mit dem Mehrzweckradar KLJ-7. Damit ist die JF-17 eines der wenigen Kampfflugzeuge, welches keinerlei US-Systeme verwendet. Von einer zweisitzigen Ausführung wurden erste Bilder gesehen. Derzeit entwickelt Chengdu eine Version Block 2, u.a. ausgerüstet mit einem AESA-Radar, Infrarot-Zielverfolgungssystem sowie Möglichkeit zur Luftbetankung. Sie soll auch modernste Abstandswaffen mitführen können, neuerdings aber auch chinesische Antischiffs-Lenkwaffen CM-400 AKG. Allenfalls würde diese Ausführung mit einem neuen Triebwerk WS-13 Taishan ausgerüstet.
Hersteller: Chengdu Aircraft Industrial Corp., Chengdu, Sichuan, Volksrepublik China bzw. Pakistan Aeronautical Complex, Kamra, Pakistan.

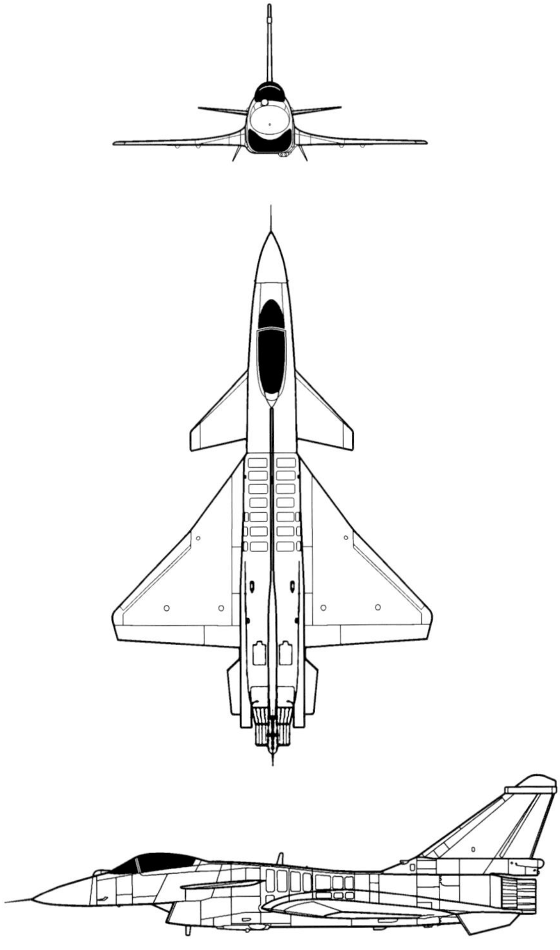

Abmessungen:
Spannweite Hauptflügel 9,75 m, Vorflügel 5,30 m
Länge 16,43 m
Höhe 5,43 m
Fläche Hauptflügel 39,00 m², Vorflügel 4,70 m².

CHENGDU J-10

Ursprungsland: Volksrepublik China.
Kategorie: Einsitziger Mehrzweckjäger und zweisitziger Einsatztrainer.
Triebwerke: Ein Mantelstromtriebwerk Saturn/Lyulka AL-31FN von 8100 kp (79,4 kN) Standschub ohne und 12800 kp (125,50 kN) mit Nachverbrennung.
Leistungen: Höchstgeschwindigkeit Mach 1,8 in großen Höhen, auf Meereshöhe Mach 1,2; Dienstgipfelhöhe 17000 m; Aktionsradius 660 km; Reichweite ohne Zusatzbehälter 1650 km.
Gewichte: Leergewicht 9730 kg; normales Startgewicht 12400 kg, max. 18600 kg.
Bewaffnung: Eine Kombination von Kurzstrecken-Luft-Luft-Lenkwaffen PL-8, Mittelstrecken-Luft-Luft-Lenkwaffen PL-11 und Zusatztanks/Luft-Boden-Raketen/Bomben an bis zu elf Waffenstationen; max. Waffenlast rund 6600 kg. Zudem ist eine 23-mm-Kanone eingebaut.
Entwicklungsstand: Der erste Prototyp führte am 24. März 1998 seinen Erstflug aus, der doppelsitzige Prototyp J-10S folgte am 26. Dezember 2003. Seit 2004 ist die J-10 bei der Luftwaffe der VR China im Einsatz. Insgesamt soll sie mindestens 300 Exemplare der Version J-10A bekommen haben. Derzeit wird nur noch die Variante F-10B (Erstflug 23.Dezember 2008) gebaut. Sie soll 2015 die Einsatzreife erreicht haben.
Bemerkungen: Beim Mehrzweckjäger J-10 sind außer dem russischen Triebwerk alle Systeme, wie auch das Doppler-Bordradar KLJ-3, chinesischer Provenienz. Die J-10 verfügt über ein digitales Fly-By-Wire-Steuerungssystem. Zu Beginn des Jahres 2011 ist auch die Marineversion J-10AH in Einsatz gelangt. Sie unterscheidet sich primär durch eine fix montierte Betankungssonde. Über die verbesserte Ausführung J-10B gibt es verschiedene Informationen. Der Triebwerkeinlauf ist überarbeitet, die Rumpfnase vermutlich für ein neues AESA-X-Band-Radar umkonstruiert, die Zelle verstärkt und das Seitenleitwerk vergrößert. Zudem befinden sich zwei weitere Waffenaufhängepunkte unter den Flügeln. Ein verstärktes Triebwerk WS-10B eventuell auch mit Vektor-Steuerung soll später anstelle der russischen AL-41FN eingebaut werden. Über die neue Ausführung J-10C (Erstflug Dezember 2013) weiß man noch nichts Konkretes, vermutet aber, dass das Triebwerk WS-10C mit einer Leistung von 14000 kp (30,87 kN) inkl. Nachverbrennung ausgerüstet ist.
Hersteller: CAC, Chengdu Aircraft Industrial Corporation, Chengdu, Sichuan, Volksrepublik China.

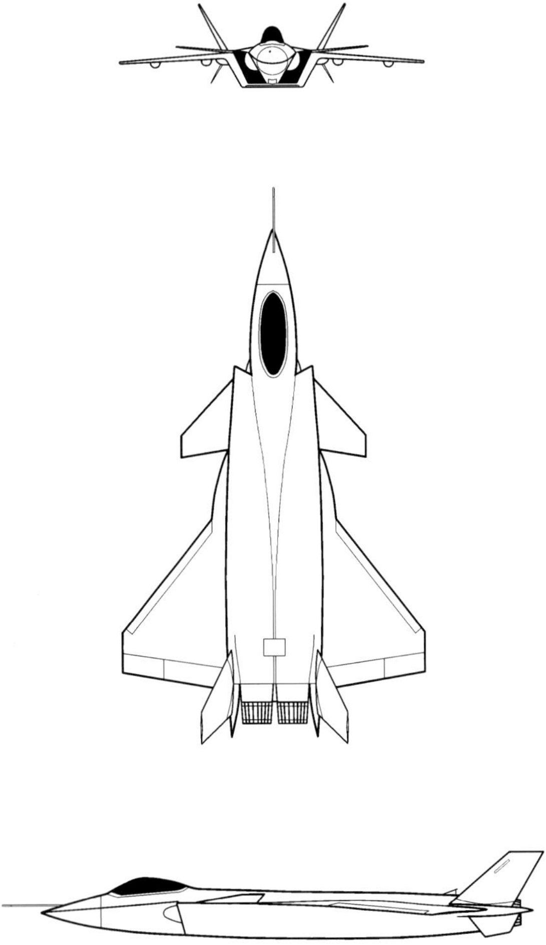

Abmessungen (nach unbestätigten Angaben):
Spannweite 13,00 m
Länge etwa 20,30 m
Höhe 4,45 m
Flügelfläche je nach Quellen 59 oder 73 m².

CHENGDU J-20 BLACK EAGLE

Ursprungsland: Volksrepublik China.
Kategorie: Einsitziger Luftüberlegenheitsjäger, vielleicht aber auch Angriffsflugzeug für mittlere Strecken.
Triebwerke: Alle bisher geflogenen J-20 verfügen über zwei Mantelstromtriebwerke der Saturn AL-31-Familie, spätere Varianten dürften mit der Shenyang WS-115 Emel mit einer Leistung von rund 13200 kp (129,45 kN) ausgerüstet werden.
Leistungen (nach unbestätigten Angaben): Höchstgeschwindigkeit Mach 2,5; Dienstgipfelhöhe 20000 m; Einsatzradius 2000 km; Überführungsreichweite 5500 km.
Gewichte (nach unbestätigten Angaben): Leergewicht 17000 kg; Startgewicht zwischen 34000 und 36000 kg.
Bewaffnung: Soweit bisher erkennbar kann die J-20 in zwei internen Waffenschächten vor allem moderne Abfang- und Angriffslenkwaffen mitführen, darunter die neue Luft-Luft-Kurzstreckenlenkwaffe PL-10 und die Langstreckenlenkwaffe PL-15.
Entwicklungsstand: Am 11. Januar 2011 nahm der erste Prototyp die Flugerprobung auf. Aktuell fliegen zwischen Prototypen und Serienflugzeugen sieben J-20. Vermutlich hat die Produktion einer ersten Kleinserie begonnen. Die Einsatzbereitschaft dürfte frühestens 2017 erreicht werden.
Bemerkungen: Bei der Chengdu J-20 handelt es sich um das erste bekannt gewordene Flugzeug chinesischer Produktion, das über sog. Stealth-Eigenschaften verfügt. Es handelt sich um einen Deltaflügler mit Canards. Die doppelt vorhandenen Seitenleitwerke sind nach außen abgewinkelt und voll beweglich, die rautenförmigen Lufteinlässe liegen am Bug an und sind als Diverterless Supersonic Inlets (DSI) ausgeführt. Vom Aussehen her hat die außergewöhnlich große Black Eagle Ähnlichkeiten mit der Lockheed Martin F/A-22 Raptor (siehe Ausgabe 2011) sowie mit der russischen MiG 1-44 (siehe Ausgabe 2001). Vermutlich wird das Flugzeug durch ein Fly-By-Wire-System gesteuert. Eingebaut dürfte ein AESA-Radar vom Typ 1475/KLJ5 sein. Gewisse Quellen vermuten, dass die J-20 auch für Strike-Einsätze vorgesehen ist. Der vierte Prototyp weist einige Änderungen auf, u.a. überarbeitete Lufteinläufe, geändertes Seitenleitwerk und einen Behälter unten am Rumpf, voraussichtlich ein elektro-optisches Zielsystem enthaltend. Auch die Vorserienmuster weisen gewisse sichtbare Anpassungen auf.
Hersteller: CAC, Chengdu Aircraft Industrial Corporation, Chengdu, Sichuan, Volksrepublik China.

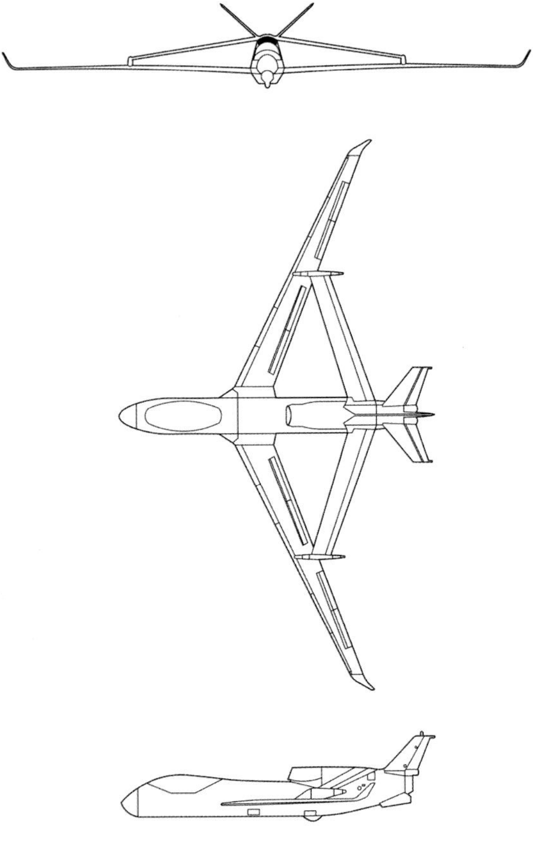

Abmessungen:
Noch keine Angaben erhältlich.

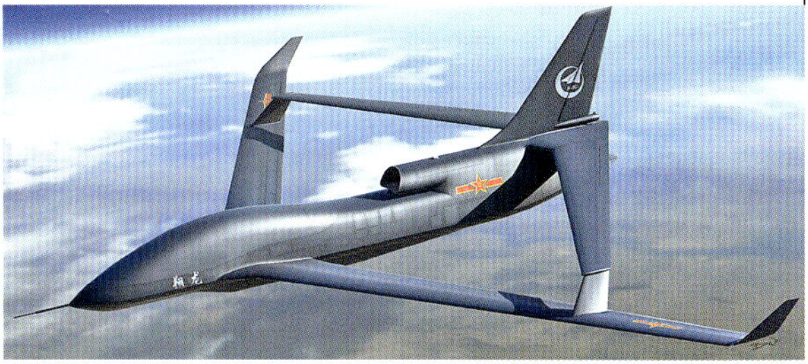

CHENGDU HQ-4 XIANGLONG

Ursprungsland: Volksrepublik China.
Kategorie: Hochfliegende Langstrecken-Drohne für ELINT- und COMINT-Aufgaben.
Triebwerke (Prototyp): Vermutlich ein Mantelstromtriebwerk Wopen WP-13 von 4200 kp (41,20 kN) Leistung.
Leistungen (noch sehr provisorische Angaben): Höchstgeschwindigkeit 750 km/h; Dienstgipfelhöhe 20000 m; max. Reichweite 7000 km; max. Flugdauer 10 Std.
Gewichte: Max. Startgewicht 7500 kg.
Zuladung: Aufklärungs- und Elekronikausrüstung bis zu einem Gewicht von 650 kg.
Bewaffnung: Eine Anzahl unbekannter Waffen soll mitgeführt werden können.
Entwicklungsstand: Erste Hinweise über diese Drohne wurden bereits 2006 bekannt. Der Erstflug soll im November 2009 stattgefunden haben. Ob es sich hierbei nur um einen Erprobungsträger handelt oder die Xianlong in Serie geht, ist unbekannt.
Bemerkungen: Die chinesische Luftfahrtindustrie entwickelt neue Militärflugzeuge in einem gewaltigen Tempo. Bei der Xianglong handelt es sich vermutlich um eine unbewaffnete Aufklärungsdrohne für hochfliegende Langstreckeneinsätze, analog zur Northrop Grumman RQ-4B (siehe Ausgabe 2012). Interessant ist die Anordnung der Flügel, welche vermutlich bisher noch bei keinem Flugzeug bzw. einer Drohne angewandt wurde. Hauptflügel und Höhenleitwerk sind kreuzweise angeordnet und mittels Stakes miteinander verbunden. Welche Vorteile diese Konstruktion bringt, ist noch nicht bekannt. Gemäß chinesischen Quellen soll die Xianlong in der Lage sein, eine Nutzlast von bis zu 650 kg 7000 km weit zu transportieren und eine Einsatzdauer von rund 10 Std. haben. Neben Aufklärungsaufgaben ist die HQ-4 auch als Stördrohne einsetzbar. In dieser Auslegung könne sie GPS-Signale bis zu einer Distanz von 400 km außer Gefecht setzen. Es wird vermutet, dass eine Serienversion über ein moderneres WS-15-Triebwerk verfügen wird, welches bessere Flugleistungen, Einsatzzeiten bis zu 24 Std. und eine höhere Nutzlast von 900 kg ermöglicht. Der Dreiseitenriss auf der gegenüberliegenden Seite ist noch als sehr provisorisch zu betrachten.
Hersteller: CAC Chengdu Aircraft Industrial Corporation, Chengdu, Sichuan, Volksrepublik China.

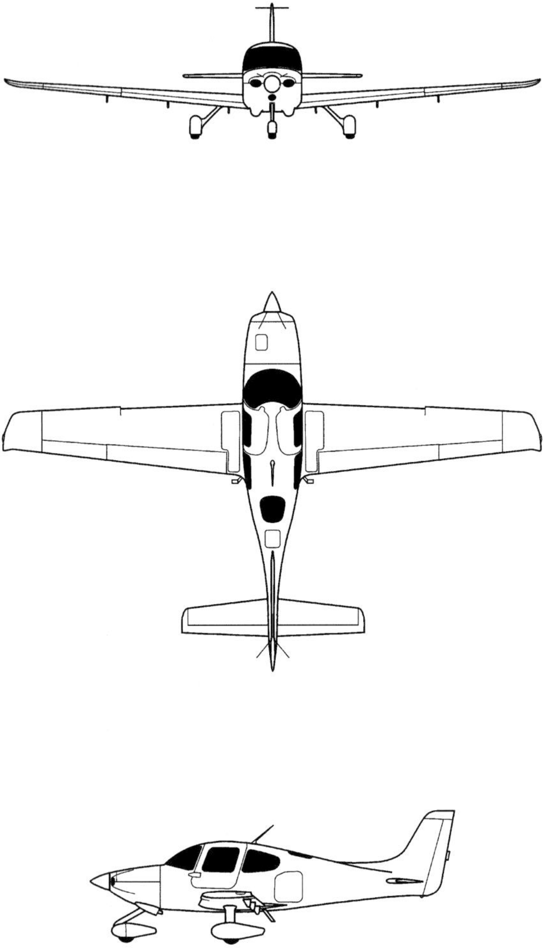

Abmessungen:
Spannweite 11,68 m
Länge 7,92 m
Höhe 2,71 m
Flügelfläche 13,46 m².

CIRRUS SR20/SR22

Ursprungsland: USA.
Kategorie: Sport- und Reiseflugzeug.
Triebwerke (SR22 Generation 5): Ein luftgekühlter Sechszylinder-Boxermotor Teledyne Continental IO-550-N von 310 PS (230) kW) Leistung.
Leistungen (SR22 Generation 5): Max. Reisegeschwindigkeit 338 km/h; Anfangssteiggeschwindigkeit 6,45 m/Sek; Dienstgipfelhöhe 5334 m, max. Reichweite mit IFR-Reserven 1500 km.
Gewichte (SR22 Generation 5): Leergewicht 1025 kg; max. Startgewicht 1632 kg.
Zuladung: Pilot und drei Passagiere bzw. Generation 5 vier Passagiere, max. Nutzlast rund 640 kg.
Entwicklungsstand: Die neueste Ausführung SR22 Generation 5 wird seit Ende 2013 angeboten. Unter der Bezeichnung T-53A erwarb die USAF für die USAF Academy 25 SR20. 13 SR20 und 7 SR22 wurden 2012 als Basistrainer für die Armée de l'Air beschafft, 3 weitere SR20 für die Aéronavale. Die Luftwaffe Saudi Arabiens hat 16 SR22 gekauft. Von allen Varianten werden derzeit jährlich rund 300 Maschinen gebaut. Die 6000. Maschine dieses Typs wurde im Juni 2015 fertiggestellt.
Bemerkungen: Die Modellvielfalt der Cirrus nimmt weiter zu und das Ausgangsprodukt wird konsequent weiter entwickelt. Nebst den in früheren Ausgaben von Flugzeuge der Welt beschriebenen Ausführungen ist neu ab dem Jahrgang 2014 die SR22 Generation 5 erhältlich. Die wesentlichste Neuerung besteht darin, dass nebst dem Piloten vier statt drei Passagiere mitfliegen können. Entsprechend wurde das Abfluggewicht erhöht. Eingebaut ist zudem die Avionik Garmin PerspectiveTM. Die gesamte Innen- und Außenbeleuchtung wurde auf LED umgestellt. Weiterhin angeboten werden die Versionen SR20/SR20GTS sowie SR22/SR22GTS. Von beiden Modellen sind unter der Bezeichnung Xi auch Ausführungen erhältlich, welche spezifisch nach Kundenwünschen ausgestattet werden. Für die jeweilige Basisausführung der SR20 bzw. SR22 verlangt Cirrus einen Preis von US$ 350'000.-- bzw. 482'000.--.
Hersteller: Cirrus Design Corp. (seit 2011 Tochtergesellschaft der CAIGA, China Aviation Industry General Aircraft Co. Ltd., VR China), Duluth, Minnesota, USA.

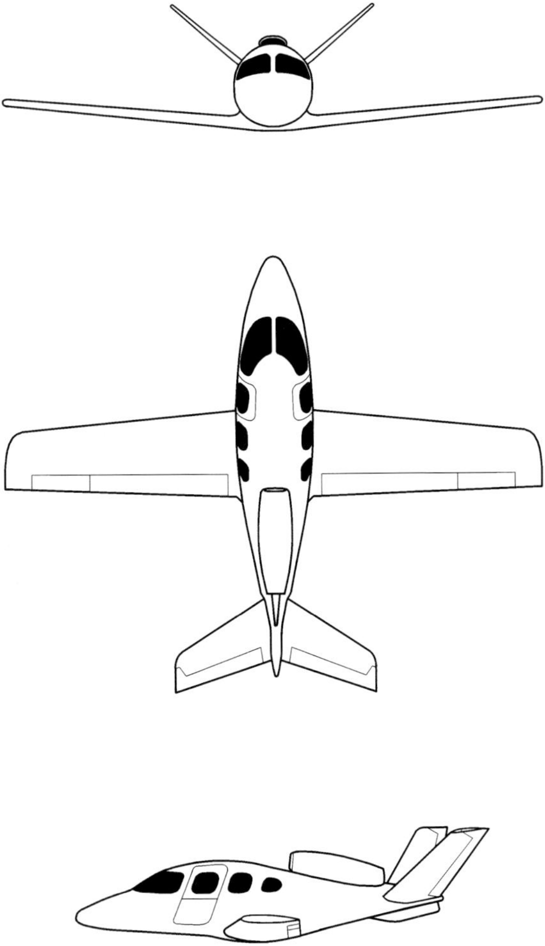

Abmessungen:
Spannweite 11,70 m
Länge (Prototyp) 9,02 m, (Serie) 8,91 m
Höhe 3,20 m.

CIRRUS VISION SF50

Ursprungsland: USA.
Kategorie: Leichtes düsengetriebenes Sport- und Reiseflugzeug.
Triebwerke: Ein Mantelstromtriebwerk Williams International FJ33-4A-19 von 816 kp (8,00 kN) Standschub.
Leistungen (prov. Angaben für Erprobungsträger): Maximale Reisegeschwindigkeit 590 km/h; normale Reisegeschwindigkeit 555 km/h; Dienstgipfelhöhe 8535 m; normale Reichweite 1800 km, maximal 2590 km.
Gewichte: Rüstgewicht 1681 kg; max. Startgewicht 2727 kg.
Zuladung: Ein Pilot und normal vier, maximal bis zu sechs Passagiere; Nutzlast bei vollen Treibstofftanks 180 kg, max. Nutzlast 545 kg.
Entwicklungsstand: Ein Erprobungsträger flog erstmals am 3. Juli 2008. Der Produktionsprototyp C-Zero startete am 24. März 2014 zum Erstflug, gefolgt vom zweiten C-One am 26. November 2014. Gemäß aktuellen Plänen soll mit der Auslieferung der Serienmuster im ersten Quartal 2016 begonnen werden. Bisher liegen Bestellungen für rund 550 Maschinen vor.
Bemerkungen: In mehreren Belangen ist das erste Flugzeug mit Strahlantrieb von Cirrus eine echte Innovation. Im Gegensatz zu den meisten übrigen ähnlichen Konstruktionen fokussiert dieses Muster nicht auf den Taxiflugmarkt, sondern auf jenen der Privatpiloten, welche ihr einmotoriges Sportflugzeug durch ein höher wertiges Düsenflugzeug ersetzen möchten. Die Vision soll besonders einfach zu fliegen sein. Die Cockpitausrüstung sieht sehr futuristisch aus. Dem Passagierkomfort wird größte Beachtung geschenkt. So soll die Kabine mehr Raum pro Person bieten als einige Konkurrenzmuster. Die Konstruktion besteht vollständig aus Verbundwerkstoffen, wobei das V-förmige Höhenruder besonders auffällt. Einmalig für Jets ist das Rettungssystem mit Fallschirm, welches von den SR20/22-Modellen übernommen wird. Markant ist auch das oben am Rumpf angebrachte Triebwerk, welches für dieses Muster diverse Vorteile bringen soll. Der Wirtschaftlichkeit wird große Beachtung geschenkt. So sollen die Betriebskosten sehr tief sein. Cirrus gibt mit Garmin G3000-Avionik einen Kaufpreis von rund US$ 2 Mio. an.
Hersteller: Cirrus Design Corp. (seit 2011 Tochtergesellschaft der CAIGA, China Aviation Industry General Aircraft Co. Ltd., VR China), Duluth, Minnesota, USA.

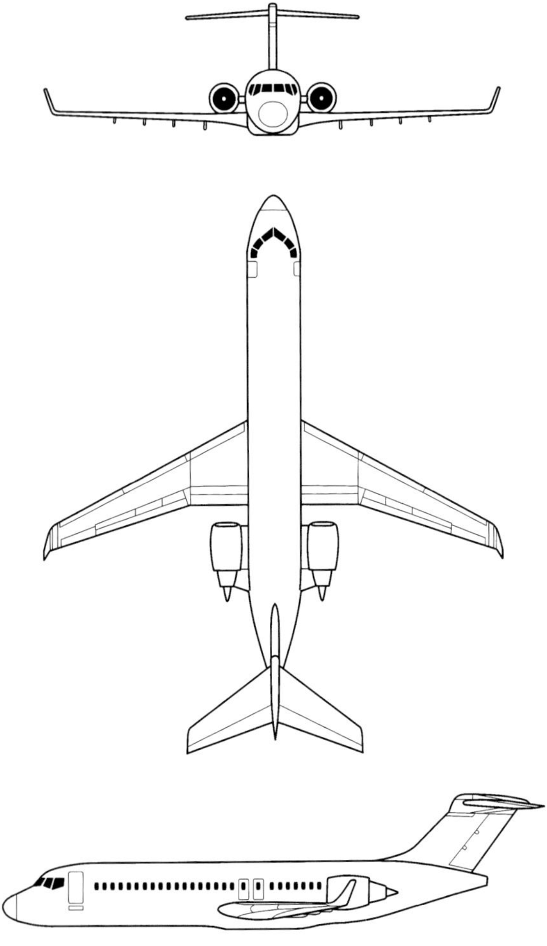

Abmessungen:
Spannweite 27,28 m
Länge (ARJ21-700 bzw. 900) 33,46 bzw. 36,36 m
Höhe 8,44 m
Flügelfläche 79,86 m².

COMAC ARJ 21

Ursprungsland: Volksrepublik China.
Kategorie: Kurz- und Mittelstrecken-Verkehrsflugzeug.
Triebwerke: Zwei Mantelstromtriebwerke General Electric CF34-10A von je (ARJ21-700/900) 6954 kp (68,20 kN) bzw. 7737 kp (75,88 kN) Standschub.
Leistungen: Max. Reisegeschwindigkeit Mach 0,82; Dienstgipfelhöhe 11900 m; Reichweite (ARJ21-700STD/900STD) 2225 km, (ARJ-21-700ER/900ER) 3750/3334 km.
Gewichte: Leergewicht (ARJ21-700STD/ER, 900STD/ER) 24955 kg, 26270/26770 kg; max. Startgewicht (ARJ21-700STD/ER, 900STD/ER) 40500/43500 kg, 43616/47182 kg.
Zuladung: Zwei Mann Cockpitbesatzung und (ARJ21-700) zwischen 70 und 80 bzw. (ARJ21-900) zwischen 90 und 100 Passagiere in einer klassischen Kabinenaufteilung mit vier bzw. fünf Sitzen pro Reihe. Max. Nutzlast 11246 kg.
Entwicklungsstand: Der erste Prototyp startete am 28. November 2008 zum Erstflug, gefolgt vom zweiten am 1. Juli 2009. Derzeit fliegen vier Erprobungsmuster. Nach erheblichen technisch bedingten Verzögerungen wurde die erste Serienmaschine im Dezember 2015 an die Chengdu Airlines ausgeliefert. Primär von chinesischen Luftfahrt- und Leasinggesellschaften lagen Ende 2015 Bestellungen für 282 Maschinen vor.
Bemerkungen: Beim 2002 gestarteten Entwicklungsprogramm ARJ21 Advanced Regional Jet handelt es sich um das erste düsengetriebene Regionalflugzeug, welches vollständig in der Volksrepublik China entwickelt und dort gebaut wird. Von der Kategorie her ist dieses Muster mit der EMBRAER-Reihe 170 bis 195 (siehe Seiten 160/161) und der Suchoj Superjet 100 (siehe Seiten 296/297) vergleichbar. Zwei Passagiervarianten bietet der Hersteller an: Die Basisausführung ARJ21-700 sowie die verlängerte ARJ21-900. Beide gibt es als Normalvariante STD und für längere Strecken als ER. Später soll eine auf dem Rumpf der ARJ21-700 basierende Frachtversion ARJ21F hinzukommen, die fünf sog. LD7-Container aufnehmen kann. Eine Businessjet-Version mit 20 Sitzplätzen wird ebenfalls gebaut. Erste fünf Exemplare sind bereits bestellt.
Hersteller: COMAC Commercial Aircraft Corporation of China Ltd., Endmontage bei Shanghai Aircraft Manufacturing Co. Ltd., Shanghai, Volksrepublik China.

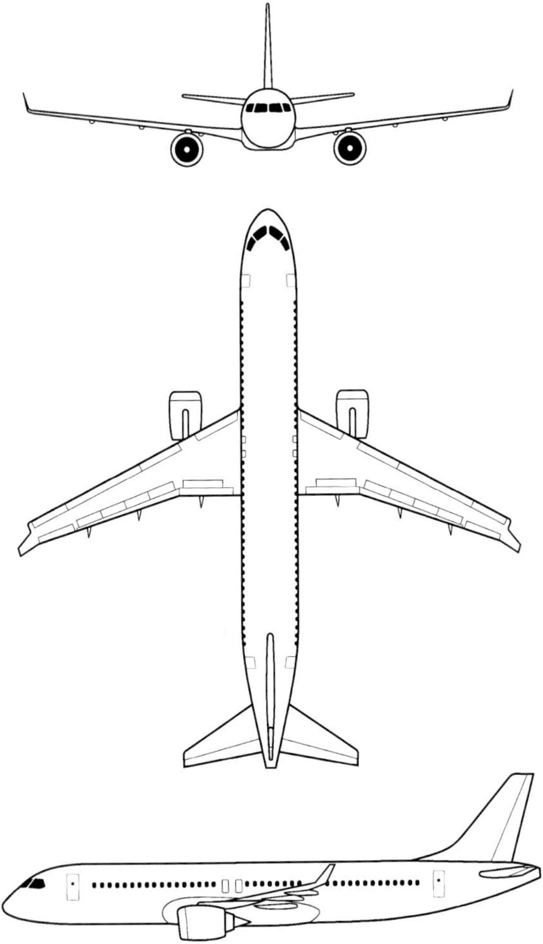

Abmessungen:
Spannweite 35,80 m
Länge 38,90 m
Höhe 11,95 m
Flügelfläche 129,15 m².

COMAC C919

Ursprungsland: Volksrepublik China.
Kategorie: Kurz- und Mittelstrecken-Verkehrsflugzeug.
Triebwerke: Zwei Mantelstromtriebwerke CFM International Leap-X1C von je 13000 kp (133,00 kN) Leistung.
Leistungen (nach Angaben des Herstellers): Max. Reisegeschwindigkeit Mach 0,785; normale Reisegeschwindigkeit 834 km/h; Dienstgipfelhöhe 12100 m; Reichweite je nach Ausführung zwischen 4075 und 5556 km.
Gewichte: Max. Abfluggewicht 77300 kg.
Zuladung: Zwei Mann Cockpitbesatzung und in Einklassenausstattung bis zu 175 Passagiere in Sechserreihen, normalerweise aber 150 Passagiere in zwei Klassen. Max. Nutzlast rund 20000 kg.
Entwicklungsstand: Ein erster Prototyp verließ im November 2015 die Werkhallen. Der Erstflug verzögert sich aber bis Ende 2016. Aktuellen Plänen zufolge soll die C919 nun 2018 in den Liniendienst gehen. Bisher sind vorwiegend von chinesischen Fluggesellschaften und von Leasingunternehmen rund 500 Festaufträge und Optionen eingegangen.
Bemerkungen: Mit diesem Flugzeugprogramm wagt die Volksrepublik China den Eintritt in den schwierigen, von Airbus und Boeing weitgehend kontrollierten Markt der 100 bis 150-Sitzer. Vorerst sollen zwei Varianten angeboten werden, die sich primär durch die Reichweitenleistungen unterscheiden. Später dürften noch weitere Ausführungen folgen. Die ersten Muster werden einstweilen nur mit dem Leap-X1C-Triebwerk angeboten, später sollen alternative Antriebe hinzukommen. Die ganze Struktur wird weitgehend aus Aluminium-Lithium sein, an einzelnen Stellen gelangen Composite-Werkstoffe zum Einbau. Der Rumpfdurchmesser soll gegenüber den westlichen Konkurrenzmustern etwas breiter sein und den Passagieren somit besseren Komfort zukommen lassen. Fast alle chinesischen Flugzeugproduzenten beteiligen sich an diesem Projekt. Nachdem die C919 voraussichtlich weniger durch technologische Spitzenwerte punkten wird, dürfte vermutlich der günstige Preis das Muster durchaus auch für Kunden außerhalb Chinas attraktiv erscheinen lassen.
Hersteller: COMAC Commercial Aircraft Corporation of China Ltd., Endmontage bei Shanghai Aircraft Manufacturing Co. Ltd., Shanghai, Volksrepublik China.

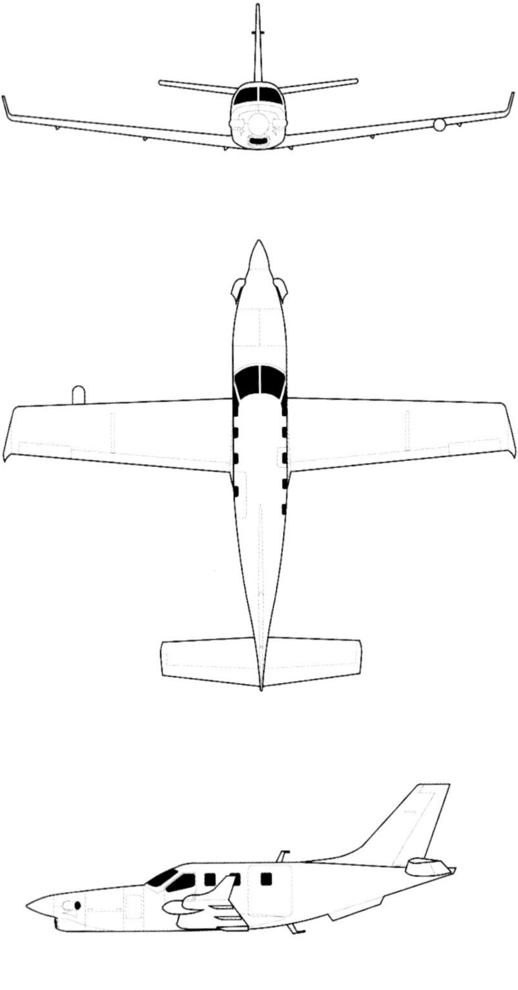

Abmessungen:
Spannweite 12,68 m
Länge 10,64 m
Höhe 4,35 m
Flügelfläche 18,00 m².

DAHER-SOCATA TBM 900

Ursprungsland: Frankreich.
Kategorie: Leichtes Mehrzweckflugzeug.
Triebwerke: Eine Propellerturbine Pratt & Whitney Canada PT6A-66D von 850 WPS (633 kW) Leistung.
Leistungen: Maximale Reisegeschwindigkeit 611 km/h auf 8530 m; Anfangssteiggeschwindigkeit 11,7 m/Sek; Dienstgipfelhöhe 9449 m; Reichweite mit max. Treibstoffzuladung 3200 km.
Gewichte: Leer 2132 kg; max. Startgewicht 3370 kg.
Zuladung: Ein bis zwei Piloten und bis zu sechs Passagiere. »Club«-Version mit vier Passagiersitzen und Mittelgang. Nutzlast bei max. Reichweite 385 kg, max. Nutzlast 605 kg.
Entwicklungsstand: Der Hersteller lancierte die neueste Ausführung TBM 900 im März 2014. Mit den Auslieferungen begann man kurz darauf. Bis Ende 2015 sind bereits 100 Einheiten ausgeliefert worden. Die Vorgängerversion TBM 850 flog erstmals im Februar 2005, gefolgt vom ersten Serienflugzeug im Januar 2006. Von allen Mustern der TBM-Reihe (700, 850 und 900) waren bis Dezember 2015 750 Maschinen hergestellt.
Bemerkungen: Die TBM 900 ist die aktuellste Weiterentwicklung der TBM-Reihe. Sie übernimmt wesentliche Elemente der Vorgängerin TMB 850, u.a. Triebwerk, Abmessungen und Kabine. Dank aerodynamischer Verfeinerungen, Winglets an den Flügeln und weiterer Optimierungen konnte die maximale Reisegeschwindigkeit angehoben werden und die Reichweite ist verbessert. Dies alles bei reduziertem Treibstoffverbrauch. Die TBM 900 benötigt kürzere Start- und Landestrecken. Wesentlich zur Leistungsverbesserung tragen die von 700 WPS auf 850 WPS erhöhte Startleistung des Triebwerks sowie der neue lärmarme Fünfblatt-Rotor bei. Die TBM 900 soll gemäß Hersteller das schnellste druckbelüftete Propellerturbinen-Flugzeug in ihrer Klasse sein. Im Cockpit ist ein neues geneigtes Instrumentenpanel eingebaut. Eine Basisausführung kostet US$ 3,7 Mio.
Hersteller: Daher-Socata, Werk Tarbes, Suresnes, Frankreich.

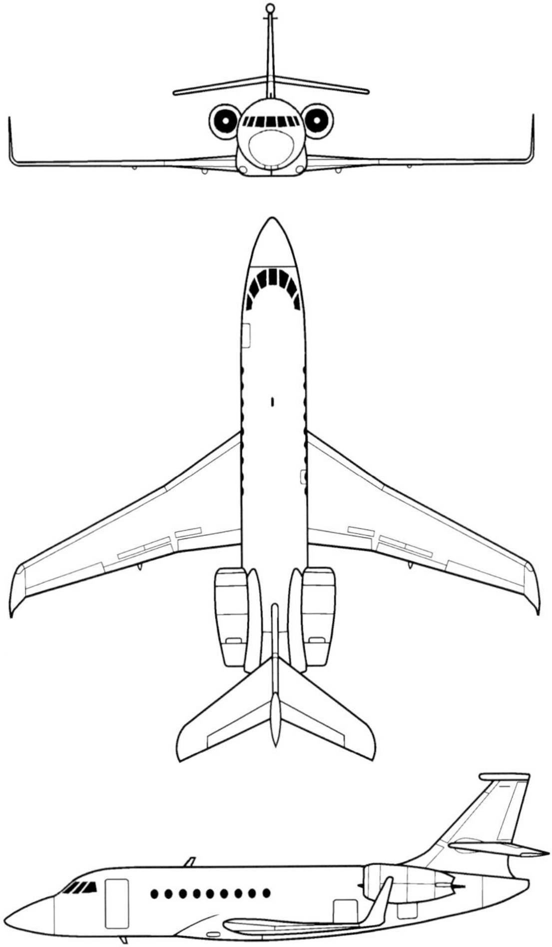

Abmessungen:
Spannweite 21,38 m
Länge 20,23 m
Höhe 7,06 m
Flügelfläche 49,02 m².

DASSAULT FALCON 2000LX/S/LXS

Ursprungsland: Frankreich.
Kategorie: Firmenflugzeug.
Triebwerke: Zwei Mantelstromtriebwerke Pratt & Whitney Canada PW308C von je 3175 kp (31,13 kN) Standschub.
Leistungen: Max. Reisegeschwindigkeit auf 11890 m 903 km/h (Mach 0,85); Anfangssteiggeschwindigkeit 17,4 m/Sek; Dienstgipfelhöhe 14300 m; Reichweite mit sechs Passagieren und NBAA-Reserven (LX/LXS) 7410 km, (S) 6200 km.
Gewichte (LX/S): Rüstgewicht 11250/11227 kg; max. Startgewicht 19142/18688 kg.
Zuladung: Zwei Piloten im Cockpit und je nach Innenausstattung acht bis zwölf Passagiere in der Kabine, bei enger Bestuhlung 19 Passagiere; (LXS) Nutzlast bei maximaler Treibstoffzuladung 993 kg.
Entwicklungsstand: Erstflug des Erprobungsmusters Falcon 2000 am 4. März 1993. Zulassung und Beginn der Ablieferungen an Kunden im Februar 1995. Die Ausführung 2000LX flog erstmals im Frühjahr 2007, die neueste Version 2000S am 14. Februar 2011. Die Zulassung erfolgte Mitte 2013. Bis Ende 2015 wurden etwa 550 Falcon 2000 aller Varianten gebaut. Die Jahresproduktion beläuft sich derzeit auf etwa 20 Einheiten aller Versionen.
Bemerkungen: Die Falcon 2000 verfügt über den gleichen komfortablen Rumpfquerschnitt mit durchgehender Stehhöhe wie die Falcon 900 (siehe Ausgabe 2015). Die Kabine ist aber mit 9,46 m Länge etwas kürzer. Dank nur zwei Triebwerken kann die Falcon 2000 deutlich wirtschaftlicher betrieben werden. Alle seit 2004 gebauten Falcon 2000 sind mit dem interaktiven Cockpit-Management-System »EASy« versehen. Als Option ist ein HUD erhältlich. Derzeit bietet Dassault die Versionen 2000LX, 2000S und neu die 2000LXS an. Die 2000S als preiswerteste Variante gibt es nur mit einer standardisierten Inneneinrichtung. Damit lässt sich der Kaufpreis auf rund US$ 27,7 Mio. reduzieren, gegenüber jenem der 2000LX mit rund US$ 33 Mio. 2012 lancierte Dassault die Falcon 2000LXS, welche die LX ab 2014 abgelöst hat. Dank neuen Vorflügeln entlang des ganzen Flügels verbessern sich die Startleistungen. Das max. Abfluggewicht beläuft sich auf 19414 kg. Die Passagierkabine wurde zudem überarbeitet.
Hersteller: Dassault Falcon Jet Corporation, Werk Bordeaux-Mérignac, St. Cloud, Frankreich.

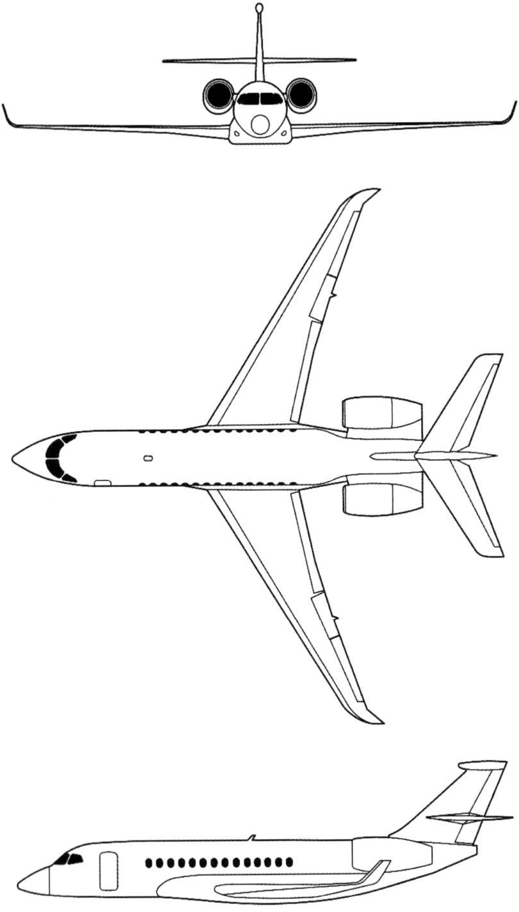

Abmessungen:
Spannweite 25,94 m
Länge 25,17 m
Höhe 7,47 m
Flügelfläche 72,37 m².

DASSAULT FALCON 5X

Ursprungsland: Frankreich.
Kategorie: Firmenflugzeug.
Triebwerke: Zwei Mantelstromtriebwerke Safran Snecma Silvercrest 1D von je 5193 kp (50,93 kN) Standschub.
Leistungen (nach Angaben des Herstellers): Max. Reisegeschwindigkeit Mach 0,90; normale Reisegeschwindigkeit Mach 0,85; Dienstgipfelhöhe 15554 m; Reichweite mit acht Passagieren und NBAA-Reserven bei Mach 0,80 9630 km.
Gewichte: Rüstgewicht 19731 kg; max. Startgewicht 31570 kg.
Zuladung: Zwei Piloten im Cockpit und je nach Innenausstattung acht bis zwölf Passagiere, bei dichter Bestuhlung bis zu 16 Passagiere.
Entwicklungsstand: Der erste von drei Prototypen hatte den Rollout am 2. Juni 2015. Aufgrund technischer Probleme mit dem Triebwerk konnte der Erstflug bisher nicht erfolgen. Erste Kundenauslieferungen sind für Anfang 2017 geplant.
Bemerkungen: Im Segment der höherpreisigen mittelgroßen Businessjets will Dassault mit der 5X eine neue Qualität anbieten. Es handelt sich um ein vollständig neues Muster mit einem vergrößerten Rumpfquerschnitt. So beträgt die Kabinenhöhe nun 1,98 m, die Breite 2,58 m. Die Länge beläuft sich auf 11,79 m. Besonderes Augenmerk ist der Kabine gewidmet. Sie soll ausgesprochen komfortabel und luxuriös ausfallen. 28 große Fenster ermöglichen einen guten Ausblick. In der Kabine werden die neuesten technischen Entwicklungen eingebaut, besonders was die Kommunikation angeht. Flügel und das Fly-By-Wire Digital Flight Control System sind neu, beides Eigenentwicklungen von Dassault. Honeywell liefert eine neue, voll digitalisierte Generation des EASy-Systems der dritten Generation mit Head-Up-Display von Elbit. Alle technologischen Maßnahmen zusammen sollen einen sehr wirtschaftlichen Betrieb ermöglichen. Auch die 5X kann auf vergleichsweise kurzen Pisten starten und landen. Vorläufig wurde ein Kaufpreis von US$ 45 Mio. genannt. Dassault plant, basierend auf der 5X, eine ganze Reihe von Neuentwicklungen.
Hersteller: Dassault Falcon Jet Corporation, Werk Bordeaux-Mérignac, St. Cloud, Frankreich.

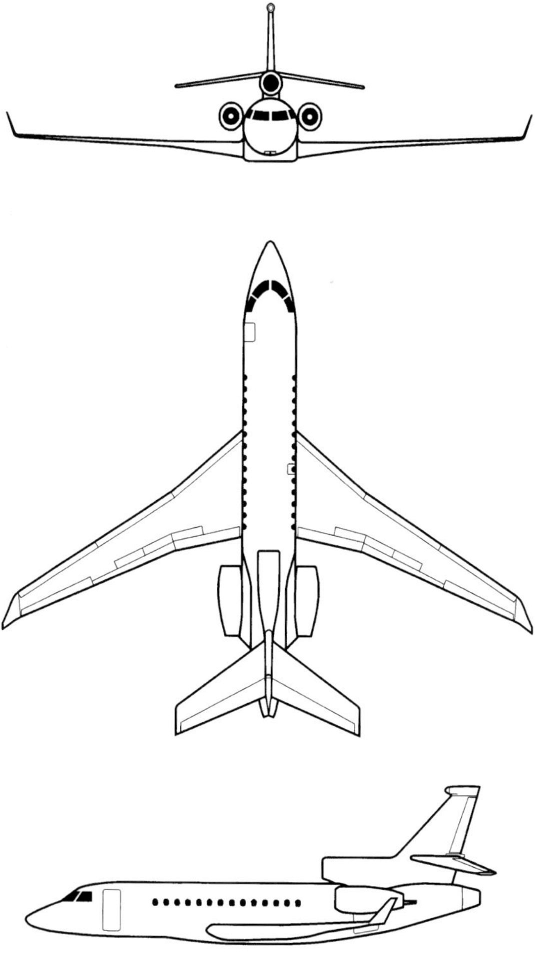

Abmessungen:
Spannweite 26,21 m
Länge 23,19 m
Höhe 7,83 m
Flügelfläche 70,70 m².

DASSAULT FALCON 7X

Ursprungsland: Frankreich.
Kategorie: Langstrecken-Firmenflugzeug.
Triebwerke: Drei Mantelstromtriebwerke Pratt & Whitney Canada PW307A von je 2900 kp (28,47 kN) Standschub.
Leistungen: Max. Reisegeschwindigkeit Mach 0,90; Langstreckenreisegeschwindigkeit Mach 0,80; Dienstgipfelhöhe 15554 m; Reichweite mit acht Passagieren und NBAA-Reserven bei Mach 0,80 11119 km.
Gewichte: Leergewicht 15545 kg; max. Startgewicht 31820 kg.
Zuladung: Zwei Piloten im Cockpit und je nach Innenausstattung acht bis zwölf Passagiere in der Kabine, bei enger Bestuhlung 19 Passagiere; Nutzlast bei max. Treibstoffzuladung 1355 kg.
Entwicklungsstand: Die Dassault Falcon 7X absolvierte den Erstflug am 5. Mai 2005, gefolgt von einer zweiten am 5. Juli 2005. Bis Ende 2015 waren etwa 280 Maschinen ausgeliefert.
Bemerkungen: Mit der Falcon 7X baut Dassault sein Angebot an Businessjets im obersten Segment aus. Der Rumpf ist gegenüber der Falcon 900 (siehe Ausgabe 2015) um 2,98 m länger. Bei gleichem Kabinenquerschnitt misst der Passagierraum nun 11,90 m. Dem Komfort wurde größte Aufmerksamkeit geschenkt. So ist der Lärmpegel nochmals reduziert worden. Auch die Klimatisierung wurde verbessert. Mit rund 4,45 m³ ist der Gepäckraum sehr großzügig ausgefallen. Ganz neu ist der Flügel, welcher für aeroelastische Effekte optimiert wurde, sehr hohe Reisegeschwindigkeiten ermöglicht, die guten Langsamflugeigenschaften jedoch beibehält. Im Vergleich zur Falcon 900EX weist er eine um 44% größere Fläche auf und ist um 5° stärker gepfeilt. Wie alle neuen Falcons ist auch die 7X mit dem »EASy«-Cockpit ausgerüstet. Gesteuert wird mit einem Fly-By-Wire-System. Anstelle von Steuerhörnern sind Sidesticks eingebaut. Dank der leistungsstarken Triebwerke zählt die Falcon 7X derzeit zu den schnellsten Businessjets ihrer Klasse. Dassault gibt einen Listenpreis von mittlerweile US$ 50 Mio. an.
Hersteller: Dassault Falcon Jet Corporation, Werk Bordeaux-Mérignac, St. Cloud, Frankreich.

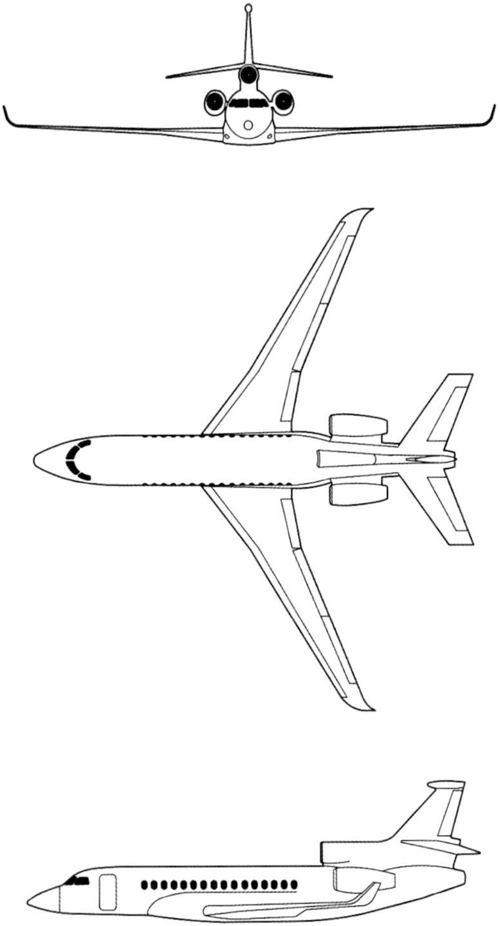

Abmessungen:
Spannweite 26,29 m
Länge 24,46 m
Höhe 7,94 m
Flügelfläche 70,70 m².

DASSAULT FALCON 8X

Ursprungsland: Frankreich.
Kategorie: Langstrecken-Firmenflugzeug.
Triebwerke: Drei Mantelstromtriebwerke Pratt & Whitney Canada PW307D von je 3050 kp (29,90 kN) Standschub.
Leistungen (nach Angaben des Herstellers): Max. Reisegeschwindigkeit Mach 0,90; Langstreckenreisegeschwindigkeit Mach 0,80; Dienstgipfelhöhe 15554 m; Reichweite mit acht Passagieren und NBAA-Reserven bei Mach 0,80 11945 km.
Gewichte: Rüstgewicht 16410 kg; max. Startgewicht 33113 kg.
Zuladung: Zwei bis drei Piloten im Cockpit und je nach Innenausstattung acht bis zwölf Passagiere in der Kabine, bei enger Bestuhlung 19 Passagiere.
Entwicklungsstand: Der erste Prototyp startete am 6. Februar 2015 zum Erstflug. Ein zweiter folgte am 30. März 2015. Insgesamt sind drei Prototypen geplant. Dassault rechnet, die ersten Kundenablieferungen im zweiten Semester 2017 vornehmen zu können. Der aktuelle Bestellungsstand ist nicht bekannt.
Bemerkungen: Die Falcon 8X ist, was Größe und Reichweite angeht, das Flaggschiff der Dassault-Werke. Gegenüber der Falcon 7X (siehe Seiten 146/147) ist der Rumpf um 1,27 m verlängert. Dies kommt vor allem der Kabine zugute, deren Innenlänge bei gleichem Durchmesser 13,00 m beträgt. Besondere Beachtung wurde der Inneneinrichtung geschenkt und neue Standards gesetzt. So sollen die neuesten technischen Errungenschaften eingebaut sein. Je nach Kundenwunsch können bis zu 30 verschiedene Einrichtungsvarianten bestellt werden, einschließlich einer mit einer Dusche. Dank insgesamt 34 größerer Fenster ist der Blick nach außen besser. Eingebaut ist eine verbesserte Version des Triebwerks der Falcon 7X. Zusammen mit den Optimierungen am Flügel soll eine gegenüber Konkurrenzmustern bessere Wirtschaftlichkeit erzielt werden. Auch das Cockpit wurde aktualisiert und verfügt nun über ein Head-Up-Display. Die Falcon 8X kommt mit einer Startstrecke von nur rund 1800 m aus und kann somit auf deutlich mehr Flugplätzen starten und landen als andere Muster der gleichen Kategorie. Der Kaufpreis soll bei US$ 57 Mio. liegen.
Hersteller: Dassault Falcon Jet Corporation, Werk Bordeaux-Mérignac, St. Cloud, Frankreich.

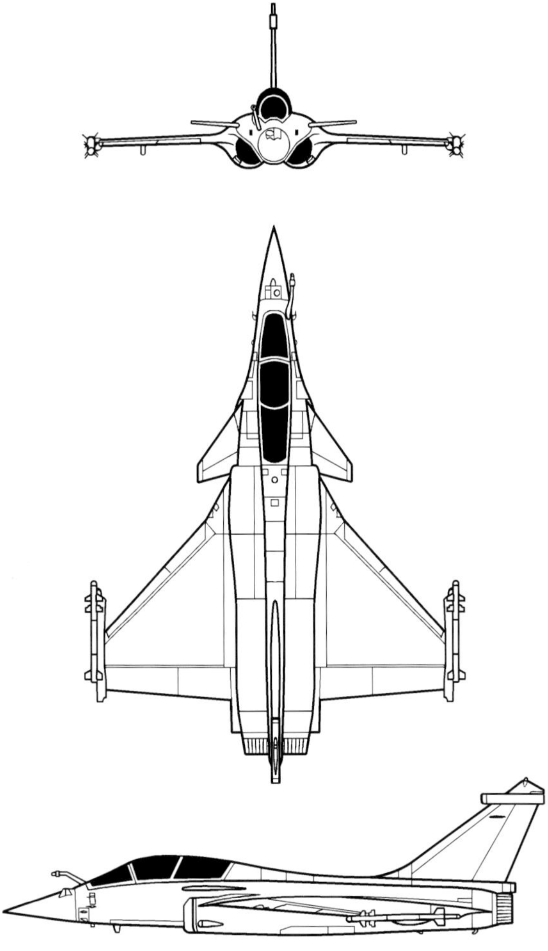

Abmessungen:
Spannweite inkl. Lenkwaffen an den Flügelspitzen 10,90 m
Länge 15,30 m
Höhe 5,34 m
Flügelfläche 45,70 m^2.

DASSAULT RAFALE F3

Ursprungsland: Frankreich.
Kategorie: Zweisitziges Mehrzweckkampfflugzeug B, einsitziger bordgestützter oder landgestützter Abfangjäger M bzw. C.
Triebwerke: Zwei Mantelstromtriebwerke SNECMA M88-4E von je 5100 kp (50,04 kN) Standschub ohne und 7711 kp (75,61 kN) mit Nachbrenner.
Leistungen: Höchstgeschwindigkeit 2124 km/h über 10975 m (Mach 2,0), 1390 km/h im Tiefflug (Mach 1,15); Anfangssteiggeschwindigkeit 305 m/Sek; Dienstgipfelhöhe 16775 m; taktischer Einsatzradius mit acht Mica Luft-Luft-Lenkwaffen, einem Zusatztank von 1700 l unter dem Rumpf und je einem von 1300 l unter den Flügeln 1853 km, bei einem Einsatzprofil hoch-tief-tief-hoch mit 12 250-kg-Bomben, vier Mica-Lenkwaffen und Zusatztanks von insgesamt 4300 l 1093 km.
Gewichte: Rüstgewicht (C) 9100 kg, (B) 10000 kg, (M) 9700 kg; max. Startgewicht 19500 bis 24500 kg.
Bewaffnung: Eine 30-mm-GIAT-DEFA-Kanone 791B und eine Waffenlast von max. 9500 kg, verteilt auf (Rafale M) 13, (Rafale C/B) 14 Aufhängepunkte unter Rumpf und Flügeln sowie an den Flügelenden.
Entwicklungsstand: Erstflug des ersten Prototyps am 19. Mai 1991. Die Französische Luftwaffe und die Aéronavale erhalten zusammen 225 Rafales aller Versionen. Die Luftwaffe Indiens reduzierte die Bestellung von 126 auf 36 Rafales. Neueste Besteller: Ägypten und Qatar je 24.
Bemerkungen: Fast die gesamte Zelle ist aus Verbundwerkstoffen hergestellt, Rumpfspitze und Heck bestehen aus Kevlar. Die Steuerung erfolgt nach dem Fly-By-Wire-Prinzip. Alle seit 2009 produzierten Maschinen entsprechen dem Standard F3, welche primär dank verbesserter Software umfassende Multi-Role-Kapazität aufweisen und neu entwickelte Waffen mitführen können, u.a. seit 2011 auch einen Aufklärungsbehälter AREOS Reco. Im September 2012 wurde die erste Rafale F3 mit dem neuen zweidimensionalen Breitbandradar AESA RBE-2 mit aktiv elektronisch scannender Antenne ausgeliefert. Unter der Bezeichnung Rafale F3R entwickelt Dassault eine neue Version, welche primär Verbesserungen in den Waffensystemen aufweist. Erstflug für 2018 geplant.
Hersteller: Dassault Défense, Vaucresson, Frankreich.

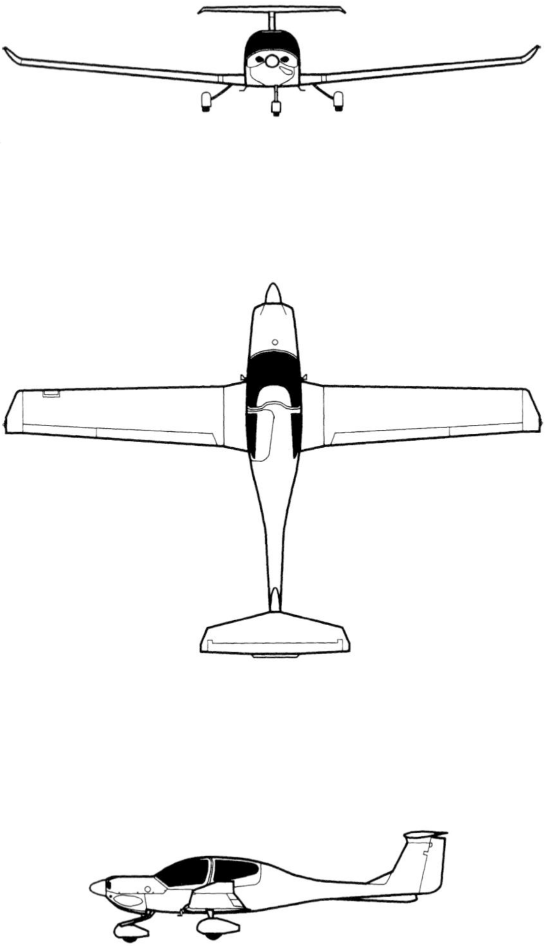

Abmessungen:
Spannweite 11,63 m
Länge 8,06 m
Höhe 1,97 m
Flügelfläche 13,5 m^2.

DIAMOND DA-40 TUNDRA STAR/NG

Ursprungsland: Österreich.
Kategorie: Sport- und Reiseflugzeug.
Triebwerk: Ein 2,0 l-flüssigkeitsgekühlter Turbodieselmotor mit Common-Rail-Einspritzung Austro Engine AE300 von 168 PS (125 kW) Leistung.
Leistungen (Tundra Star/NG): Höchstgeschwindigkeit 265/285 km/h auf 4267 m; Reisegeschwindigkeit bei 60% Leistung 229/231 km/h; Anfangssteiggeschwindigkeit 3,4/3,5 m/Sek; Dienstgipfelhöhe 5000 m; Reichweite bei 60% Leistung 1654/1741 km.
Gewichte (Tundra Star/NG): Leergewicht 910/900 kg; max. Startgewicht 1310 kg.
Zuladung: Vier Personen einschließlich des Piloten; max. Nutzlast (Tundra Star/NG) 400/410 kg.
Entwicklungsstand: Nach dem Erstflug der Dieselausführung DA-40 TDI am 28. November 2001 folgte die Erprobung bis zur Zulassung Mitte 2003. 35 davon erhielt die Lufthansa Flugschule. Ein Jahr vorher begann die Auslieferung des Ausgangsmusters DA-40-180 Diamond Star mit Lycoming-Boxermotor von 180 PS. Diverse Luftwaffen wie Bolivien, Venezuela und die US Air Force Academy setzen DA-40-Versionen als Basis- und Continuation Trainer ein. Aktuell werden die Versionen Tundra Star, NG und XLT gebaut.
Bemerkungen: Die Diamond DA-40 TDI ist das erste Flugzeug überhaupt, welches von Anfang an die Zulassung mit einem Dieseltriebwerk erhalten hat. Die aktuellen Ausführungen Tundra Star und NG benötigen bei einer Motorleistung von 60% Leistung nur 19,6 l pro Flugstunde. Mit einem Fassungsvermögen von 147 l werden Reichweiten bis zu (NG) 1741 km erreicht. Die DA-40-180 mit Benzinmotor benötigt beispielsweise doppelt so viel Treibstoff. Zelle und Flügel bestehen weitgehend aus faserverstärktem Kunststoff, wobei die Kabine einschließlich der Sitze eine sehr hohe Crash-Resistenz aufweist. Dank Sandwich-Bauweise ist das Strukturgewicht vergleichsweise gering. Die DA-40 NG ist mit der Avionik Garmin G1000 und dem GFC700-Autopiloten ausgerüstet. Von dieser Ausführung unterscheidet sich die Tundra Star durch ein verstärktes Fahrwerk mit größeren Rädern für Starts und Landungen auf Naturpisten. In den USA bietet der Hersteller auch die DA-40 XLT mit einem luftgekühlten Sechszylinder-Boxermotor Textron Lycoming IO-360-M1A von 180 PS (134 kW) Leistung an.
Hersteller: Diamond Aircraft, (DA-40 Tundra Star/NG) Flugplatz Wiener-Neustadt Ost, Österreich, (DA-40 XLT) London, Ontario, Kanada.

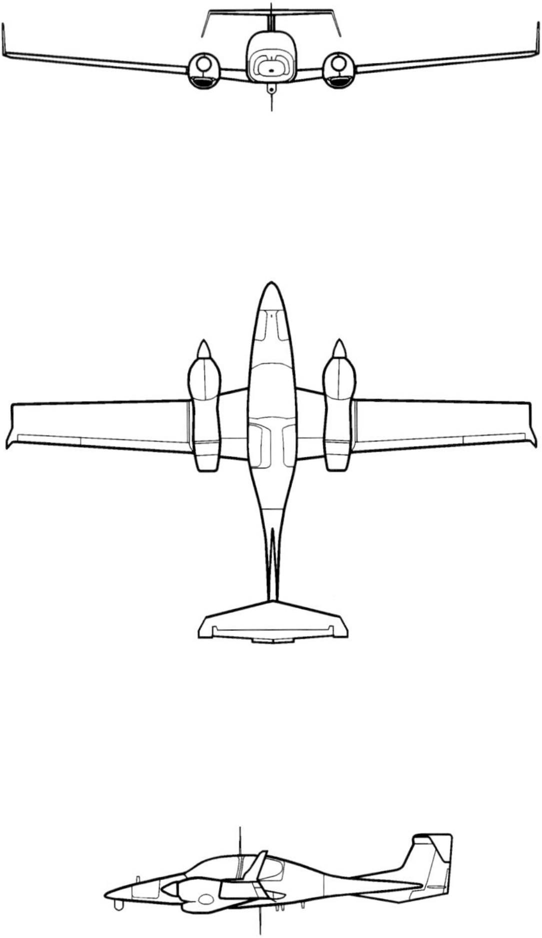

Abmessungen:
Spannweite 13,55 m
Länge 8,56 m
Höhe 2,49 m
Flügelfläche 16,29 m².

DIAMOND DA42 NG/DA42-VI

Ursprungsland: Österreich.
Kategorie: Sport- und Reiseflugzeug; Trainingsflugzeug; bemanntes und unbemanntes Überwachungsflugzeug.
Triebwerke: Zwei flüssigkeitsgekühlte Turbodieselmotoren mit Common-Rail Einspritzung Austro Engine AE300 von je 170 PS (127 kW) Leistung.
Leistungen (DA42 NG/-VI): Maximale Reisegeschwindigkeit 328/365 km/h; normale Reisegeschwindigkeit bei 60% Leistung 278 km/h; (DA42-VI) Reisegeschwindigkeit bei 75% Leistung 326 km/h; Anfangssteiggeschwindigkeit 5,5/7,1 m/Sek; Dienstgipfelhöhe 5486 m; Reichweite bei 60% Leistung 1335/1470 km, mit optionalem Zusatztank 2041/2245 km.
Gewichte (DA42 NG/-VI): Leergewicht 1430/1410 kg; max. Startgewicht 1900/1999 kg.
Zuladung (DA42 NG/-VI): Vier Personen einschließlich des Piloten; max. Zuladung 470/590kg.
Entwicklungsstand: Der Prototyp DA42 nahm am 9. Dezember 2002 die Flugerprobung auf. Erste Auslieferungen erfolgten im zweiten Semester 2004. Rund 600 aller Versionen sind bis Ende 2014 hergestellt worden. Nebst den Spezialausführungen wie DA42 MPP werden derzeit die Varianten DA42 NG und DA42-VI gebaut. Bisher sind über 850 Einheiten produziert worden.
Bemerkungen: Die aktuellste Ausführung ist die DA42-VI. Bei etwas geringerem Leergewicht weist sie generell bessere Flugleistungen auf. Diamond bietet zudem mehrere Überwachungsvarianten an, u.a. die DA42 MPP Guardian (siehe Dreiseitenriss) mit dem sog. OPALE-System in der Rumpfnase. Sie verfügt über diverse Sensoren und Seitenscheiben mit Auswölbungen zur besseren Beobachtung. Im Frühjahr 2009 startete die unbemannte DA42 Dominator 2 zum Erstflug. Sie soll in der Lage sein, ununterbrochen 28 Std. in der Luft zu verbleiben. Neu gibt es die Version Centaur, wahlweise mit oder ohne Pilot (sog. OPA, Optionally-Piloted Aircraft) einsetzbar. Derzeit fliegt ein Erprobungsmuster mit einem 4-Achsen-Fly-By-Wire-Steuerungssystem. Angeboten wird auch eine DA42 als SIGINT-Plattform für Funkaufklärung, welche zusammen mit der britischen QinetiQ entwickelt wurde. Neu offeriert Diamond die DA-42 TDI auch mit dem Triebwerk Continental Diesel CD-155 mit einer Leistung von 167 PS (125 kW). Dieses kann sowohl mit Benzin als auch mit Diesel betrieben werden.
Hersteller: Diamond Aircraft Industries GmbH, Flugplatz Wiener-Neustadt Ost, Österreich.

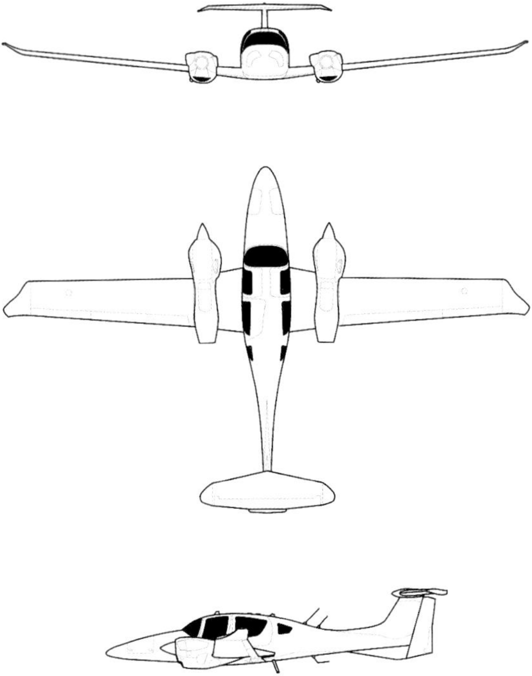

Abmessungen:
Spannweite 14,55 m
Länge 9,19 m
Höhe 2,82 m
Flügelfläche 17,10 m^2.

DIAMOND DA62

Ursprungsland: Österreich.
Kategorie: Sport- und Reiseflugzeug.
Triebwerke: Zwei flüssigkeitsgekühlte Turbodieselmotoren mit Common-Rail Einspritzung Austro Engines AE330 Jet A1 von je 180 PS (134 kW) Leistung.
Leistungen (bei Abfluggewicht von 1800 kg): Maximale Reisegeschwindigkeit 372 km/h auf 4872 m; normale Reisegeschwindigkeit bei 75% Leistung 340 km/h; Anfangssteiggeschwindigkeit 8,4 m/Sek; Dienstgipfelhöhe 6097 m; maximale Reichweite mit Zusatztank 2433 km.
Gewichte: Leergewicht 1570 kg; max. Startgewicht 2000 bzw. 2300 kg.
Zuladung: Vier bis sieben Personen einschließlich des Piloten; max. Zuladung 730 kg.
Entwicklungsstand: Ein erstes noch als DA52 bezeichnetes Erprobungsmuster flog erstmals am 3. April 2014. Zurzeit fliegen zwei Prototypen. Die Zulassung wurde Ende 2015 erteilt, so dass man nun auf Auftragsbuch geöffnet hat. Der Bestellungsstand ist derzeit unbekannt.
Bemerkungen: Die DA62 verbindet die Flügel der DA42 mit dem Rumpf der einmotorigen DA50 (siehe Ausgabe 2008). Letzteres Projekt wurde nicht mehr weiter verfolgt. Ein Vorteil der DA62 sind die besseren Platzverhältnisse. Das großzügig gestaltete Interieur ermöglicht ein angenehmes Raumgefühl und mehr Beinfreiheit. Auf beiden Seiten des Rumpfes ist gegenüber der DA42 ein weiteres Fenster eingebaut. Die DA62 erzielt zudem deutlich bessere Flugleistungen. Der gesamte Rumpf besteht aus Fiber-Verbundwerkstoffen und zeichnet sich durch eine hohe Dauerhaftigkeit und Sicherheit aus. Im Cockpit ist die neueste Garmin G1000-Avionik eingebaut. Als Kaufpreis für die Basisversion werden 920‘000 Euro genannt.
Hersteller: Diamond Aircraft Industries GmbH, Flugplatz Wiener-Neustadt Ost, Österreich.

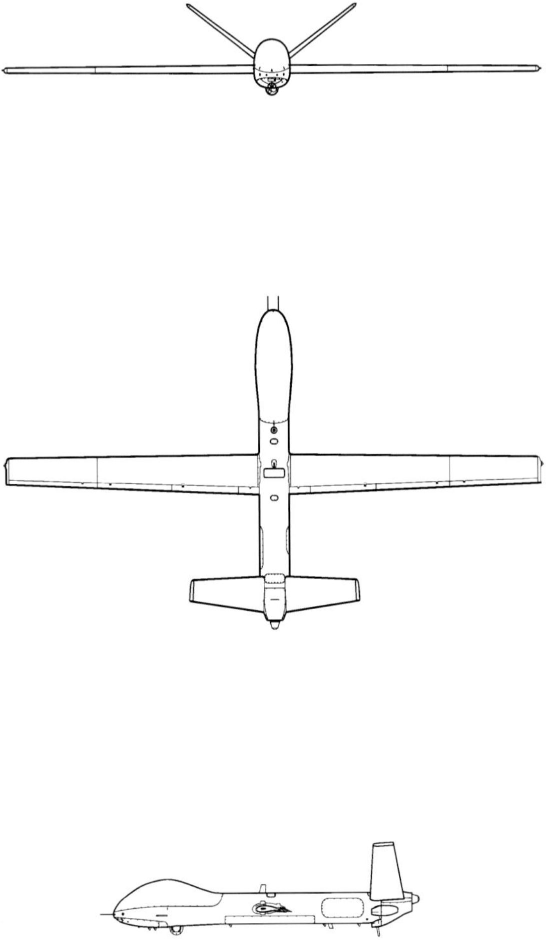

Abmessungen:
Spannweite 15,30 m
Länge 8,30 m.

ELBIT HERMES 900

Ursprungsland: Israel.
Kategorie: Unbemannte Langstrecken-Aufklärungsdrohne für mittlere und große Höhen.
Triebwerke: Ein Kolbentriebwerk Rotax 914 von 100 PS (74,57 kW).
Leistungen: Höchstgeschwindigkeit 220 km/h; Patrouillengeschwindigkeit 112 km/h; Dienstgipfelhöhe 9144 m; max. Flugdauer 36 Std.
Gewichte: Max. Startgewicht 1180 kg.
Zuladung: Aufklärungs- und Elektronikausrüstung bis zu einer Nutzlast von 350 kg im Rumpf. Die Hermes 900 kann auch Außenlasten mitführen.
Entwicklungsstand: Die erste Hermes 900 nahm am 9. Dezember 2009 die Flugerprobung auf. Bisher wurde sie von Brasilien, Israel, Chile 3, Kolumbien, Mexicos Bundespolizei und der Schweiz 6 bestellt. Genaue Stückzahlen sind nicht bekannt.
Bemerkungen: Die Hermes 900 basiert auf der 450 (siehe Ausgabe 2012). Sie ist aber wesentlich leistungsfähiger und kann eine größere Nutzlast auf längere Distanzen mitführen. Sie vertritt die neueste Generation von UAVs. Das Haupteinsatzspektrum dieser mittelgroßen Drohne sind lang dauernde taktische Missionen auf mittlerer bis großer Höhe. Dies umfasst u.a. Zielerfassungen (ISTAR) und -anpassungen bzw. Feuerunterstützung u.a. für Artilleriesysteme, Patrouilleneinsätze über Land oder Meer, Grenzüberwachungen, Koordinationsaufgaben bei Katastrophen sowie SIGINT- bzw. COMINT- und ELINT-Aufgaben. Dazu kann die Hermes 900 mit verschiedenen Aufklärungs- und Überwachungssystemen ausgerüstet werden. Alle Daten werden wie heute üblich via SATCOM-Kommunikationsrelay online auf eine Bodenstation übertragen. Die Elbit Hermes 900 startet, fliegt und landet völlig autonom und kann bei jedem Wetter eingesetzt werden, dies auch integriert mit dem zivilen Flugverkehr. Um die hohen Reichweitenleistungen zu erreichen, verfügt die Hermes 900 über ein Einziehfahrwerk. Seit 2014 fliegt auch eine speziell für Seeüberwachungsaufgaben entwickelte Variante mit einem Überwachungsradar und weiteren elektronischen Überwachungssystemen. Alle können via SATCOM Verbindung zur Bodenstation aufnehmen.
Hersteller: Elbit Systems Ltd., Haifa, Israel.

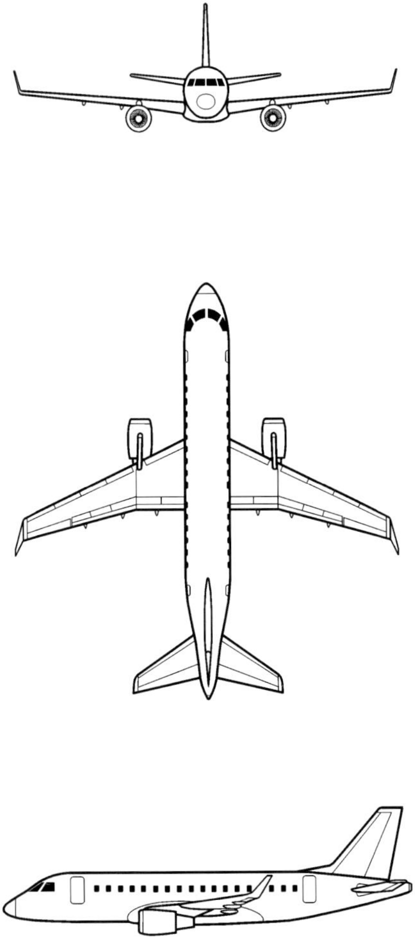

Abmessungen:
Spannweite einschließlich Winglets (170/175) 26,00 m, (190/195) 28,72 m
Länge (170) 29,90 m, (175) 31,67 m, (190) 36,24 m, (195) 38,65 m
Höhe (170/175) 9,67 m, (190/195) 10,55 m
Flügelfläche (170/15) 72,72 m^2, (190/195) 92,50 m^2.

EMBRAER 170/175/190/195

Ursprungsland: Brasilien.
Kategorie: Regionalverkehrsflugzeug.
Triebwerke: Zwei Mantelstromtriebwerke General Electric (170/175) CF34-8E von je 6250 kp (62,27 kN) bzw. (190/195) CF34-10E von 8391 kp (82,3 kN) Standschub.
Leistungen: Max. Reisegeschwindigkeit 870 km/h (Mach 0,82); Dienstgipfelhöhe 11890 m; Reichweite bei voller Passagierzahl (170STD) 3334 km, (175SLR) 3519 (190) 3119 km, (190LR) 4074 km, (195) 3334 km.
Gewichte (170STD/175LR/190LR/195LR): Rüstgewicht 20940/21840/28080/28970 kg; max. Startgewicht 35990/38790/50300/50790 kg.
Zuladung (170/175/190/195): Zwei Piloten und bei Zweiklassenbestuhlung 70/78/94/96 bzw. mit Einheitsklasse 86/86/94/118 Passagiere in Viererreihen mit Mittelgang. Max. Nutzlast 9000/9890/12720/13530 kg.
Entwicklungsstand: Der erste Prototyp 170 nahm die Flugerprobung am 19. Februar 2002 auf, gefolgt von der ersten 175 am 14. Juni 2003. Am 29. Februar 2004 erhob sich die 190 von EMBRAER erstmals in die Lüfte. Mit den Auslieferungen wurde Anfang 2004 begonnen. Der Auftragsbestand aller Ausführungen belief sich Ende 2015 auf rund 1340 Einheiten (+ Optionen), wovon über 1200 abgeliefert waren. Von den verschiedenen E2-Versionen sind bisher 267 bestellt.
Bemerkungen: Mittlerweile umfasst die E-Jet-Familie mehrere Ausführungen (170/175/190/195 bzw. deren LR-Versionen). Diese sind in früheren Ausgaben von Flugzeuge der Welt beschrieben. Zudem gibt es eine Businessjet-Variante Lineage (siehe Ausgabe 2012). Mitte 2013 lancierte EMBRAER die Weiterentwicklungen der E-Jet-Reihe, E2 genannt. Geplant sind basierend auf ihre jeweilige Ursprungsvariante drei Modelle: E175-E2, E190-E2, E195-E2. Neu bei allen sind die Triebwerke Pratt & Whitney PW1000G neuester Technologie sowie ein völlig überarbeiteter Flügel aus Aluminium. Die bisherige Avionik wird im Cockpit durch Honeywells Primus Epic 2 ersetzt. Von allen diesen Maßnahmen verspricht sich der Hersteller eine Reduktion des Treibstoffverbrauchs von zwischen 16 und 23%. Der Prototyp soll 2016 erstmals fliegen, die ersten E2-Jets 2018 in Dienst gestellt werden.
Hersteller: EMBRAER (Emprêsa Brasileira de Aeronautica SA), Sao José dos Campos, Brasilien.

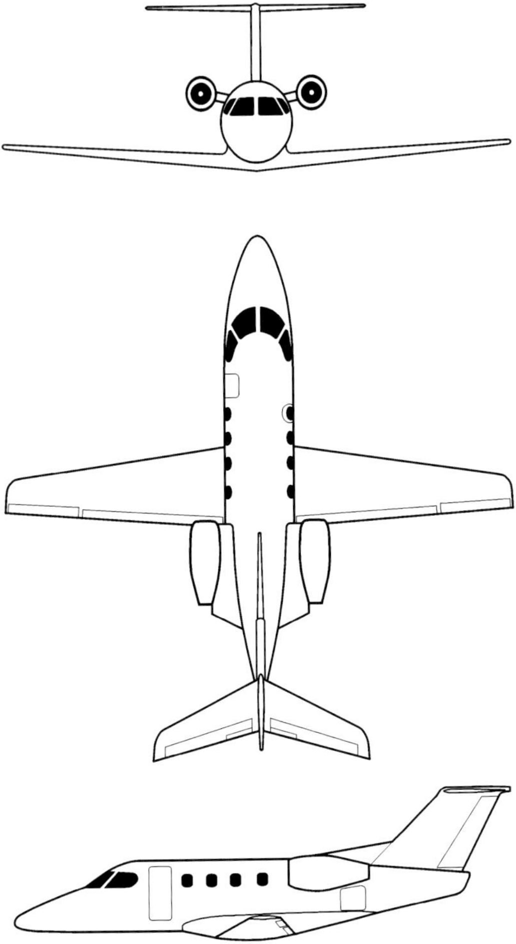

Abmessungen:
Spannweite 12,30 m
Länge 12,82 m
Höhe 4,35 m
Flügelfläche 18,80 m².

EMBRAER PHENOM 100 E

Ursprungsland: Brasilien.
Kategorie: Leichtes Firmenflugzeug.
Triebwerke: Zwei Mantelstromtriebwerke Pratt & Whitney Canada PW617F-E von je 768 kp (7,53 kN) Standschub.
Leistungen: Max. Reisegeschwindigkeit 720 km/h (Mach 0,70); Dienstgipfelhöhe 12497 m; Reichweite mit vier Passagieren unter IFR-Bedingungen 2182 km, unter VFR-Bedingungen 2450 km.
Gewichte: Rüstgewicht 3235 kg; max. Startgewicht 4750 kg.
Zuladung: Ein bis zwei Piloten im Cockpit und vier bzw. (100 E) fünf Passagiere in der Kabine; max. Nutzlast 595 kg.
Entwicklungsstand: Die Phenom 100 erhob sich erstmals am 26. Juli 2007 in die Lüfte. Bisher sind Aufträge für rund 400 Einheiten bekannt gegeben worden, darunter von verschiedenen neu gegründeten Flugtaxiunternehmen. Die Erstauslieferungen begannen nach Erhalt der Zulassung im November 2008. Ende 2015 waren rund 320 Maschinen fertig gestellt. In Melbourne, Florida, USA, hat EMBRAER ein zweites Montagewerk errichtet. Da die Marktlage weiterhin schwierig ist, bleibt die Produktion auf einem deutlich tieferen als dem geplanten Niveau. Die Training Unit der Etihad Airways hat neu vier Phenom 100 E als Trainer bestellt.
Bemerkungen: Mit den leichten und kostengünstigen Modellen Phenom 100 und 300 will sich EMBRAER im unteren Segment der Firmen- und Taxiflugzeuge mit neuen Lösungen einbringen. Die Konstruktion entspricht dem heute üblichen Standard, wobei man dem Komfortaspekt große Beachtung schenkt. So verfügt die Phenom 100 über die größte Kabine in ihrer Klasse. Der Querschnitt beläuft sich auf 1,55 m Breite und 1,50 m Höhe. Dank vergleichsweise großen Fenstern soll der Innenraum besonders hell sein. Im Cockpit gelangt die Avionik Garmin G1000 zum Einbau. Obwohl zwischen Phenom 100 und der wesentlich teureren Phenom 300 weitgehend Teilegleichheit besteht, unterscheiden sich die beiden Muster bezüglich Triebwerke, Gewichte und Flugleistungen erheblich. Seit 2013 ist die Phenom 100 E mit leicht verbesserter Inneneinrichtung erhältlich. EMBRAER verlangt für diese Variante US$ 4,16 Mio.
Hersteller: EMBRAER (Emprêsa Brasileira de Aeronautica SA), Sao José dos Campos, Brasilien und 2. Montagewerk in Melbourne, Florida, USA.

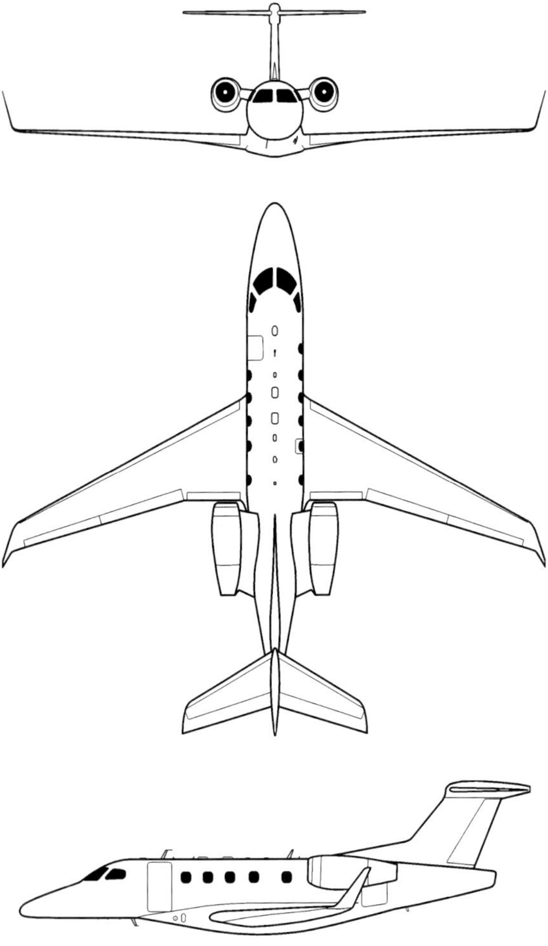

Abmessungen:
Spannweite 15,91 m
Länge 15,64 m
Höhe 5,10 m
Flügelfläche 28,50 m².

EMBRAER PHENOM 300

Ursprungsland: Brasilien.
Kategorie: Leichtes Firmenflugzeug.
Triebwerke: Zwei Mantelstromtriebwerke Pratt & Whitney Canada PW535-E von je 1525 kp (15,00 kN) Standschub.
Leistungen: Max. Reisegeschwindigkeit 838 km/h (Mach 0,78); Zeit um 10668 m zu erreichen 12 Min., Dienstgipfelhöhe 13716 m; Reichweite mit sechs Personen unter IFR-Bedingungen 3645 km.
Gewichte: Rüstgewicht 5265 kg, max. Startgewicht 8150 kg.
Zuladung: Ein bis zwei Piloten im Cockpit und sechs Passagiere in der Kabine, einschließlich einer Galley und einer Toilette. Maximal ist Platz für neun Personen vorhanden.
Entwicklungsstand: Die Phenom 300 nahm die Flugerprobung am 29. April 2008 auf. Mit der Erstauslieferung begann der Hersteller Anfang 2010. Als derzeit größter Besteller hat die NetJets 60 Maschinen (+ 65 Optionen) in Auftrag gegeben. Wie die Phenom 100 wird auch die Phenom 300 zusätzlich in Melbourne, Florida, gebaut. Am 15. Oktober 2015 wurde die 300. Phenom 300 abgeliefert. Die Jahresproduktion beider Muster beläuft sich gegenwärtig auf etwa 80 Einheiten.
Bemerkungen: Mit der Phenom 100, der hier beschriebenen Phenom 300 und den Phenom 450, 500 bis hin zur Lineage 1000 entwickelte EMBRAER in kurzer Zeit eine ganze Familie von Businessjets. Sie alle versuchen sich im stark umkämpften Markt dadurch zu positionieren, als sie gegenüber Mitbewerbern preislich eher auf der günstigen Seite liegen. Die Konstruktion entspricht dem heute üblichen Standard, wobei man dem Komfortaspekt große Beachtung schenkt. So verfügt die Phenom 300 über die größte Kabine in ihrer Klasse. Der Querschnitt beläuft sich analog zur Phenom 100 auf 1,55 m Breite und 1,50 m Höhe. Dank vergleichsweise großen Fenstern soll der Innenraum besonders hell sein. Die Inneneinrichtung entstand in Zusammenarbeit mit BMW Group Design Work. Im Cockpit gelangt die Avionik Garmin G1000 zum Einbau. Der Verkaufspreis wurde von EMBRAER auf US$ 8,96 Mio. angesetzt.
Hersteller: EMBRAER (Emprêsa Brasileira de Aeronautica SA), Sao José dos Campos, Brasilien und 2. Montagewerk in Melbourne, Florida, USA.

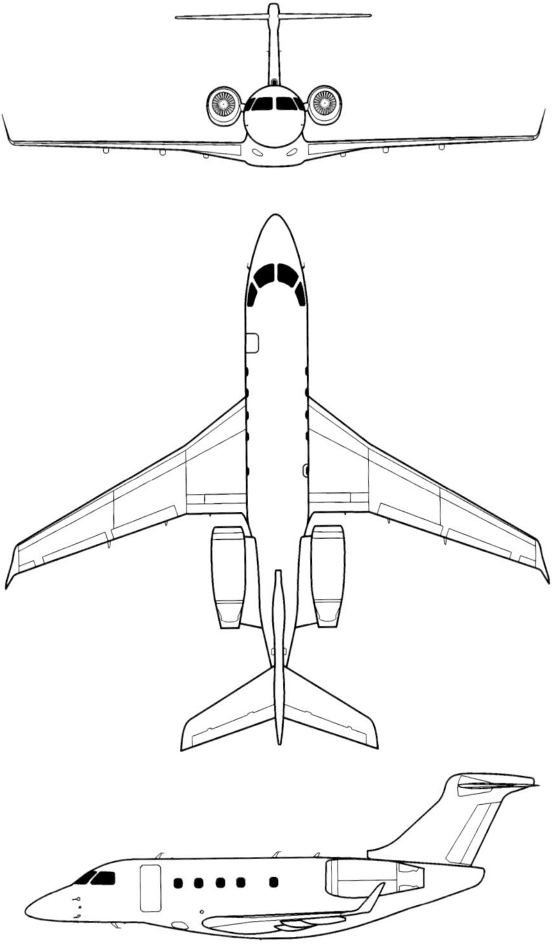

Abmessungen:
Spannweite 20,25 m
Länge (450) 19,68 m, (500) 20,74 m
Höhe 6,44 m
Flügelfläche 40,15 m².

EMBRAER LEGACY 450/500

Ursprungsland: Brasilien.
Kategorie: Mittelstrecken-Firmenflugzeuge.
Triebwerke: Zwei Mantelstromtriebwerke Honeywell HFT7500E von je (450) 2757 kp (27,03 kN), (500) 2966 kp (29,09 kN) Standschub.
Leistungen: Max. Reisegeschwindigkeit (500/450) 863/857 km/h (Mach 0,83); Zeit um 13100 m zu erreichen 22 Min., Dienstgipfelhöhe 13716 m; Reichweite mit (500) sechs bzw. (450) vier Personen unter IFR-Bedingungen rund (450) 4769 km, (500) 5788 km.
Gewichte: Rüstgewicht (500/450) 10631/10400 kg; max. Startgewicht (500/450) 17200/16000 kg.
Zuladung: Ein bis zwei Piloten im Cockpit und (450) sechs, (500) acht Passagiere in der Kabine, einschließlich einer Galley und einer Toilette. Maximal ist Platz für (450) neun bzw. (500) zwölf Personen vorhanden; max. Nutzlast (beide) 1270 kg, bei max. Treibstoffzuladung (beide) 725 kg.
Entwicklungsstand: Der erste Prototyp Legacy 500 hatte seinen Erstflug am 27. November 2012. Die Legacy 450 folgte am 28. Dezember 2013. Im Oktober 2014 wurde die erste Legacy 500 an einen Kunden ausgeliefert, gefolgt von der ersten Legacy 450 im Dezember 2015. Wie viele der beiden Ausführungen bisher bestellt worden sind, ist noch nicht bekannt.
Bemerkungen: Die Legacy 450 und 500 schließen die Lücke im mittleren Segment des Angebots an Business Jets von EMBRAER, womit der Hersteller vom Viersitzer bis zur Lineage 1000 mit bis zu 20 Plätzen das ganze Spektrum von Geschäftsflugzeugen abdecken kann. Beide Versionen sind von neuester Konstruktion und mit modernster Avionik Pro Line Fusion von Collins, Fly-By-Wire-Steuerung, vier Flachbildschirmen im Cockpit mit besonders hoher Auflösung, Synthetic Vison System, Head-Up-Display, Sidesticks zum Steuern usw. ausgerüstet. Die komfortable Kabine weist gegenüber Mitbewerbern in der gleichen Klasse den größten Querschnitt mit einer Breite von 2,08 m und einer Höhe von 1,83 m auf. Mit der Entwicklung der Inneneinrichtung hat man die BMW Group Design Works in den USA beauftragt. Die 450 und 500 unterscheiden sich sonst nur durch die verschiedenen Rumpflängen und die Leistungswerte der Triebwerke. EMBRAER gibt als Verkaufspreise für die jeweilige Basisversion (450) US$ 16,7 Mio. und (500) US$ 20 Mio. an.
Hersteller: EMBRAER (Emprêsa Brasileira de Aeronautica SA), Sao José dos Campos, Brasilien.

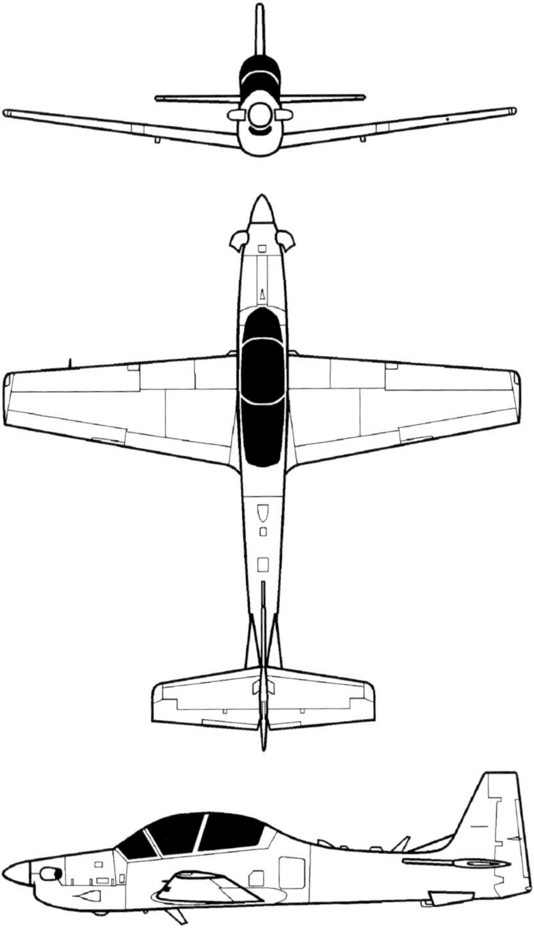

Abmessungen:
Spannweite 11,14 m
Länge 11,38 m
Höhe 3,97 m
Flügelfläche 19,40 m^2.

EMBRAER EMB-314/A-29 SUPER TUCANO

Ursprungsland: Brasilien.
Kategorie (EMB-314): Zweisitziger Basis- und Fortgeschrittenentrainer bzw. leichtes einsitziges (A-29) bzw. zweisitziges (AT-29) Erdkampf- und Überwachungsflugzeug.
Triebwerke: Eine Propellerturbine Pratt & Whitney Canada PT6A-68/3 von 1600 WPS (1190 kW) Leistung, reduziert auf 1250 WPS (932 kW).
Leistungen: Höchstgeschwindigkeit 590 km/h; max. Reisegeschwindigkeit 535 km/h; Anfangssteiggeschwindigkeit 24 m/Sek; Dienstgipfelhöhe 10600 m; Aktionsradius auf 3300 m ohne Bewaffnung 750 km, bei voller Bewaffnung 540 km.
Gewichte: Leergewicht 3150 kg; normales Startgewicht 3600 kg, mit Waffenlast 5250 kg.
Bewaffnung (AT-29): Zwei in den Flügeln fest eingebaute 12,7-mm-Maschinengewehre sowie an fünf Aufhängestationen unter dem Rumpf und unter den Flügeln eine Vielzahl von Waffenlasten bis zu 1500 kg.
Entwicklungsstand: Der erste, bereits dem Serienstandard entsprechende Prototyp YA-29 nahm die Flugerprobung am 2. Juni 1999 auf. Die Brasilianische Luftwaffe hat alle 99 AT-/A-29 erhalten. Weitere Besteller: Afghanistan 20, Angola 6, Burkina Faso 3, Chile 12, Dominikanische Republik 8, Ecuador 18, Indonesien 16, Kolumbien 25, Mauretanien 4, Paraguay 10, Peru 10, Senegal 3; neueste Besteller: Ghana 4, Libanon und Mali je 6.
Bemerkungen: Die A-29/AT-29 sind die Erdkampf- bzw. COIN-Ausführungen des Trainers EMB-314 Super Tucano. Sie unterscheiden sich von ihm hauptsächlich durch eine missionsbezogene Ausrüstung: Elbit-Angriffs- und Navigationselektronik, GPS, Head-Up-Display, Multifunktionsbildschirme, punktuell verstärkte Zellen- und Flügelstruktur. Das Cockpit ist gepanzert und druckbelüftet. Die Besatzung kann für Nachteinsätze mit **N**ight-**V**ision-**G**oggles (NVG) ausgestattet werden. Der Zweisitzer AT-29 verfügt zusätzlich über ein nach vorne gerichtetes FLIR-Gerät. So ausgerüstet, soll die A-29 primär zur Bekämpfung von Drogenschmugglern und Guerillas in der Amazonasregion eingesetzt werden. Dabei arbeitet sie mit der AEW-Version der EMB-145SA (siehe Ausgabe 2009) zusammen.
Hersteller: EMBRAER (Emprêsa Brasileira de Aeronautica SA), Sao José dos Campos, Brasilien.

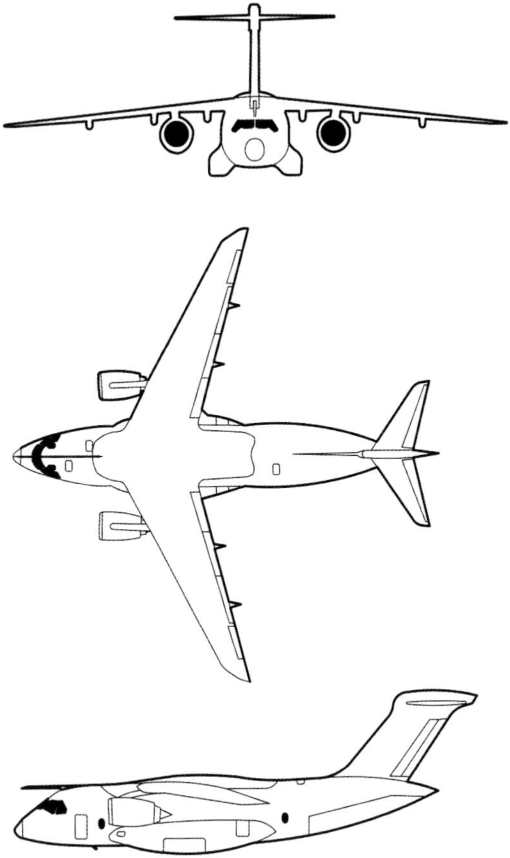

Abmessungen:
Spannweite 35,05 m
Länge 35,20 m
Höhe 12,15 m,
Flügelfläche 140 m².

EMBRAER KC-390

Ursprungsland: Brasilien.
Kategorie: Mittelschwerer Militärfrachter.
Triebwerke: Zwei Mantelstromtriebwerke IAE V2500-E5 von je rund 14200 kp (139,25 kN) Standschub.
Leistungen (nach Angaben des Herstellers): Höchstgeschwindigkeit 870 km/h bzw. Mach 0,80; Dienstgipfelhöhe 11000 m; Reichweite mit 19000 kg Nutzlast 3400 km, mit 14700 kg 4800 km; Überführungsreichweite 6200 km.
Gewichte: Normales Startgewicht 74000 kg, maximal 81000 kg.
Zuladung: Zwei Piloten und bis zu 80 voll ausgerüstete Soldaten, 66 Fallschirmspringer, 74 Verletzte auf Tragen oder sieben Standardpaletten. Die maximale Nutzlast beläuft sich auf 23600 kg.
Entwicklungsstand: Am 21. Oktober 2014 verließ der erste Prototyp die Endmontagehalle und startete am 3. Februar 2015 zum Erstflug. Bisher sind Bestellungen bzw. Kaufabsichten von mehreren Luftwaffen eingegangen: Argentinien 6, Brasilien 28, Chile 6, Kolumbien 12, Portugal 6, Tschechien 2. Die Indienststellung wird nun erst für 2018 erwartet.
Bemerkungen: Die erfolgreiche EMBRAER wagt sich mit der KC-390 in ein völlig anderes Luftfahrt-Segment. Als Alternative zur C-130J (siehe Seiten 216/217) lancierte sie vor einigen Jahren dieses Muster. Im Laufe der Entwicklung wurden die Spezifikationen laufend angepasst und die Leistungsparameter nach oben korrigiert. Die Avionik Pro Line Fusion entspricht jener der Legacy 450/500. So soll die KC-390 für nur rund US$ 50 Mio. angeboten werden. Typisch für ein solches Muster ist die robuste und relativ einfache Bauweise sowie die Möglichkeit, auf kurzen Naturpisten starten und landen zu können. Die Innenmaße des Frachtraums betragen: Länge 12,68 m ohne bzw. 18,54 m einschließlich der Laderampe Breite 3,45 m, Höhe zwischen 2,74 und 2,94 m. Damit ist das Innenvolumen etwas größer als beispielsweise jenes der C-130. An der Herstellung beteiligen sich auch Unternehmen aus Argentinien, Kolumbien, Portugal und Tschechien. Später könnte auch eine Tankerversion folgen.
Hersteller: EMBRAER (Emprêsa Brasileira de Aeronautica SA), Sao José dos Campos, Brasilien.

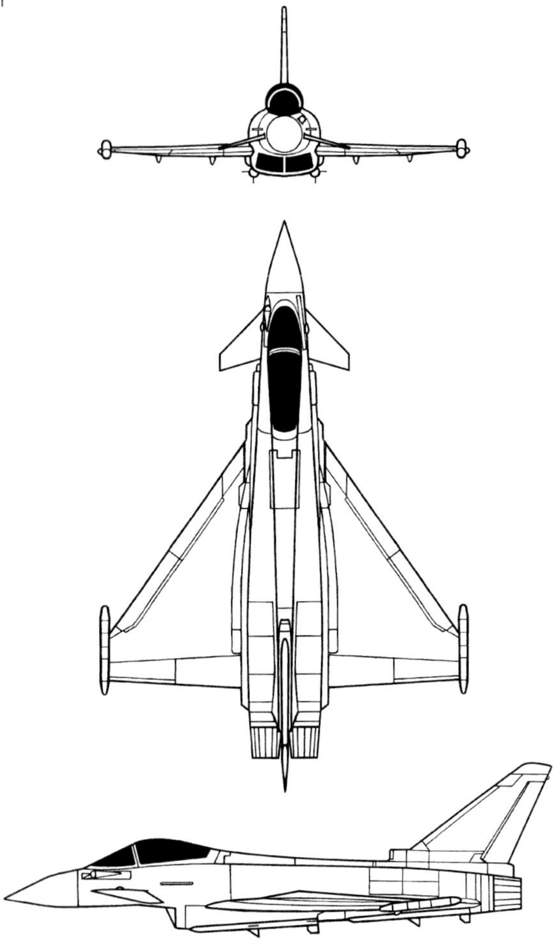

Abmessungen:
Spannweite 10,95 m
Länge 15,96 m
Höhe 5,28 m
Flügelfläche 50,00 m².

EUROFIGHTER TYPHOON

Ursprungsland: Großbritannien, Deutschland, Italien und Spanien.
Kategorie: Luftüberlegenheitsjäger und Mehrzweckkampfflugzeug.
Triebwerke: Zwei Mantelstromtriebwerke Eurojet EJ200 von je rund 6100 kp (60 kN) Standschub ohne und 9185 kp (90 kN) mit Nachbrenner.
Leistungen: Höchstgeschwindigkeit in großer Höhe Mach 2,0+, in Bodennähe 1390 km/h; Anfangssteiggeschwindigkeit 315 m/Sek; Dienstgipfelhöhe 16765 m; Aktionsradius mit je zwei Luft-Luft-Lenkwaffen AIM-120 und AIM-132 inkl. Außentanks 1390+ km; Überführungsreichweite mit zwei Außentanks 3700 km.
Gewichte: Leer 11150 kg; max. Startgewicht 23500 kg.
Bewaffnung: Eine 27-mm-Mauser-Kanone im Rumpf und beispielsweise eine Zusammensetzung von sechs Kurzstrecken-Luft-Luft-Lenkwaffen AIM-132 und vier Mittelstrecken-Luft-Luft-Lenkwaffen AIM-120. Max. Waffenlast 7500 kg an 13 Waffenstationen.
Entwicklungsstand: Der erste Prototyp nahm am 27. März 1994 die Flugerprobung auf, gefolgt vom ersten Serienmuster im Laufe von 2002. 2003 sind die ersten Serienmaschinen abgeliefert und 2004 die ersten Einheiten aufgestellt worden. Aktuelle Beschaffungszahlen: Großbritannien 160, Deutschland 140, Italien 96, Spanien 73, Oman 12, Österreich 15, Saudi Arabien 72. Mitte 2012 hat die Produktion der Tranche 3 begonnen. 112 davon sollen gebaut werden. Ende 2013 wurde die 400. Maschine abgeliefert. Neuester Besteller: Kuwait 28.
Bemerkungen: Die Typhoon wird als Ein- wie als Doppelsitzer angeboten. Die ersten der Tranche 1 zugehörigen Einheiten sind vorerst für Abfangaufgaben konfiguriert. Hierbei kann ohne Nachbrenner die sog. Supercruise-Geschwindigkeit von Mach 1,2 bis 1,3 erreicht werden. Derzeit werden die Maschinen der Tranche 3A bzw. 3B gebaut. Diese restlichen zu beschaffenden Eurofighters erhalten ein neues AESA-Radar und ein überarbeitetes Cockpit mit Voice-Control (= sprachgesteuerte Flugzeugführung). Durch laufende Modifikationen wird der Eurofighter stets auf dem neuesten technologischen Stand gehalten. Die neueste, P1E genannt, verbessert besonders die Strike-Fähigkeiten des Jägers. Aerodynamische Anpassungen werden die Agilität des Eurofighters weiter verbessern.
Hersteller: Eurofighter, München, Deutschland.

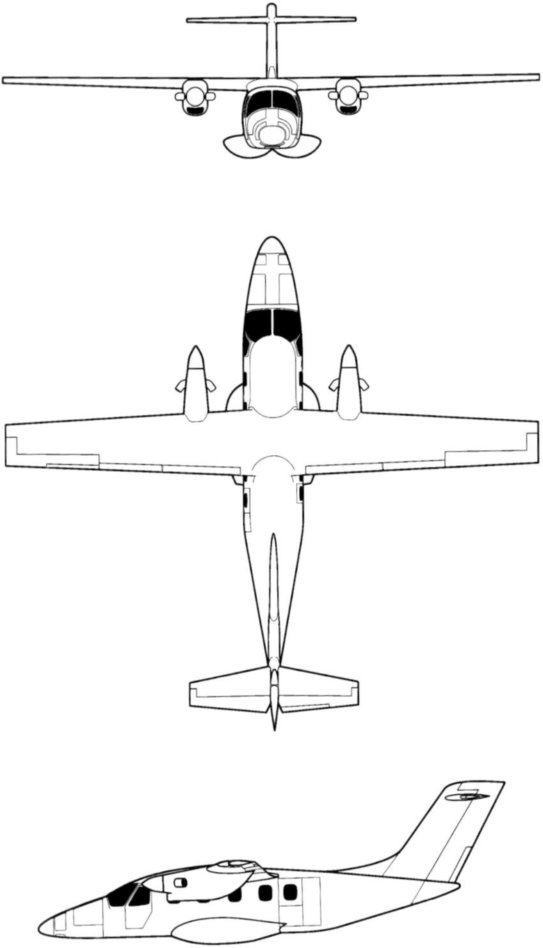

Abmessungen:
Spannweite 16,10 m
Länge 14,35 m
Höhe 4,66 m
Flügelfläche ca. 25,60 m².

EVEKTOR EV-55 OUTBACK

Ursprungsland: Tschechien.
Kategorie: Kurzstrecken-Verkehrsflugzeug und leichter Frachter.
Triebwerke: Zwei Propellerturbinen Pratt & Whitney Canada PT6A-21 von je 536 WPS (400 kW) Leistung.
Leistungen (nach Angaben des Herstellers): Max. Reisegeschwindigkeit 407 km/h; Anfangssteiggeschwindigkeit 8,50 m/Sek; Dienstgipfelhöhe 7300 m; max. Reichweite 2220 km.
Gewichte: Leergewicht 2626 kg; max. Startgewicht 4600 kg.
Zuladung: Zwei Mann Cockpitbesatzung und üblicherweise neun, max. 14 Passagiere. Max. Nutzlast als Frachter 1825 kg.
Entwicklungsstand: Ein erster Prototyp nahm mit etwas Verspätung auf dem Zeitplan die Flugerprobung im Juni 2011 auf. Zwei weitere Prototypen befinden sich im Bau, je einer in der militärischen (EV-55M) bzw. in der zivilen Ausführung. Aufgrund finanzieller Schwierigkeiten musste die Indienststellung auf 2017 verschoben werden. Vorerst ist eine Bestellung von vier Einheiten bekannt geworden. Für bis zu 50 EV-55 hat die chinesische Guangdong Longhao-Gruppe eine Option unterzeichnet.
Bemerkungen: Mit der EV-55 will der Hersteller einen Nachfolger für die immer noch in großer Zahl fliegenden Taxi-Flugzeuge der Klasse Antonow An-2, Cessna 402, Piper PA-31 Navajo usw. anbieten. Auf Einfachheit und Wirtschaftlichkeit wurde besonders Wert gelegt. So belaufe sich der Preis für eine Basisausführung auf nur US$ 1,9 Mio. Ausgelegt als Ganzmetall-Hochdecker kann die EV-55 auch von Graspisten aus starten und landen. Die Kabine ist für diese Klasse von Flugzeugen recht groß und weist folgende Innenmaße auf: Länge 4,48 m, Breite 1,61 m, Höhe 1,37 m. Um hohe Durchlaufzeiten zu erreichen, kann sie sehr schnell und einfach für die verschiedenen Einsatzzwecke umgerüstet werden. Eine zweiflüglige Doppeltür erleichtert dabei den Ein- und Auslad. Was die Avionik angeht, gelangen die heute üblichen Systeme zum Einbau. Die EV-55 ist sowohl für zivile wie auch militärische Aufgaben vorgesehen.
Hersteller: Evektor Aerotechnik, Beteiligung der Aspirasi Pertiwi, Malaysia, Kunovice, Tschechien; Werk voraussichtlich in Ulyanovsk, Russland.

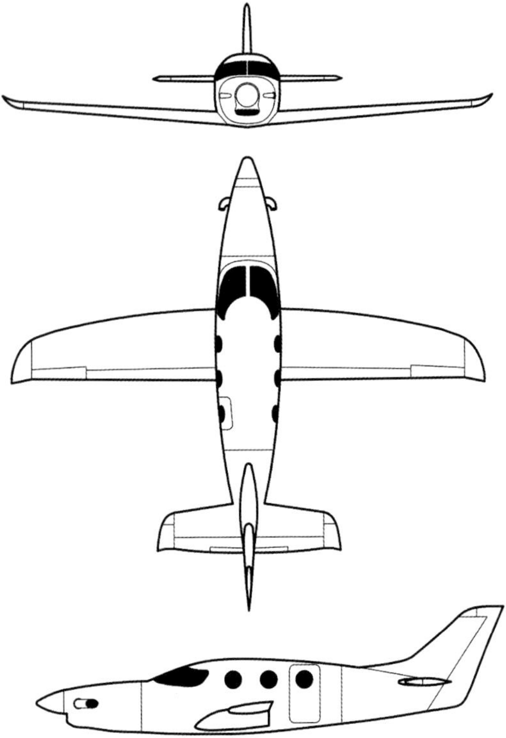

Abmessungen:
Spannweite 11,06 m
Länge 10,33 m
Höhe 3,57 m.

GENERAL AIR PRIMUS 150

Ursprungsland: Volksrepublik China.
Kategorie: Leichtes Mehrzweck- und Firmenflugzeug.
Triebwerke: Eine Propellerturbine Honeywell TPE331-10 von 900 WPS (687 kW) Leistung.
Leistungen (nach Angaben des Herstellers): Max. Reisegeschwindigkeit 652 km/h; Dienstgipfelhöhe 8530 m; max. Reichweite 2610 km.
Gewichte: Maximales Startgewicht 2495 kg.
Zuladung: Pilot und bis zu fünf Passagiere.
Entwicklungsstand: Nach längeren Verzögerungen soll ein erster Prototyp die Flugerprobung 2016 aufnehmen. Die Zulassung erwartet man für 2017. Weitere Details insbesondere über den Bestellungsstand sind noch nicht bekannt.
Bemerkungen: An der Airshow China im chinesischen Zhuhai im November 2012 wurde die Primus 150 als Attrappe vorgestellt. Dabei handelt es sich aber nicht um eine völlige Neuentwicklung, sondern sie basiert auf der Epic LT (siehe Ausgabe 2012). Dieses Unternehmen und die damit verbundenen Rechte wurden von General Air erworben. Im Gegensatz zur Epic LT, welche nur als Bausatz geliefert werden konnte, soll die Primus 150 einen normalen Produktionsprozess durchlaufen. Sie ist das erste von China lancierte General Aviation-Modell. Die Zelle besteht weitgehend aus Karbonfiber und die Kabine ist druckbelüftet. Dank des sehr leistungsfähigen Triebwerks und der sehr optimierten Aerodynamik soll die Primus 150 das schnellste Flugzeug seiner Klasse sein.
Hersteller: General Aircraft, eine Tochtergesellschaft der China Aviation Industry (CAIGA), Volksrepublik China.

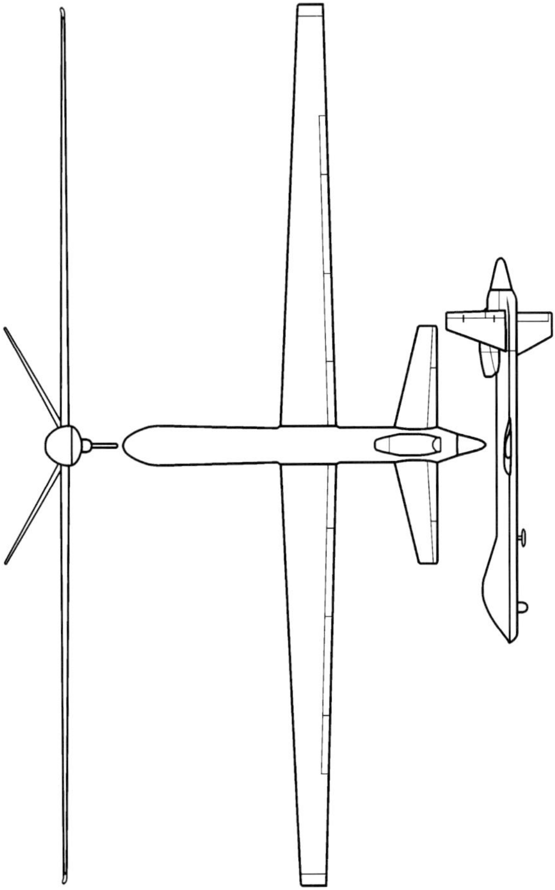

Abmessungen:
Spannweite 20,12 m
Länge 10,97 m
Höhe 3,56 m.

GENERAL ATOMICS MQ-9A REAPER

Ursprungsland: USA.
Kategorie: Unbemannte Drohne für Erdkampf, Aufklärungs- und ELINT-Aufgaben in großen Höhen.
Triebwerke: Eine Propellerturbine Honeywell TPE331-10T von 900 WPS (670 kW) Leistung.
Leistungen: Höchstgeschwindigkeit ca. 410 km/h; Dauergeschwindigkeit 370 km/h; Dienstgipfelhöhe über 15240 m; Reichweite 4000 km; max. Flugdauer mehr als 30 Std.
Gewichte: Leergewicht 2223 kg; max. Startgewicht 4763 kg, (Block 5) 5311 kg.
Zuladung/Bewaffnung: Aufklärungssysteme im Gesamtgewicht von intern 363 kg, extern 1361 kg. Es können aber auch beispielsweise bis zu zehn Hellfire-Panzerabwehrlenkwaffen oder sechs 225-kg-GPS-Bomben mitgeführt werden.
Entwicklungsstand: Im Februar 2001 startete ein Erprobungsträger zum Erstflug. 2002 bestellte die USAF zwei operationelle Prototypen (2005 abgeliefert). Insgesamt ist die Beschaffung von bis zu 346 Reapers geplant. Über die Hälfte davon ist bereits gebaut worden. Zehn Drohnen hat die RAF erhalten, Italien acht. Bei folgenden Ländern werden Reapers derzeit abgeliefert: Frankreich zwölf, Niederlande und die Türkei je vier. Zwei als Predator B bezeichnete Reapers erhielt die US Customs and Border Protection (CBP). Neuester Besteller: Spanien.
Bemerkungen: Das neue Triebwerk bietet gegenüber dem Ausgangsmuster RQ-1A Predator A (siehe Ausgabe 2006) in allen Bereichen wesentlich bessere Flugleistungen an. Zudem ist die Nutzlast deutlich höher, es können u.a. auch mehr Waffen mitgeführt werden. Der Flügel ist gegenüber dem Ausgangsmuster deutlich größer, der Rumpf dicker. Er kann dadurch mehr Treibstoff aufnehmen. Während die RQ-1 vorwiegend für Aufklärungsaufgaben vorgesehen ist, wird die MQ-9 vorab als Erdkämpfer/Aufklärer in besonderen Situationen eingesetzt. Dazu verfügt sie u.a. über ein synthetisches Breitband-Radar APY-8 Lynx mit hoher Auflösung. Unter der Bezeichnung Altair gibt es auch eine Ausführung für zivile Überwachungs- und Forschungsaufgaben. Die NASA setzt diese Weiterentwicklung der Reaper für Forschungsaufgaben in großen Höhen ein. Sie verfügt über einen verlängerten Flügel mit rund 26 m Spannweite und erreicht rund 15800 m Höhe. Das maximale Startgewicht beläuft sich auf 3266 kg. Seit Mai 2012 fliegt eine neue Block 5 mit erhöhtem Abfluggewicht, neuem Generator, aufdatierter Elektronik und überarbeitetem Fahrwerk.
Hersteller: General Atomics Aeronautical Systems Inc., San Diego, Werk Poway, Kalifornien, USA.

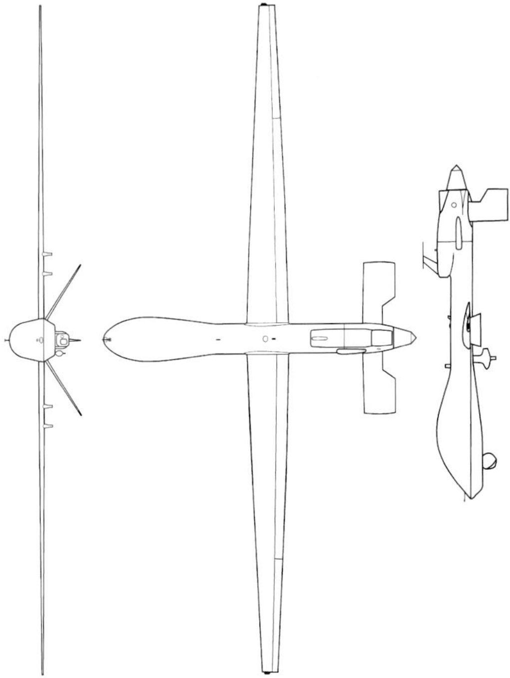

Abmessungen:
Spannweite 17,00 m
Länge 8,53 m
Höhe 2,10 m.

GENERAL ATOMICS MQ-1C GRAY EAGLE

Ursprungsland: USA.
Kategorie: Unbemannter Langstrecken-Aufklärer für mittlere Höhen.
Triebwerke: Ein Dieseltriebwerk Thielert Centurion mit Schubpropeller von 135 PS (100 kW) Leistung.
Leistungen: Patrouilliergeschwindigkeit 250 km/h; Dienstgipfelhöhe 8840 m; Aktionsradius 400 km; max. Flugdauer 36 Std.
Gewichte: Max. Startgewicht 1633 kg.
Zuladung: Aufklärungs- und Elektronikausrüstung bis zu einem Gewicht von 488 kg, davon 261 kg intern und 227 kg extern. Typischerweise umfasst die Ausrüstung ein Kamerasystem MTS-A EO/IR, ein SIGINT-Aufklärungsmodul sowie eine Kommunikationseinrichtung mit der Bodenstation.
Bewaffnung: Lenkwaffen AGM-114 Hellfire oder Viper Strike an vier Aufhängepunkten unter den Flügeln.
Entwicklungsstand: Der Prototyp nahm die Flugerprobung am 6. Juni 2007 auf. Hauptbestellerin ist die US Army, welche bis 2022 167 Gray Eagles und fünf Bodenstationen beschaffen will. Bis Ende 2015 waren rund 130 davon gebaut, zusammen mit den erforderlichen Bodenstationen. Erste Einsätze erfolgten 2009, die eigentliche Indienststellung Ende 2012.
Bemerkungen: Die Gray Eagle (früher als Warrior bezeichnet) ist ein typischer Vertreter der sog. MALE-UAV's (**M**edium **A**ltitude **L**ong **E**ndurance). Sie basiert auf der MQ-1 Predator (siehe Ausgabe 2006), weist jedoch einen Flügel mit größerer Spannweite und einen verlängerten Vorderrumpf auf. Damit kann sie größere Nutzlasten mitführen. An der Rumpfspitze ist ein synthetisches Breitbandradar von Northrop Grumman eingebaut. Unter den Flügeln besteht die Möglichkeit, Waffen mitzuführen. Erstmals kommt ein Dieselmotor in einer größeren Drohne zur Anwendung. Dieser lässt zu, sowohl Jet Fuel (Kerosen) wie auch Autodiesel zu verwenden. Das ganze System kann durch eine C-130 Hercules transportiert werden und ist zwei Stunden nach dem Ausladen einsatzbereit. Die Bodenstation hat in einem auf einem Normlastwagen beladbaren MTV S-280-Container Platz. Alle ab 2013 gebauten MQ-1C (Erstflug 27. Juli 2013) weisen u.a. folgende Verbesserungen auf: Neues 153 kW-Diesel-Triebwerk Lycoming DEL-120, 50% vergrößerte Treibstofftanks und damit auf gegen 50 Std. verlängerte Einsatzdauer, auf 1900 kg erhöhtes Abfluggewicht, 50% größere Nutzlast mit zusätzlichem Aufhängepunkt unter dem Rumpf.
Hersteller: General Atomics Aeronautical Systems Inc., San Diego, Werk Poway, Kalifornien, USA.

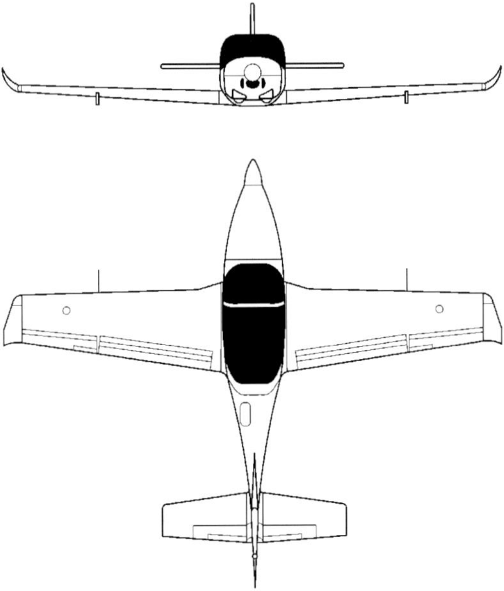

Abmessungen:
Spannweite 10,30 m
Länge 8,42 m
Höhe 2,72 m
Flügelfläche 13,30 m².

GROB G 120TP

Ursprungsland: Deutschland.
Kategorie: Basis-, Fortgeschrittenen- und Akrobatiktrainer.
Triebwerke: Eine Propellerturbine Rolls-Royce M250-B17F von 380 WPS (283 kW) Leistung.
Leistungen: Höchstgeschwindigkeit auf 3290 m 453 km/h; Reisegeschwindigkeit auf 3290 m 438 km/h; Anfangssteiggeschwindigkeit 14,1 m/Sek; Dienstgipfelhöhe 7620 m; Reichweite bei 75% Leistung 1074 km, bei 45% Leistung 1361 km; max. Flugdauer 6 Std.
Gewichte: Leergewicht 1095 kg; max. Startgewicht für Akrobatik 1520 kg, für Schulung 1590 kg.
Zuladung: Flugschüler und Instruktor; max. Nutzlast zwischen 320 und 410 kg.
Entwicklungsstand: Der Hersteller stellte diese neueste Ausführung der Grob G120-Familie Mitte 2010 vor. Bisher sind Aufträge u.a. von Argentinien 10 bis 12, Indonesien 18, Mexico 25, Myanmar 20 eingegangen. Mit den Auslieferungen an den Erstbesteller Indonesien begann man Ende 2012. Über 50 Einheiten sind mittlerweile abgeliefert.
Bemerkungen: Mit dieser Weiterentwicklung der Grob G120TP will Grob den gesamten Bereich von der Anfängerschulung über das Fortgeschrittenentraining bis hin zur Akrobatik abdecken. Dank der umfassenden Avionik und einem EFIS-Cockpit Serie Cockpit 400 von Esterline CMC Electronics eignet sich die G120TP auch für die Ausbildung im Instrumentenflug. Wie alle Grob-Leichtflugzeuge ist die Konstruktion weitgehend aus Karbonfiber-Verbundwerkstoff. Dieses Prinzip ermöglicht hohe Festigkeit, lange Lebensdauer der Zelle, minimales Gewicht und günstige Verbrauchswerte. Wie die G120A ist auch die G120TP mit einem Einziehfahrwerk ausgerüstet. Dank der Propellerturbine mit Fünfblattrotor sind alle Leistungsparameter mit Ausnahme der Reichweite deutlich verbessert worden. Optional kann auch ein Schleudersitz Martin Baker Mk.17 eingebaut werden. Die G120TP ist voll kunstflugtauglich und kann Belastungen bis zu +6/-4g aushalten. Eine etwas schwerere Variante G120TP-X befindet sich in der Entwicklung, ausgerüstet mit einem leistungsfähigeren Triebwerk und verstärkten Flügeln, an denen bis zu vier Waffenstationen angebracht werden können.
Hersteller: Grob Luft- und Raumfahrt GmbH & Co. KG., Tussenhausen-Mattsies, Deutschland.

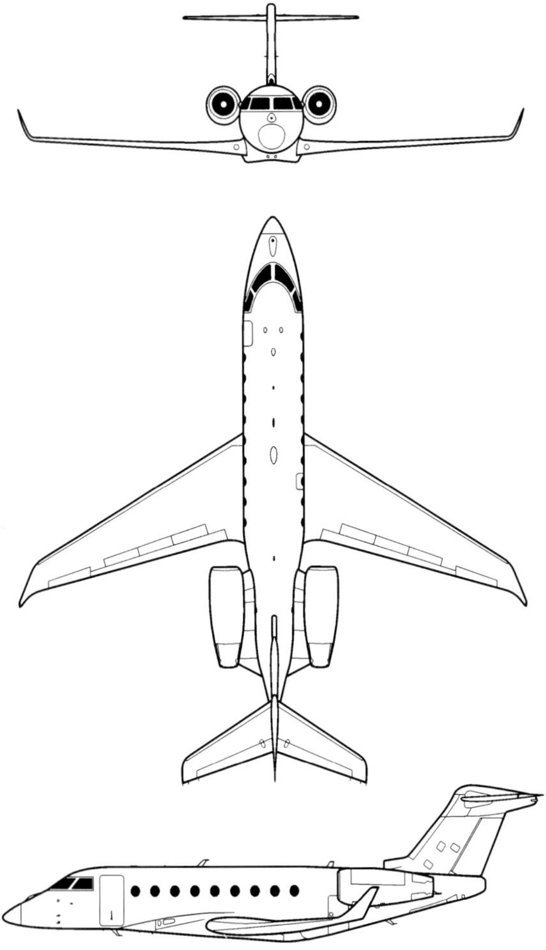

Abmessungen:
Spannweite 19,20 m
Länge 20,37 m
Höhe 6,53 m
Flügelfläche 46,00 m².

GULFSTREAM G280

Ursprungsland: Israel/USA.
Kategorie: Firmenflugzeug.
Triebwerke: Zwei Mantelstromtriebwerke Honeywell HTF7250G von je 3735 kp (33,90 kN) Standschub.
Leistungen: Höchstgeschwindigkeit Mach 0,85; max. Reisegeschwindigkeit 893 km/h oder Mach 0,84; Langstrecken-Reisegeschwindigkeit 850 km/h oder Mach 0,80; Dienstgipfelhöhe 13716 m; Reichweite mit vier Passagieren und IFR-Reserven 6667 km.
Gewichte: Rüstgewicht 12791 kg; max. Startgewicht 17960 kg.
Zuladung: Zwei Piloten und normalerweise acht bis zehn Passagiere in Komfortausführung oder bis zu 18 Personen in enger Dreierbestuhlung mit Mittelgang; Nutzlast mit max. Treibstoffzuladung 454 kg; max. Nutzlast 1905 kg.
Entwicklungsstand: Die noch als G250 bezeichnete G280 nahm die Flugerprobung am 11. Dezember 2009 auf. Zwei weitere Prototypen wurden gebaut. Mit der ersten Auslieferung an Kunden begann man im November 2012. Bis Ende 2015 sind etwa 60 Einheiten gebaut worden.
Bemerkungen: Die G280 basiert auf der Gulfstream G200. Der Rumpf bleibt gleich und gehört mit einer Länge von 9,83 m, einer Breite von 2,18 m und einer Höhe von 1,91 m zu den Klassenbesten. Durch Weglassen des Treibstofftanks im Heck erhöht sich das Innenvolumen. Gegenüber der G200 besitzt die G280 einen vollständig neuen Flügel größerer Spannweite mit Winglets, ein neues Cockpit PlaneView 250, überarbeitete Avionik von Rockwell Collins und stärkere Triebwerke. Als Option ist auch ein Collins HGS-6250 Head-Up-Display erhältlich. Bei größerer Wirtschaftlichkeit weist die G280 deutlich bessere Flugleistungen auf. Der Hersteller nennt derzeit einen Basispreis von US$ 24,5 Mio. Die G280 wird vollständig, aber ohne kundenspezifische Inneneinrichtung bei IAI gebaut. Der Innenausbau erfolgt dann bei Gulfstream.
Hersteller: Gulfstream Aerospace Corp., Savannah, Georgia, USA, Werk Israel Aircraft Industries Ltd., Ben-Gurion International Airport, Israel.

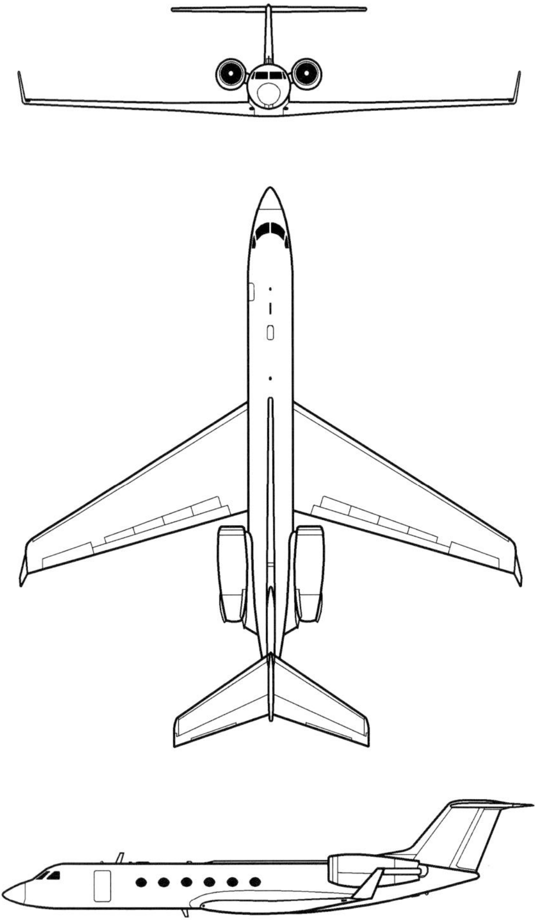

Abmessungen:
Spannweite 23,72 m
Länge 27,23 m
Höhe 7,67 m
Flügelfläche 88,29 m².

GULFSTREAM AEROSPACE GULFSTREAM G450

Ursprungsland: USA.
Kategorie: Mittel- bis Langstreckenfirmenflugzeug.
Triebwerke: Zwei Mantelstromtriebwerke Rolls-Royce Tay 611-8C von je 6282 kp (61,60 kN) Standschub.
Leistungen: Max. Reisegeschwindigkeit Mach 0,85; Langstrecken-Reisegeschwindigkeit 850 km/h (Mach 0,80); Dienstgipfelhöhe 13715 m; Reichweite mit acht Passagieren bei Mach 0,80 8056 km.
Gewichte: Rüstgewicht 19504 kg; max. Startgewicht 33838 kg.
Zuladung: Zwei Piloten im Cockpit und je nach Innenausstattung 12, 14 oder bis 19/18 Passagiere; Nutzlast bei vollen Tanks 1134 kg, max. 2722 kg.
Entwicklungsstand: Die G450 absolvierte den Erstflug am 30. April 2003. Diese Variante ist seit zweitem Quartal 2005 erhältlich. Sie wird bis auf weiteres produziert.
Bemerkungen: Die Gulfstream-Familie wird konsequent weiter entwickelt. Im Cockpit ist eine neue PlaneViewTM-Avionik eingebaut. Die Arbeit der Piloten wird durch ein sog. **E**nhanced **V**ision **S**ystem (EVS) und ein Head-Up-Display erleichtert. Gegenüber dem Vorgängermuster ist zudem die Inneneinrichtung überarbeitet und die Druckkabine verbessert. Dank eines 7-Kanal Satellitenkommunikations-Systems von Honeywell sind umfangreiche Online-Services jederzeit verfügbar. Die Maße der Kabine betragen: Länge 13,74 m, Breite 2,24 m, Höhe 1.88 m. Für eine Basisausführung verlangt der Hersteller rund US$ 40 Mio. FlexJet bestellte exklusiv eine Variante G450LXi mit einer eigens entwickelten Inneneinrichtung. Der Auftrag umfasst vorläufig zehn Einheiten.
Hersteller: Gulfstream Aerospace Corp. (Tochterfirma von General Dynamics), Savannah, Georgia, USA.

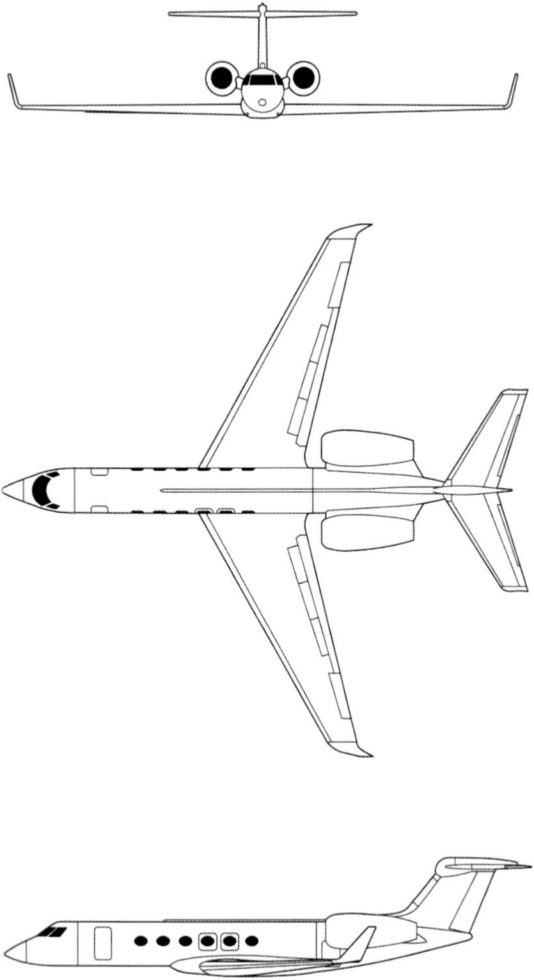

Abmessungen:
Spannweite 26,55 m
Länge 27,78
Höhe 7,78 m

GULFSTREAM AEROSPACE GULFSTREAM G500

Ursprungsland: USA.
Kategorie: Mittel- bis Langstreckenfirmenflugzeug.
Triebwerke: Zwei Mantelstromtriebwerke Pratt & Whitney Canada PW814GA von 6869 kp (67,36 kN) Standschub.
Leistungen (nach Angaben des Herstellers): Höchstgeschwindigkeit Mach 0,925; Langstrecken-Reisegeschwindigkeit 904 km/h (Mach 0,85); Dienstgipfelhöhe 15545 m; Reichweite mit acht Passagieren bei Mach 0,85 9250 km.
Gewichte: Rüstgewicht 21137 kg; max. Startgewicht 34859 kg.
Zuladung: Zwei Piloten im Cockpit und je nach Innenausstattung 12, 14 oder bei dichter Bestuhlung bis zu 19 Passagiere; Nutzlast bei vollen Tanks 816 kg, max. 2495 kg.
Entwicklungsstand: Im Oktober 2014 präsentierte der Hersteller überraschend die Gulfstream G500. Ein erster Prototyp begann die Flugerprobung am 18. Mai 2015. Mittlerweile fliegen drei G500. Die Zulassung wird für 2017 erwartet. Qatar Airways und Flexjet haben bereits Bestellungen aufgegeben.
Bemerkungen: Bei der G500 und der G600 (siehe Seiten 192/193) handelt es sich um vollständige Neuentwicklungen, selbst wenn äußerlich gewisse Ähnlichkeiten zur G650 (siehe Seiten 194/195) bestehen. Der Flügel ist nach neuesten aerodynamischen Erkenntnissen optimiert. Im Cockpit kommt die Avionik von Honeywell SymmetryTM mit zehn integrierten Touchscreens zum Einbau. Gesteuert wird die G500 mit Sidesticks. Ein sog. **E**nhanced **V**ision **S**ystem (EVS) neuester Generation erleichtert dem Piloten die Sicht bei ungünstiger Wetterlage. Dieses EVS ist zudem mit einem Head-Up-Display verbunden. Die Kabine wurde vollständig neu konzipiert. Der Kabinendurchmesser ist mit einer Breite von 2,41 m und einer Höhe von 1,93 m nur wenig kleiner als bei der G650, jedoch deutlich größer wie bei der G450/550. Die Innenlänge beträgt 12,65 m. Eine G500 soll für US$ 43,5 Mio. angeboten werden.
Hersteller: Gulfstream Aerospace Corp. (Tochterfirma von General Dynamics), Savannah, Georgia, USA.

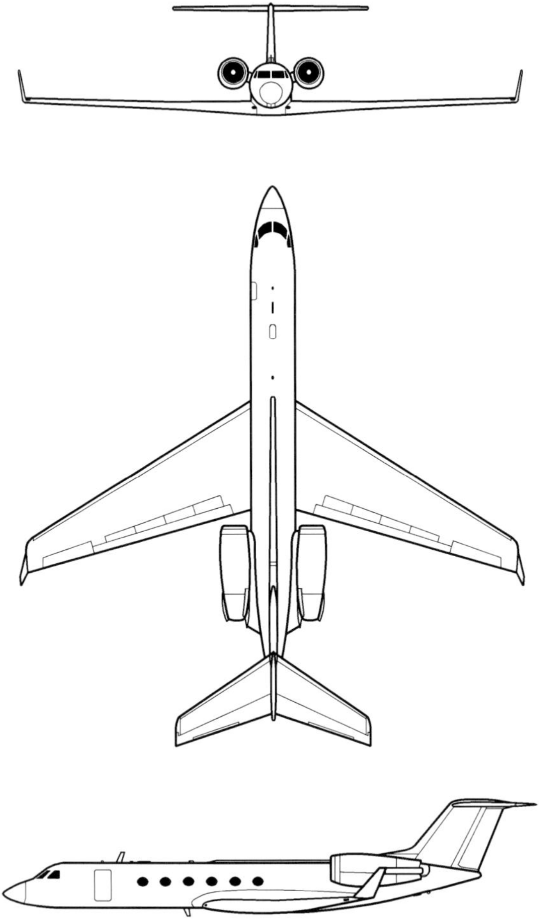

Abmessungen:
Spannweite 28,50 m
Länge 29,40 m
Höhe 7,90 m
Flügelfläche 105,63 m^2.

GULFSTREAM AEROSPACE GULFSTREAM G550

Ursprungsland: USA.
Kategorie: Langstrecken-Firmenflugzeug.
Triebwerke: Zwei Mantelstromtriebwerke BMW/Rolls-Royce BR 710 von je 6980 kp (68,4 kN) Standschub.
Leistungen: Max. Reisegeschwindigkeit Mach 0,885 (Mach 0,9); Langstrecken-Reisegeschwindigkeit 851 km/h; Anfangssteiggeschwindigkeit 21,3 m/Sek; Dienstgipfelhöhe 15545 m; Reichweite mit max. Treibstoffzuladung, acht Passagieren und IFR-Reserven 12500 km.
Gewichte: Rüstgewicht 21919 kg; max. Startgewicht 41277 kg.
Zuladung: Zwei Piloten im Cockpit und normalerweise 13 bis 15, max. 19 Passagiere. Nutzlast bei vollen Tanks 816 kg, max. 2950 kg.
Entwicklungsstand: Die Variante G550 startete am 18. Juli 2002 zum Erstflug. Jährlich werden etwa 30 Maschinen gebaut. Mehrere Staaten setzen dieses Muster als Staatsflugzeug ein. G450/G500/G550/G600 sollen weiterhin parallel hergestellt werden.
Bemerkungen: Die G550 ist eine nochmals verbesserte Ausführung der G500 (siehe frühere Ausgaben) mit einer Reichweitenleistung von 12500 km und leistungsstärkeren Triebwerken. Zudem verfügt sie über ein »Plane View«-Cockpit bestehend aus vier Honeywell DU-1310 EFIS Screens, einem von Gulfstream entwickelten Cursor Control System und einem Head-Up-Display. Seit 2011 ist die verbesserte Inneneinrichtung »Elite« erhältlich. Abgeleitet von der G550 wird eine militärische CAEW-Version (**C**ompact **A**irborne **E**arly **W**arning) gebaut. Als Radarfrühwarner ist diese Version mit einem Radar Elta EL/W-2085 Phalcon im Rumpf ausgerüstet. Zudem sind vier fest montierte Antennen vorne, hinten und seitlich am Rumpf angebracht. Damit wird eine 360°-Abdeckung erreicht. Israel, Singapur und neu Italien haben diese Ausführung beschafft.
Hersteller: Gulfstream Aerospace Corp. (Tochterfirma von General Dynamics), Savannah, Georgia, USA.

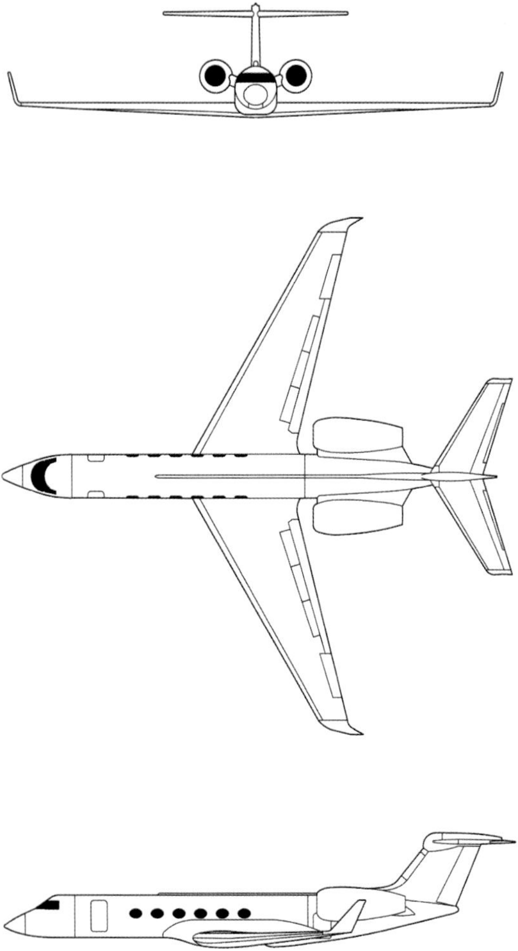

Abmessungen:
Spannweite 28,95 m
Länge 29,26 m
Höhe 7,70 m
Flügelfläche ? m².

GULFSTREAM AEROSPACE GULFSTREAM G600

Ursprungsland: USA.
Kategorie: Langstrecken-Firmenflugzeug.
Triebwerke: Zwei Mantelstromtriebwerke Pratt & Whitney PW815GA von je 7112 kp (69,74 kN) Standschub.
Leistungen (nach Angaben des Herstellers): Max. Reisegeschwindigkeit Mach 0,885 (Mach 0,9); Langstrecken-Reisegeschwindigkeit Mach 0,85; Dienstgipfelhöhe 15545 m; Reichweite mit max. Treibstoffzuladung, acht Passagieren und IFR-Reserven 11480 km.
Gewichte: Rüstgewicht 23332 kg; max. Startgewicht 41540 kg.
Zuladung: Zwei Piloten im Cockpit und normalerweise 13 bis 15, max. 19 Passagiere. Nutzlast bei vollen Tanks 816 kg, max. 2720 kg.
Entwicklungsstand: Die G600 wurde im Oktober 2014 vom Hersteller vorgestellt. Sie soll erstmals Ende 2016 fliegen. Die Auftragslage ist nicht bekannt. Bekannt ist bisher einzig die Bestellung durch Qatar Executive. Mit den Ablieferungen soll 2019 begonnen werden.
Bemerkungen: In der Grundkonzeption ist die neu lancierte G600 gleich der G500 (siehe Seiten 188/189), jedoch in den Abmessungen leicht größer. Zudem erzielt die G600 bessere Reichweiten und verfügt über eine leistungsfähigere Triebwerkversion. Der Flügel ist nach neuesten aerodynamischen Erkenntnissen optimiert. Im Cockpit kommt analog zur G500 die Avionik von Honeywell SymmetryTM mit zehn integrierten Touchscreens zum Einbau. Gesteuert wird die G600 mit Sidesticks. Ein sog. **E**nhanced **V**ision **S**ystem (EVS) neuester Generation erleichtert dem Piloten die Sicht bei ungünstiger Wetterlage. Dieses EVS ist zudem mit einem Head-Up-Display verbunden. Die Kabine wurde vollständig neu konzipiert. Die Innenlänge des Rumpfes beträgt jedoch 13,77 m, der Querschnitt ist gleich wie bei der G500. Als Verkaufspreis gibt der Hersteller US$ 54,5 Mio. an.
Hersteller: Gulfstream Aerospace Corp. (Tochterfirma von General Dynamics), Savannah, Georgia, USA.

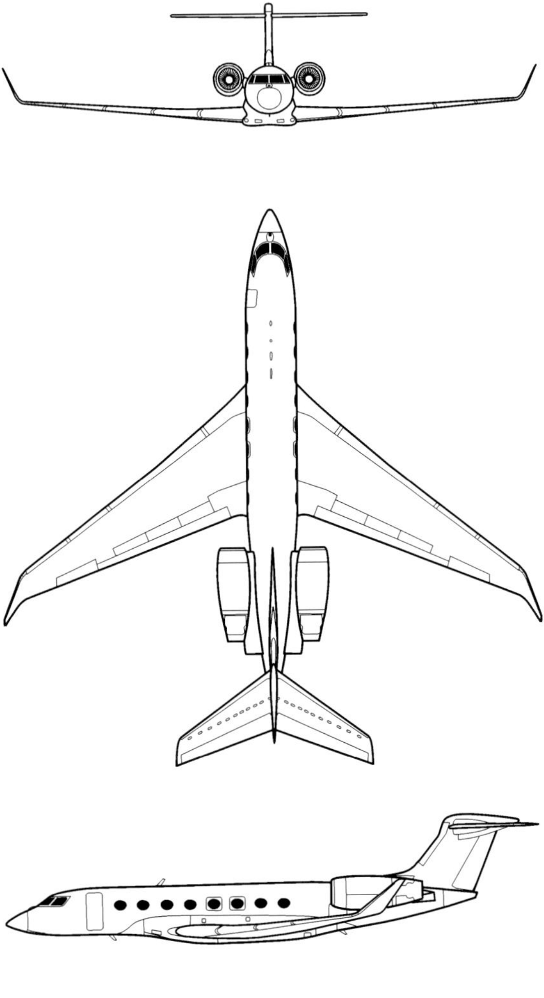

Abmessungen:
Spannweite 30,36 m
Länge 30,41 m
Höhe 7,82 m
Flügelfläche 119,20 m².

GULFSTREAM AEROSPACE GULFSTREAM G650/G650ER

Ursprungsland: USA.
Kategorie: Langstrecken-Firmenflugzeug.
Triebwerke: Zwei Mantelstromtriebwerke BMW/Rolls Royce BR725 A1-12 von je 7300 kp (71,60 kN) Standschub.
Leistungen: Max. Reisegeschwindigkeit Mach 0,925; normale Reisegeschwindigkeit 956 km/h (Mach 0,90), Langstrecken-Reisegeschwindigkeit 904 km/h (Mach 0,85); Dienstgipfelhöhe 15550 m; max. Reichweite mit vier Besatzungsmitgliedern und acht Passagieren 12964 km, (G650ER) 13890 km.
Gewichte: Rüstgewicht 24494 kg; max. Startgewicht 45178 kg, (G650ER) 47000 kg.
Zuladung: Zwei Piloten im Cockpit und normalerweise acht Passagiere. Maximal können 18 Personen mitfliegen. Nutzlast bei vollen Tanks 816 kg, max. Nutzlast 2948 kg.
Entwicklungsstand: Der Erstflug des Prototyps G650 erfolgte am 25. November 2009, jener der ersten Serienmaschine am 6. Juni 2010. Mit den Auslieferungen begann man Ende 2012. Über 200 G650 sind bereits bestellt, die Jahresproduktion beträgt derzeit rund 30 Maschinen. Die ersten G650ER sind im Dezember 2014 an die Kunden übergeben worden. Ende 2015 flogen bereits rund 130 Maschinen.
Bemerkungen: Beim Gulfstream-Spitzenmodell G650 handelt es sich um eine vollständige Neukonstruktion. Es zeichnet sich vor allem durch eine sehr großzügige, 16,33 m lange Kabine mit einer Innenhöhe von 1,95 m und einer Breite von 2,59 m aus. Mit einer Reisegeschwindigkeit von Mach 0,925 ist die G650 im steten Wettbewerb mit der Cessna Citation X+ (siehe Seiten 120/121) um das aktuell schnellste Firmenflugzeug der Welt. Bei einem Testflug erreichte ein Prototyp sogar die Höchstgeschwindigkeit von Mach 0,995. Die neueste BR725-Turbofan-Ausführung mit digitaler Steuerung (FADEC) und 24 Schaufeln in Sichelform verspricht einen geringen Verbrauch bei tiefen Emissionswerten. Erstmals bei einem Businessflugzeug erfolgt die Flugsteuerung durch ein Fly-By-Wire-System. Das Cockpit Planeview II umfasst u.a. Synthetic Vision-Displays, Head-Up-Display, 3-D-Wetterradar und das neueste Flight Control-System. 2014 lancierte der Hersteller die G650ER, die dank eines Zusatztanks noch größere Strecken zurücklegen kann. Der Kaufpreis für die Basisausführung liegt bei US$ 64,5 Mio., jener der G650ER bei US$ 66,5 Mio.
Hersteller: Gulfstream Aerospace Corp., Savannah, Georgia, USA.

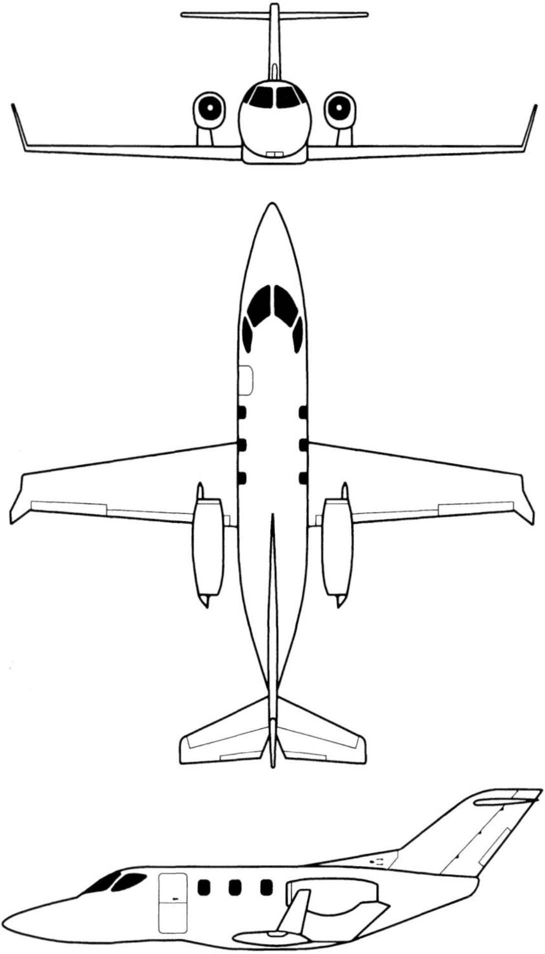

Abmessungen:
Spannweite 12,12 m
Länge 12,99 m
Höhe 4,54 m
Flügelfläche ca. 17,50 m².

HONDA AIRCRAFT HA-420 HONDAJET

Ursprungsland: Japan/USA.
Kategorie: Leichtes Firmenflugzeug.
Triebwerke: Zwei Mantelstromtriebwerke (Prototyp) GE Honda HF118 von je 757 kp (7,42 kN) bzw. (Serienmaschinen) HF120 von je 930 kp (9,11 kN) Standschub.
Leistungen (nach Angaben des Herstellers): Max. Reisegeschwindigkeit 780 km/h auf 9150 m; max. Steiggeschwindigkeit 20,3 m/Sek; Dienstgipfelhöhe 13100 m; Reichweite mit maximaler Nutzlast 2185 km, max. Reichweite unter VFR-Bedingungen 2590 km.
Gewichte: Max. Startgewicht 4173 kg.
Zuladung: Zwei Piloten bzw. ein Pilot/Passagier im Cockpit und vier Personen im Passagierraum.
Entwicklungsstand: Am 16. Dezember 2003 startete ein Erprobungsträger zum Erstflug. Der erste von drei eigentlichen Prototypen fliegt nach längerer Verzögerung seit November 2011. Das erste Serienflugzeug startete am 27. Juni 2014 zum Erstflug. Mit zehnjähriger Verzögerung sind nun die Kundenauslieferungen im Dezember 2015 angelaufen. Über 100 HondaJets wurden bisher bestellt. Der Hersteller will ab 2016 jährlich 50 Einheiten bauen.
Bemerkungen: Mit der Vorstellung eines leichten Businessjets gelang Honda eine große Überraschung. Die als Auto- und Motorradhersteller bekannte Firma macht mit diesem Typ den ersten Schritt in die Luftfahrt. Einzigartig ist, dass Flugzeug wie Triebwerk vom gleichen Hersteller stammen. Der Rumpf ist eine kompakte und leichte Konstruktion aus Verbundwerkstoffen und soll die größten Platzverhältnisse seiner Klasse aufweisen. Die Flügelstruktur wurde aus einem einzigen Aluminumblock gefräst und weist dank eines Laminarprofils beste aerodynamische Werte auf. Ungewöhnlich ist die Anordnung der Triebwerke über den Flügeln. So erspart man sich teure und schwere Aufhängevorrichtungen am Rumpf. Alle diese Maßnahmen und das innovative Triebwerk lassen gegenüber einem konventionellen Muster Verbrauchsreduktionen von 40% erzielen. Das Cockpit ist neu mit einem Avionik-Set Garmin G3000 ausgerüstet. Der Verkaufspreis beläuft sich auf US$ 4,5 Mio. Honda prüft derzeit eine Variante mit nur einem Triebwerk zu entwickeln.
Hersteller: Honda Motor Co. Ltd., Honda Aircraft Corp., Werk Greensboro, North Carolina, USA und Tokyo, Japan.

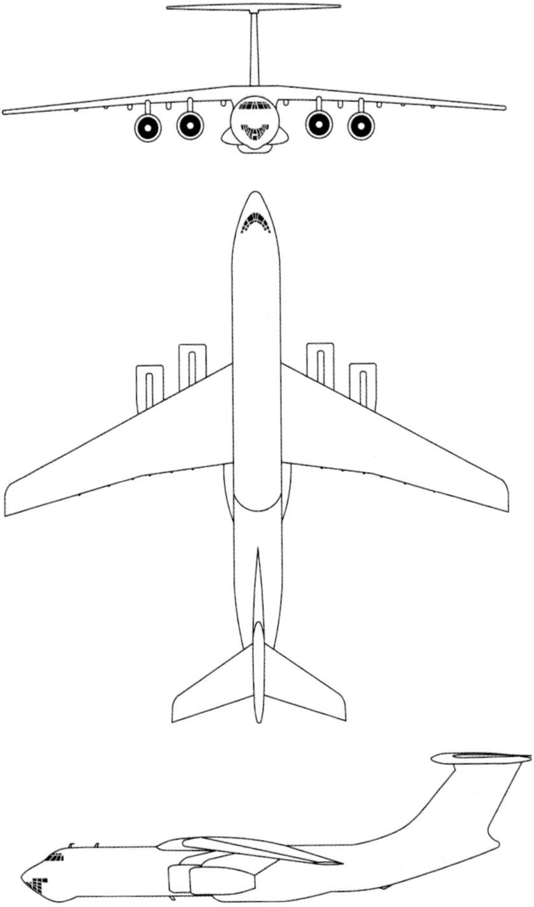

Abmessungen:
Spannweite 50,50 m
Länge 46,59 m
Höhe 14,76 m
Flügelfläche 300 m^2.

ILJUSCHIN IL-76MD-90A

Ursprungsland: Russland.
Kategorie: Schwerer militärischer und ziviler Mittel- und Langstreckentransporter.
Triebwerke: Vier Mantelstromtriebwerke Aviadvigatel/Perm PS-90A-76 von je 16000 kp (157,8 kN) Standschub.
Leistungen: Höchstgeschwindigkeit 850 km/h auf 10000 m; max. Reisegeschwindigkeit 825 km/h; Anfangssteiggeschwindigkeit 9,0 m/Sek; Dienstgipfelhöhe 15500 m; Reichweite mit einer Nutzlast von 40000 kg 6500 km, bei 60000 kg 4000 km, maximal 9700 km.
Gewichte: Leergewicht 89000 kg; max. Startgewicht 210000 kg.
Zuladung: Zwei Mann Cockpitbesatzung, zusätzlich ein bis zwei Lademeister und auf zwei Decks bis zu 225 Soldaten oder bis 114 liegende Patienten. Max. Nutzlast 60000 kg.
Entwicklungsstand: Der Prototyp der neuesten Version Il-476 hat den Erstflug am 22. September 2012 absolviert, ein erstes Serienexemplar folgte im Dezember 2014. Die Luftwaffe Russlands hat bei einem Gesamtbedarf von 100 Einheiten bisher 39 neu als Il-76MD-90A bezeichnete Transporter bestellt, die zwischen 2014 und 2020 abzuliefern sind. Ab 2015 können auch zivile Nutzer diesen Typ bestellen. Von der Tankerversion will die Russische Luftwaffe bis zu 38 Einheiten beschaffen.
Bemerkungen: Mit der Il-76MD-90A (früher Il-476 genannt) wurde eine in wesentlichen Teilen überarbeitete Weiterentwicklung lanciert. So weist sie einen neuen Flügel mit besseren aerodynamischen Eigenschaften auf. Eingebaut wurden deutlich leistungsgesteigerte und modernere PS90A-Triebwerke. Zudem sind Avionik und weitere Bordsysteme durch neue, voll digitalisierte Versionen ersetzt worden. Das Fahrwerk ist wegen dem erhöhten Abfluggewicht verstärkt. Die Il-76MD-90A erzielt eine Treibstoffersparnis von rund 17%, was zu einer Erhöhung der Reichweite von 27% führt. Auch die Nutzlast ist deutlich erhöht. Geplant ist, von der Il-76MD-90A sowohl eine Tankerausführung als auch eine AEW&C-Version A-100 »Premier« abzuleiten.
Hersteller: Iljuschin Design Bureau, Moskau, Werk Aviastar, Ulyanovsk, Russland.

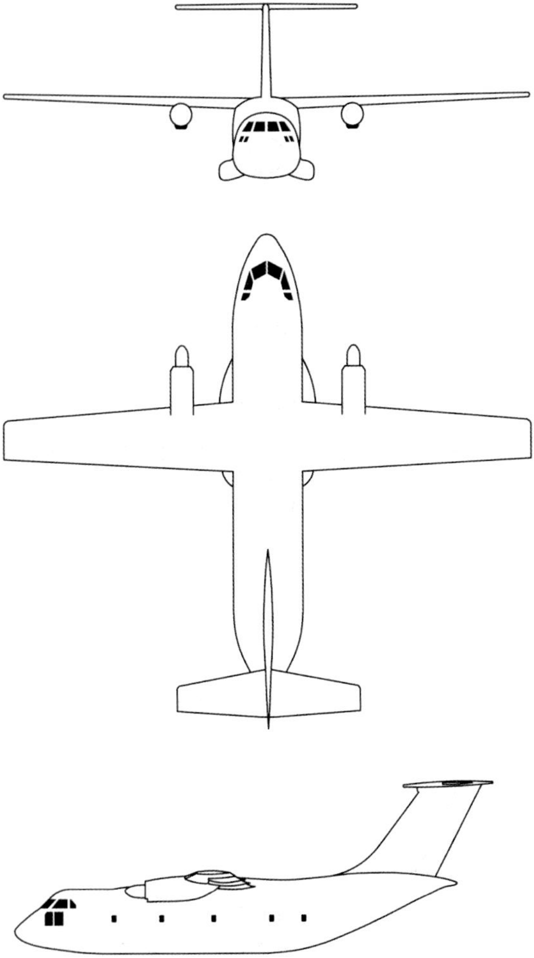

Abmessungen:
Spannweite 25,74 m
Länge 23,14 m
Höhe 8,87 m
Flügelfläche 300?? m².

Iljuschin Il-112V

Ursprungsland: Russland.
Kategorie: Militärischer Mehrzweck- und STOL-Transporter.
Triebwerke: Zwei Propellerturbinen Klimow TV7-117ST von je 2800 WPS (2100 kW) Leistung.
Leistungen (nach Angaben des Herstellers): Normale Reisegeschwindigkeit 550 bis 580 km/h; Dienstgipfelhöhe 9000 m; Reichweite mit 2000 kg Nutzlast 5000 km, mit max. Nutzlast 1000 km.
Gewichte: Max. Startgewicht 20000 kg.
Zuladung: Zwei Mann Cockpitbesatzung und voraussichtlich etwa 50 voll ausgerüstete Soldaten, als Frachter Nutzlast 6000 kg.
Entwicklungsstand: Nach langen Verzögerungen soll nun ein erster von zwei Prototypen Ende 2016 oder spätestens Anfang 2017 die Flugerprobung aufnehmen. Für die Russische Luftwaffe sind je nach Quelle zwischen 35 und 70 Einheiten vorgesehen, die ab 2018 zu liefern sind. Diese sollen die mittlerweile sehr alten Antonow An-26 ersetzen.
Bemerkungen: In Größe und Auslegung ist die Neuentwicklung Il-112V mit der Alenia Aermacchi C-27J (siehe Seiten 50/51) vergleichbar. Nach langem Hin und Her wurde nun definitiv entschieden, die Il-112V fertig zu entwickeln und in die Serienfertigung zu gehen. Sie soll für vielfältige militärische Aufgaben eingesetzt werden, ist dazu sehr robust konzipiert und in der Lage, im harten russischen Winter einsatzfähig zu bleiben. Die Konfiguration weist die für Militärtransporter typische Auslegung auf. Der Frachtraum soll 8,40 m lang, 2,45 m breit und 2,40 m hoch werden. Einige Elemente werden vom Verkehrsflugzeug Iljuschin Il-114 (siehe Ausgabe 2007) übernommen. Das Cockpit verfügt über eine EFIS-Avionik mit den heute üblichen LCD-Monitoren. Eventuell wird sich Indien an der Entwicklung der Il-112V beteiligen.
Hersteller: Iljuschin Aviation Complex, Herstellung bei Voronezh Aircraft Production Association, Voronezh, Russland.

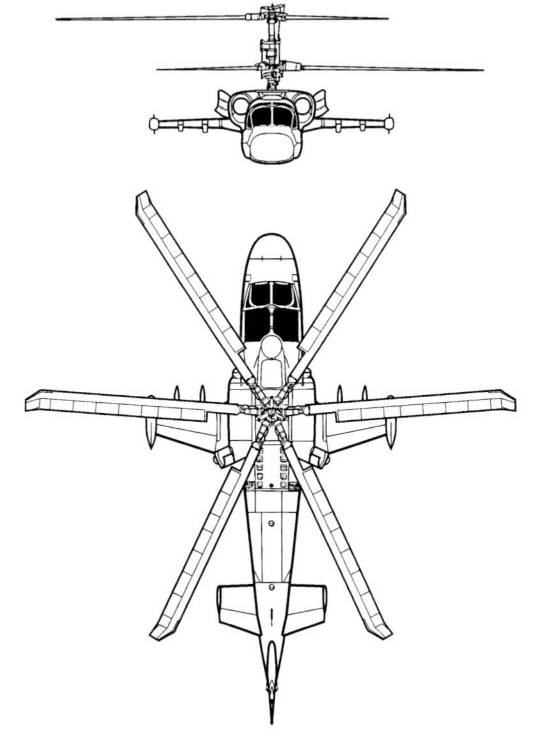

Abmessungen:
Rotordurchmesser 14,50 m
Rumpflänge bei drehenden Rotoren 15,96 m
Höhe über Rotorkopf 4,93 m.

KAMOW KA-52 ALLIGATOR

Ursprungsland: Russland.
Kategorie: Zweisitziger Kampfhubschrauber mit Sitzen nebeneinander.
Triebwerke: Zwei Gasturbinen TV3-117VMA-SB3 von je 2500 WPS (1864 kW) Leistung.
Leistungen: Höchstgeschwindigkeit in einem Bahnneigungsflug 350 km/h; max. Dauergeschwindigkeit 310 km/h; max. Schrägsteiggeschwindigkeit 8 m/Sek; Dienstgipfelhöhe 5500 m; Schwebehöhe ohne Bodeneffekt 3600 m; Einsatzradius 250 km; Reichweite 460 km; Überführungsreichweite 1160 km.
Gewichte: Leergewicht 7800 kg; max. Startgewicht 10400 kg.
Bewaffnung: Eine einläufige 30-mm-Kanone Shipunow 2A42 an der rechten Rumpfseite und beispielsweise bis zu 16 Panzerabwehrlenkwaffen oder ungelenkte 80 x 80-mm- bzw. 20 x 130-mm-Raketen an vier Pylonen unter den beiden Stummelflügeln; max. Nutzlast 2300 kg.
Entwicklungsstand: Die Ka-52 fliegt seit 25. Juli 1997. Nach dem Bau von einigen Prototypen und Vorserienhubschraubern ist die Serienproduktion 2010 angelaufen. Die Einsatzbereitschaft bei den Streitkräften Russlands wurde im Mai 2011 erklärt. Neu sollen bis 2020 insgesamt 167 Ka-52 beschafft werden, Ende 2015 waren rund 70 davon ausgeliefert. Im März 2015 folgte die Marineausführung Ka-52K. 32 Hubschrauber dieser Version beschafft die Marine Russlands. Weitere 46 erhält die Ägyptische Luftwaffe.
Bemerkungen: Die Ka-52 dient primär für Luftnahunterstützungs-Aufgaben, in zweiter Linie auch für Luftkampfeinsätze. Übernommen wurde vom Alligator die Grundkonzeption aller Kamow-Hubschrauber, der koaxiale, gegenläufige Doppelrotor. Cockpit, Triebwerke, Rotoren und Getriebe sind so gepanzert, dass sie einer Beschießung mit 20-mm-Geschossen standhalten können. Sehr ungewöhnlich ist die Ausrüstung der Ka-52 mit Schleudersitzen KA-37-800. Vor dem Ausstieg werden die Koaxialrotoren abgesprengt. Beide Besatzungsmitglieder können gleichzeitig herausgeschleudert werden. Die Ka-52 ist für Nacht- und Allwettereinsätze konzipiert und verfügt über eine entsprechende Avionik Argument-52. Im Cockpit sind vier Multifunktionsscreens eingebaut. Einige Funktionen kann der Pilot via Helmsteuerungssystem bedienen. Die Marineversion Ka-52K erhält ein überarbeitetes Kampfradar Zhuk-A, faltbare Rotoren und die Ausrüstung, um Antischiffs-Lenkwaffen mitführen zu können.
Hersteller: OKB Nikolai I. Kamow, Werk Arsenyew, Moskau, Russland.

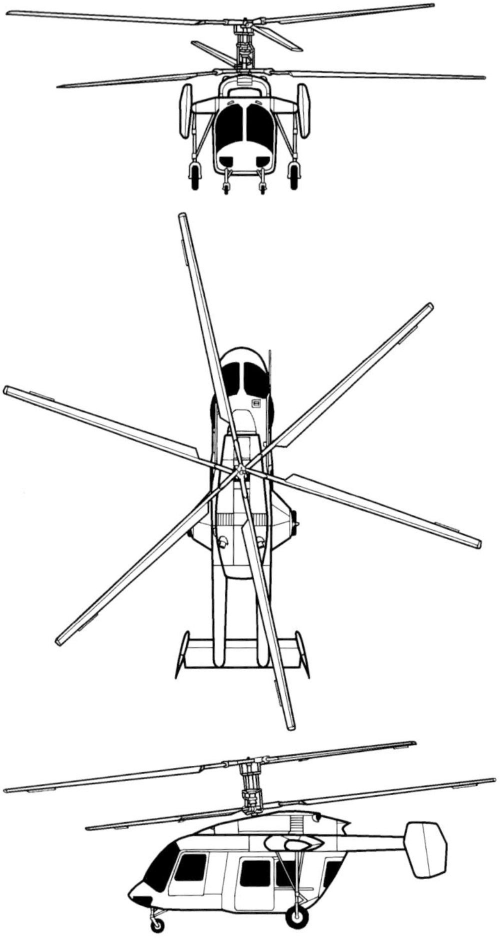

Abmessungen:
Rotordurchmesser (jeder einzelne) 13,00 m
Rumpflänge 8,10 m
Höhe inkl. Rotorkopf 4,25 m.

KAMOW KA-226/-226T

Ursprungsland: Russland.
Kategorie: Leichter Mehrzweckhubschrauber.
Triebwerke: Zwei Gasturbinen (Ka-226) Rolls Royce 250-C20B von je 420 WPS (313 kW) oder (Ka-226T) Turboméca Arrius 2G von je 670 WPS (500 kW) Leistung.
Leistungen (Ka-226): Höchstgeschwindigkeit 210 km/h (Ka-226T 250 km/h); ökonom. Reisegeschwindigkeit 185 km/h; max. Schrägsteiggeschwindigkeit 10,1 m/Sek; Dienstgipfelhöhe 3500 m (Ka-226T 5000 m); Reichweite mit max. Nutzlast 400 km, mit max. Treibstoffzuladung 600 km.
Gewichte (Ka-226/Ka-226T): Leergewicht 1952 kg; max. Startgewicht 3400/3600 kg.
Zuladung (Ka-226): Ein bis zwei Piloten und bis zu acht Passagiere; max. Nutzlast intern 1046 kg, extern 1300 kg.
Entwicklungsstand: Erstflug dieser Variante am 4. September 1997. Der russische Gasproduzent Gazprom bestellte 22 Exemplare, die ab 2004 zur Ablieferung gelangten. Sie werden hauptsächlich für Patrouilliereinsätze entlang der Gaspipelines eingesetzt. Weitere sind an verschiedene russische Behörden gegangen. Zehn Ka-226 hat die Russische Luftwaffe erhalten; Gesamtbedarf 30. Ein Prototyp der Ka-226T fliegt seit 2010 mit Erstauslieferungen ab 2012. Neueste Bestellungen: Indische Luftwaffe bis zu 197 Ka-226T (Lizenzbau).
Bemerkungen: Die Ka-226 ist eine zweimotorige stark verbesserte Ausführung der früheren Ka-26/126-Modelle. Wie bei den meisten russischen Weiterentwicklungen, wurde in wichtigen Komponenten auf westliche Produkte zurückgegriffen. In diesem Fall sind es die Triebwerke von Rolls Royce bzw. von Turboméca sowie die gesamte Avionik. Das Besondere an der Ka-226 ist, dass die gesamte Passagierkabine als separater »Behälter« an den Hubschrauber befestigt und bei anderer Verwendung des Hubschraubers durch mehrere andere angebotene Module ausgewechselt werden kann. Dadurch ist die Ka-226 ausgesprochen flexibel einsetzbar, wie als Passagiertransporter, Frachter, für Ambulanz- und Sprüheinsätze mit Behältern mit bis zu 1000 l Inhalt usw. Wie die Vorgänger ist auch die Ka-226 sehr einfach und robust ausgelegt und verfügt über den für Kamow typischen Koaxial-Rotor. Die Ka-226T besitzt leistungsstärkere Triebwerke Turboméca Arrius 2G2 und die neueste Variante Ka-226TG über eine verbesserte Avionik.
Hersteller: OKB Nikolai I. Kamow, ab 2012: Werk Ulan-Ude, Buryatia, Russland.

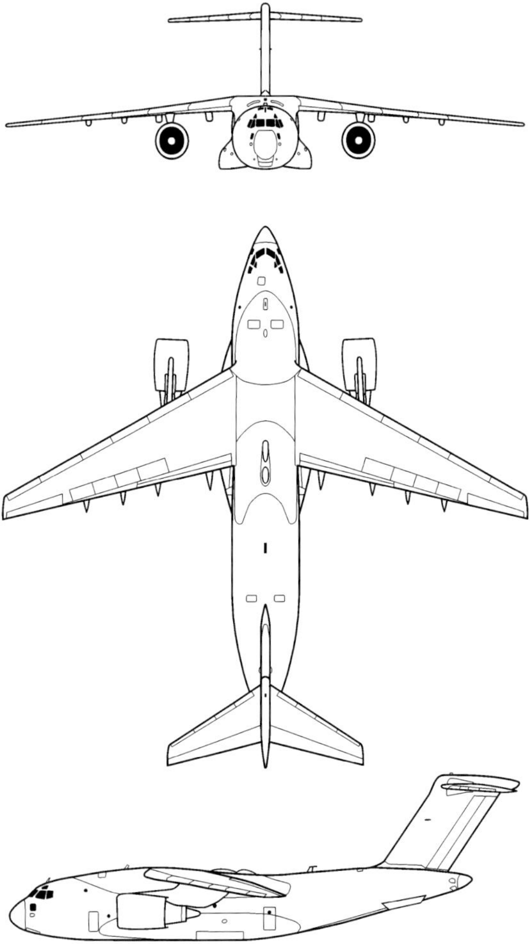

Abmessungen:
Spannweite 44,40 m
Länge 43,90 m
Höhe 14,20 m.

KAWASAKI C-2

Ursprungsland: Japan.
Kategorie: Mittelschwerer militärischer Transporter.
Triebwerke: Zwei Mantelstromtriebwerke General Electric CF6-80C2K1F von je 27150 kp (266,20 kN) Standschub.
Leistungen: Max. Reisegeschwindigkeit 980 km/h, normale Reisegeschwindigkeit 890 km/h (Mach 0,80); Dienstgipfelhöhe 12200 m; Reichweite bei einer Nutzlast von 12000 kg 6500 km, mit max. Nutzlast 5700 km, max. Reichweite 9700 km.
Gewichte: Leergewicht 60800 kg; max. Startgewicht 141570 kg.
Zuladung: Zwei Mann Cockpitbesatzung und normal 30000 kg Fracht, max. bis zu 37000 kg.
Entwicklungsstand: Technische Probleme waren verantwortlich, dass der Prototyp C-X die Flugerprobung erst mit zweijähriger Verspätung am 26. Januar 2010 aufnahm, gefolgt vom zweiten und letzten Prototypen XC-2 am 27. Januar 2011. Bei den japanischen Streitkräften soll die C-2 die Kawasaki C-1 ersetzen. Vorläufig 40 Einheiten sind geplant. Aus technischen Gründen verzögert sich die Indienststellung weiterhin.
Bemerkungen: Um Synergieeffekte zu erzielen und Kosten zu sparen, wurde die C-2 parallel mit der (X)P-1 (siehe Seiten 208/209) entwickelt. Wenn auch äußerlich wenige Gemeinsamkeiten zu erkennen sind, weisen beide Muster doch viele gleiche Komponenten auf. Dazu gehören die Grundkonstruktion des Flügels, viele Systeme und die Cockpits. Mit diesem Typ bekommen die japanischen Selbstverteidigungsstreitkräfte einen Transporter, welcher ausreichende Nutzlasten auch über strategische Distanzen verlegen kann. Der Frachtraum ohne Rampe ist 16,00 m, mit Rampe 21,50 m lang sowie je 4,00 m hoch und breit. Die C-2 kann auf unvorbereiteten und relativ kurzen Pisten starten und landen. Bei maximaler Nutzlast benötigt sie jedoch eine Startbahn von mindestens 2300 m Länge. Wie heute üblich, ist das Cockpit mit Multifunktionsbildschirmen ausgerüstet. Die Besatzung wird durch ein taktisches Flight Management System unterstützt. Die Steuerung erfolgt durch Fly-By-Wire. Die C-2 kann im Fluge betankt werden. Von der C-2 soll ein ziviles Frachtflugzeug YCX abgeleitet werden.
Hersteller: Kawasaki Heavy Industries, Werk Gifu, Japan.

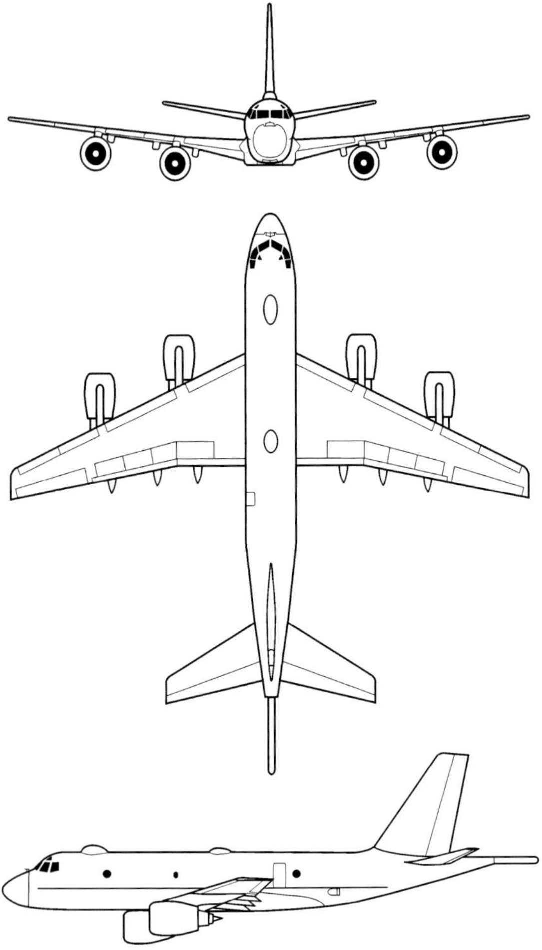

Abmessungen:
Spannweite 35,40 m
Länge 38,00 m
Höhe 12,10 m
Flügelfläche 170,0 m^2.

KAWASAKI P-1

Ursprungsland: Japan.
Kategorie: Seeaufklärungs- und Mehrzweckkampfflugzeug.
Triebwerke: Vier Mantelstromtriebwerke Ishikawajima-Harima IHI F7-10 von je 6123 kp (60,0 kN) Standschub.
Leistungen (nach Angaben des Herstellers): Höchstgeschwindigkeit 966 km/h; Reisegeschwindigkeit 833 km/h; Dienstgipfelhöhe 13500 m; max. Reichweite 8000 km.
Gewichte: Max. Startgewicht 80000 kg.
Zuladung: Zwei Mann Cockpitbesatzung und in der Regel elf Systemoperateure.
Bewaffnung: Antischiffslenkwaffen, Tiefwasserbomben, Torpedos, Minen, Sonarbojen usw. bis zu einem Gesamtgewicht von 9000 kg im internen Waffenschacht sowie an bis zu acht Außenlaststationen.
Entwicklungsstand: Ein erster Prototyp XP-1 begann die Erprobung am 28. September 2007, der zweite am 19. Juni 2008. Die Japanische Marine will neu nur noch etwa 70 P-1 beschaffen, welche die Lockheed P-3 Orion ersetzen. 54 davon sind bereits bestellt. Das erste Serienflugzeug wurde am 26. März 2013 der Marine übergeben. Ende 2015 waren etwa zwölf P-1 abgeliefert. Die Einsatzfähigkeit einer ersten Staffel erfolgte im gleichen Jahr.
Bemerkungen: Obwohl äußerlich sehr unterschiedlich, ist die P-1 der C-2 (siehe Seiten 206/207) konstruktiv sehr ähnlich. Es handelt sich um eine konventionelle Ganzmetall-Konstruktion. Nur Höhen- und Seitenleitwerk sind teilweise aus polymeren Werkstoffen. Als große Innovation ist die XP-1 mit einem Flight-By-Light-System ausgerüstet. Dieses soll wesentlich schnellere Befehle ausführen und gegen elektromagnetische Felder weniger störanfällig sein. Zur Ortung von Unterseebooten wird die P-1 mit diversen Sensoren, einem Phased Array Radar von Toshiba, magnetischen Detektoren, Infrarot-Scheinwerfersystem usw. ausgerüstet sein. Weiter sind verschiedene Systeme zum Ergreifen von elektronischen Gegenmaßnahmen eingebaut. Kawasaki prüft derzeit, aus der P-1 eine AEW&C-Variante zu entwickeln.
Hersteller: Kawasaki Heavy Industries, Werk Gifu, Japan.

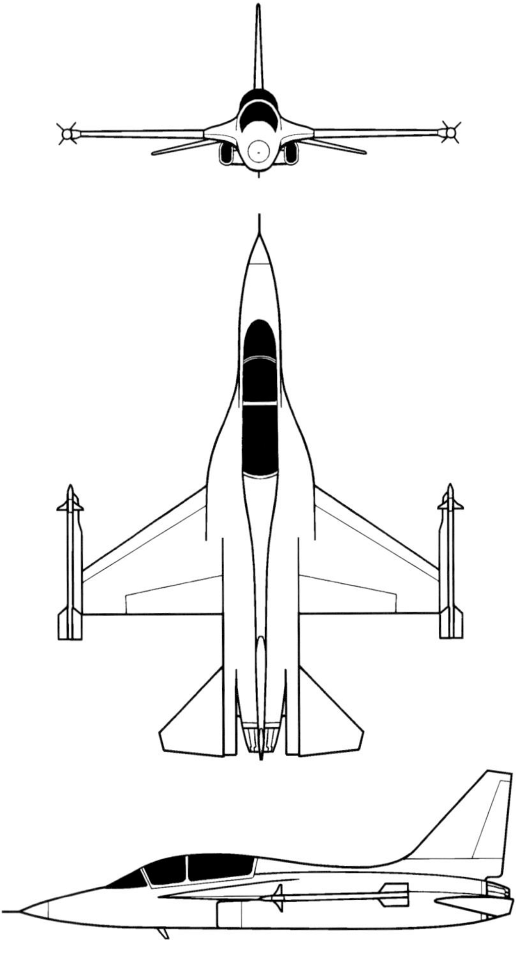

Abmessungen:
Spannweite 9,45 m
Länge 13,14 m
Höhe 4,82 m
Flügelfläche 26,60 m^2.

KOREAN AEROSPACE INDUSTRIES T-50/FA-50 GOLDEN EAGLE

Ursprungsland: Südkorea.
Kategorie: Zweisitziger Trainer T-50 und leichtes Mehrzweckkampfflugzeug FA-50.
Triebwerke: Ein Mantelstromtriebwerk General Electric F404-GE-102 von 5400 kp (53,1 kN) Standschub ohne und 8000 kp (78,7 kN) mit Nachverbrennung.
Leistungen: Höchstgeschwindigkeit Mach 1,5; Anfangssteiggeschwindigkeit 137 m/Sek; Dienstgipfelhöhe 14630 m; Reichweite 1850 km.
Gewichte: Leergewicht 6470 kg; max. Startgewicht ohne Außenlasten 8890 kg, mit Außenlasten 12500 kg.
Bewaffnung (FA-50): Eine dreiläufige 20-mm-Kanone M61A2 im Vorderrumpf mit Austrittsöffnung unter der linken Flügelvorderkante. An sieben Aufhängepunkten, einem unter dem Rumpf, vier unter den Flügeln und zwei an den Flügelenden Luft-Luft- bzw. Luft-Boden-Lenkwaffen sowie Bomben aller Art bis zu einem Gewicht von 4500 kg.
Entwicklungsstand: Der erste von vier Prototypen hatte am 20. August 2002 seinen Erstflug. Die Luftwaffe Südkoreas beschaffte 50 T-50A als Fortgeschrittenentrainer und 10 T-50B für ihre Kunstflugstaffel. Weitere 22 Jagdflugzeugtrainer TA-50A (Erstflug des Prototypen am 29. August 2003, des ersten Serienflugzeuges Anfang 2011) werden derzeit gebaut. Die neueste Variante ist das leichte Kampfflugzeug FA-50. Der Prototyp flog erstmals 2011, Beginn der Ablieferung ab August 2013. Bisher sind 60 FA-50 von der Korean Air Force in Auftrag gegeben worden. Weitere Bestellungen: Indonesien 16 T-50i, Irak 24 T-50IQ, Philippinen 12 TA-50 und neu Thailand 4 T-50TH.
Bemerkungen: Vier Ausführungen sind derzeit vorgesehen: Der Fortgeschrittenentrainer T-50A, die für Kunstflugeinsätze optimierte T-50B, ein Waffentrainer TA-50A mit einem Bordradar EL-2032. Freigegeben wurde 2009 die Entwicklung des leichten Mehrzweckjägers FA-50, versehen mit einem leistungsfähigeren Bordradar Elta EL/M-2032, Kampfelektronik und größerer Treibstoffkapazität. Konstruktiv unterscheiden sich die verschiedenen Ausführungen kaum voneinander, sondern nur durch ihre Ausrüstung. Alle verfügen über ein Fly-By-Wire-Steuerungssystem und eine Cockpitausrüstung mit HUD. KAI prüft derzeit, eine Stealth-Variante der FA-50 zu entwickeln.
Hersteller: Korean Aerospace Industries Ltd. (KAI), Inchon, Werk Sachon, Republik Südkorea.

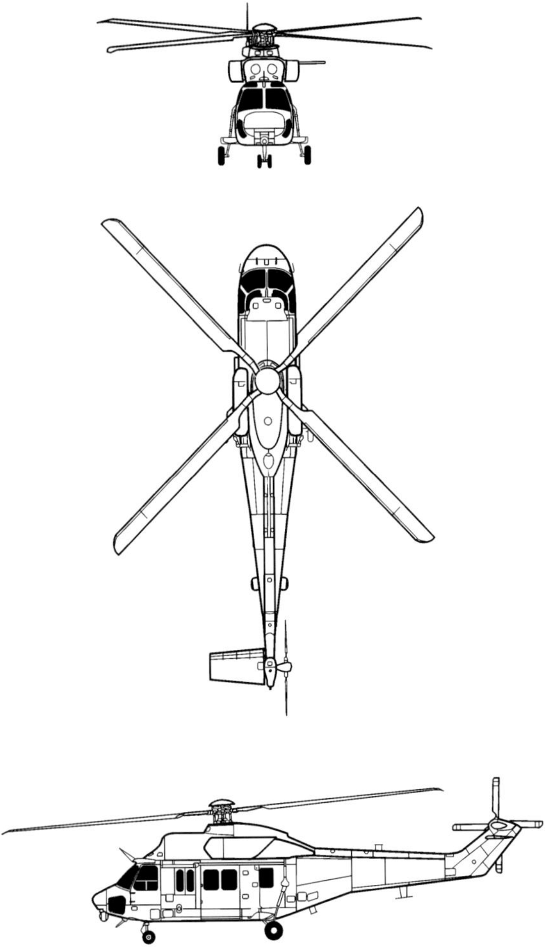

Abmessungen:
Rotordurchmesser 15,80 m
Rumpflänge inkl. Rotor 19,02 m, ohne Rotor 15,09 m
Höhe über Hauptrotor 4,50 m, über Heckrotor 5,01 m.

KOREA AEROSPACE KUH-1 SURION

Ursprungsland: Südkorea.
Kategorie: Mittelschwerer Mehrzweckhubschrauber für militärische Aufgaben.
Triebwerke: Zwei Gasturbinen General Electric TE700-GE-701 von je 1777 WPS (1383 kW) Leistung.
Leistungen: Höchstgeschwindigkeit 298 km/h; max. Reisegeschwindigkeit 274 km/h; max. Schwebehöhe 2820 m; Reichweite mit max. interner Treibstoffzuladung rund 525 km; Flugdauer 2,77 Std.
Gewichte: Leergewicht 4973 kg; max. Startgewicht 8709 kg.
Zuladung: Zwei Piloten und 16 Passagiere bzw. 10 vollausgerüstete Soldaten oder sechs Verletzte auf Bahren; Nutzlast intern 3700 kg, extern 2722 kg.
Bewaffnung: Zwei 7,62-mm-Maschinengewehre an den Seitentüren sowie an Stummelflügeln 20-mm-Kanonenbehälter oder Werfer für ungelenkte Raketen.
Entwicklungsstand: Der erste von vier Prototypen absolvierte seinen Erstflug am 10. März 2010. Die südkoreanischen Streitkräfte wollen rund 245 Surions als neuen Standardhubschrauber beschaffen. Ein Export ist ebenfalls vorgesehen. 2016 soll auch eine Medevac-Version fliegen. Bisher sind acht dieser Version bestellt. Von allen Ausführungen werden jährlich rund 30 Einheiten gebaut. Auch die Police National Agency Südkoreas sowie der Korea Forest Service beschaffen die Surion.
Bemerkungen: Mit der Surion lanciert der koreanische Hersteller seinen ersten, weitgehend in Eigenregie entwickelten Hubschrauber. Technisch arbeitete man mit Airbus Helicopters zusammen. Von diesem Hersteller stammen das Getriebe, der Rotormast und der Autopilot. Angesiedelt in der Klasse von H 175 bzw. S-70/UH-60 (siehe Seiten 44/45 bzw. 276/277) oder AW 139 (siehe Seiten 14/15) weist sie alle konstruktiven Merkmale von modernen Hubschraubern auf. Die Surion ist mit einem Festfahrwerk ausgerüstet. Details der Ausrüstungselektronik sind noch nicht bekannt. Später sollen von diesem Muster weitere Versionen abgeleitet werden, allenfalls sogar eine Kampfhubschrauber-Ausführung mit Tandem-Sitzen. Zusammen mit Airbus Helicopters wurde 2011 die Entwicklung einer Marineversion beschlossen. Von dieser Ausführung sind 45 Maschinen für den Einsatz ab den neuen Hubschrauberträgern der Marine Südkoreas vorgesehen.
Hersteller: Korea Aerospace Industries Ltd. (KAI), Inchon, Werk Sachon, Republik Südkorea.

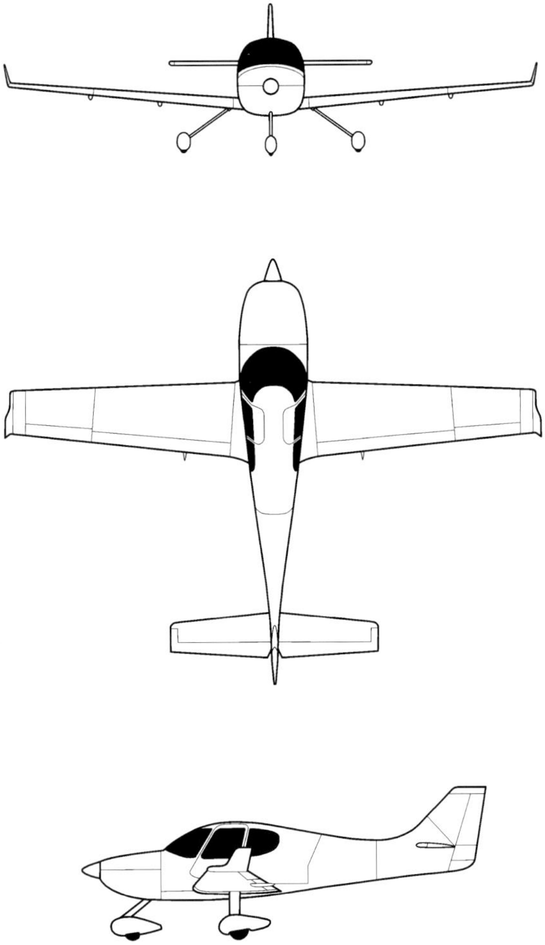

Abmessungen:
Spannweite 11.29 m
Länge 8.03 m
Höhe 2.71 m.

KOREA AEROSPACE KC-100 NARANON

Ursprungsland: Südkorea.
Kategorie: Sport- und Reiseflugzeug.
Triebwerke: Ein luftgekühlter Sechszylinder-Boxermotor Teledyne Continental TSIOF-550 von 315 PS (235 kW) Leistung.
Leistungen: Höchstgeschwindigkeit 370 km/h; max. Reichweite rund 1800 km.
Gewichte: Leergewicht 1089 kg; max. Startgewicht 1633 kg.
Zuladung: Pilot und drei Passagiere, max. Nutzlast 500 kg.
Entwicklungsstand: Der erste von zwei Prototypen nahm die Flugerprobung am 20. Juli 2011 auf. Auch eine Serienmaschine fliegt bereits. Ein Auftrag für 23 Einheiten der KT-100-Version ist von der Air Force Academy der Luftwaffe Südkoreas eingetroffen. Ein erstes Muster dieser Ausführung flog erstmals im Oktober 2015 und soll ab Ende 2016 abgeliefert werden.
Bemerkungen: Erstmals hat der koreanische Hersteller ein Sport- und Reiseflugzeug entwickelt. Dabei wird neueste Technologie verwendet. Die ganze Zelle besteht aus Composite-Materialien. Bei den Flügeln wurde ein Laminar-Profil gewählt. Die Naranon hat ein Festfahrwerk. Das Triebwerk verfügt über eine FADEC-Steuerung. Als Avionikset wählte der Hersteller das Avidyne Entegra II-Glas-Cockpit. Das Ziel dieses Musters ist, ein Flugzeug in dieser Kategorie mit einem um rund 10% verbesserten Treibstoffverbrauch gegenüber den Konkurrenten anzubieten. Die Kabine zählt ebenfalls zu den größten dieser Klasse. Der Basispreis wird mit US$ 575'000.-- angegeben. Die Ausführung als militärischer Anfangstrainer KT-100 ist im Vergleich zur KC-100 mit Zusatzinstrumenten ausgerüstet.
Hersteller: Korea Aerospace Industries Ltd. (KAI), Inchon, Werk Sachon, Republik Südkorea.

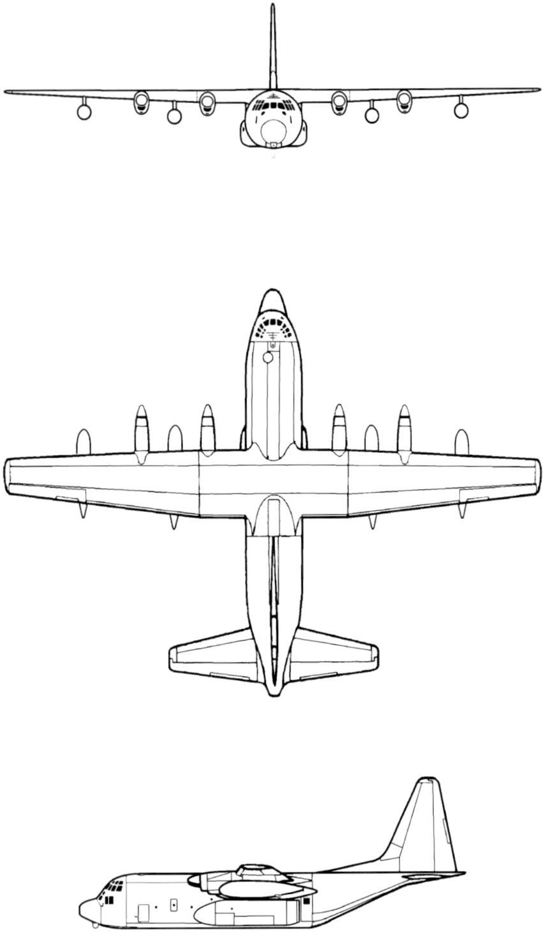

Abmessungen:
Spannweite 40,41 m
Länge (C-130J) 29,79 m, (C-130J-30) 34,36 m
Höhe 11,71 m
Flügelfläche 162,12 m².

LOCKHEED MARTIN C-130J

Ursprungsland: USA.
Kategorie: Mittelschwerer militärischer Transporter.
Triebwerke: Vier Propellerturbinen Rolls Royce AE2100 von je 6000 WPS (4500 kW) reduziert auf 4640 WPS (3460 kW) Leistung.
Leistungen: Max. Reisegeschwindigkeit 645 km/h, norm. Reisegeschwindigkeit 556 km/h; Anfangssteiggeschwindigkeit 10,7 m/Sek; Dienstgipfelhöhe 9315 m; Reichweite mit einer Nutzlast von 21625 kg über 2600 km, mit 18144 kg 5250 km.
Gewichte (C-130J): Rüstgewicht (J) 34274 kg, (J-30) 35965 kg; max. Abfluggewicht 79380 kg.
Zuladung: Normalerweise eine Besatzung von fünf Personen und je nach Einsatzzweck verschiedene Nutzlasten bis zu einem Gewicht von 22000 kg.
Entwicklungsstand: Die erste C-130J fliegt seit 5. April 1996. Mittlerweile sind von dieser Ausführung über 290 Einheiten an 15 Luftwaffen/Marinen ausgeliefert worden. Der größte Einzelbesteller aller Ausführungen ist die USAF mit neu über 270 C-130J mehrerer Versionen. Derzeit werden jährlich mindestens 24 Einheiten hergestellt. Die Sonderausführungen HC-130J/KC-130J/MC-130J wurden in der Ausgabe 2013 beschrieben. 16 weitere Luftwaffen haben mittlerweile diesen Typ beschafft. Neueste Besteller: Frankreich je 2 C-130J und KC-130J, Saudi Arabien bis zu 23 C/KC-130J. Am 11. Dezember 2015 verließ die 2500. gebaute C-130 die Montagehalle.
Bemerkungen: Seit 1955 ununterbrochen in Produktion, stellen die C-130J (siehe Dreiseitenriss und Foto) bzw. die verlängerte C-130J-30 die neuesten Ausführungen dieses bewährten Musters dar. Die wesentlichen Verbesserungen sind: Deutlich stärkere Triebwerke mit Sechsblatt-Propeller, Digitalcockpit und Elektronik neuester Generation, Erleichterung der Wartung und des Ein- und Auslads. Dadurch konnten fast alle Leistungsparameter deutlich verbessert werden. Die C-130J wird auch in mehreren Untervarianten produziert, wie HC-130J, KC-130J, LC-130J, MC-130J und AC-130J. Derzeit prüft Lockheed eine preisgünstigere Variante C-130XJ, welche auf verschiedene Systeme der C-130J verzichten würde, sowie eine Zivilversion unter der Bezeichnung LM-100J, Erstflug geplant für 2017. Für zehn Einheiten sind bereits Kaufabsichten unterzeichnet worden.
Hersteller: Lockheed Martin Marietta Corp., Marietta, Georgia, USA.

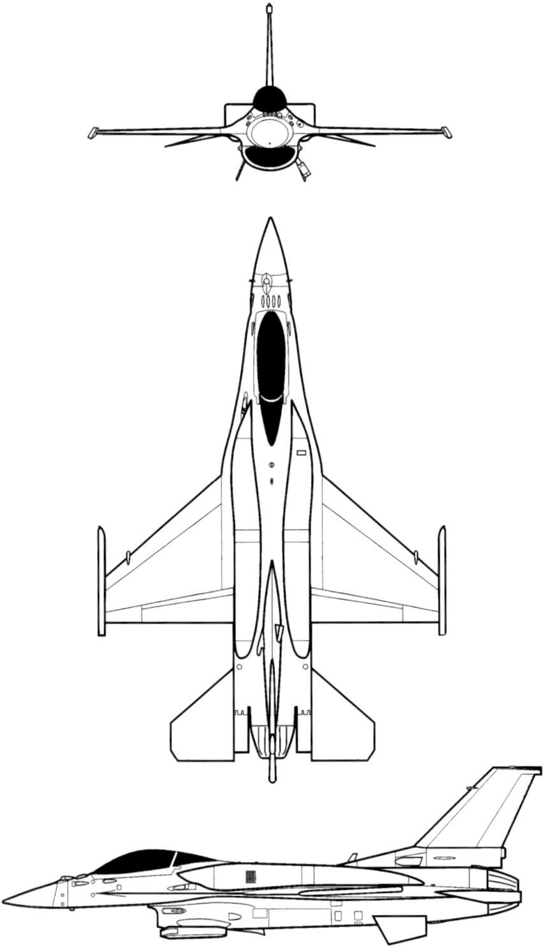

Abmessungen:
Spannweite 9,45 m
Länge 15,03 m
Höhe 5,09 m
Flügelfläche 27,87 m².

LOCKHEED MARTIN F-16C/D/V FIGHTING FALCON

Ursprungsland: USA.
Kategorie: Einsitziger Mehrzweckjäger (F-16C/V) und zweisitziger operationeller Trainer (F-16D).
Triebwerke: Ein Mantelstromtriebwerk Pratt & Whitney F100-PW-229 von 8075 kp (79,20 kN) Standschub ohne und 13420 kp (131,60 kN) mit Nachbrenner bzw. General Electric F110-GE-129 von 8043 kp (78,90 kN) Standschub ohne und 13420 kp (131,60 kN) mit Nachbrenner.
Leistungen: Kurzzeitig erreichbare Höchstgeschwindigkeit 2145 km/h auf 12190 m (Mach 2,02), andauernde Höchstgeschwindigkeit 2007 km/h (Mach 1,89); Dienstgipfelhöhe 15240 m; (Block 50/52) taktischer Einsatzradius mit sechs 227-kg-Bomben 580 km; Überführungsreichweite mit Zusatztanks 3943 km.
Gewichte: Leergewicht 9207 kg; max. Startgewicht 19187 kg.
Bewaffnung: Eine sechsläufige 20-mm-Revolverkanone M61A-1 und, als Abfangjäger, bis zu sechs Luft-Luft-Lenkwaffen AIM-9L/M oder AIM-120, als Erdkämpfer bis zu 5638 kg Außenlasten.
Entwicklungsstand: Die F-16C/D Block 50/52 befindet sich seit 1991 im Einsatz. Die als F-16E/F (siehe Ausgabe 2008 und Dreiseitenriss) bezeichneten Modelle des Blocks 60 sind an den einzigen Besteller UAE alle abgeliefert worden. Bisher wurden über 4550 F-16 hergestellt. 26 Luftwaffen haben diesen Typ bisher in verschiedenen Varianten beschafft. Die F-16V flog erstmals am 16. Oktober 2015.
Bemerkungen: Gegenwärtig werden die Blöcke 50/52 abgeliefert. Neu beschaffte F-16 C/D können mit einer Mehrzahl optionaler Zusatzsysteme ausgerüstet werden. Beispiele sind: Vektorsteuerung des Triebwerks, Cockpit mit Helmdisplay, Mitführen von allwettertauglichen Standoff-Waffen wie die AGM-84E Standoff-Land-Attack-Lenkwaffe oder die AGM-142 Popeye II-Bombe. Neu wird auch ein Mikrowellen-Landesystem angeboten, welches den Endanflug wesentlich erleichtert. Ältere Modelle können mit einem Active Combat Radar von Raytheon nachgerüstet werden. Lockheed lancierte 2012 eine neue Version F-16V mit AESA-Radar der fünften Generation APG-83, neuem Missionscomputer sowie Verbesserungen im Cockpit. Bestellungen für diese Variante stehen noch aus. Beschafft können sowohl neue F-16V oder ältere Varianten in diese Version umgebaut werden.
Hersteller: Lockheed Martin Marietta Corp., Fort Worth Division, Fort Worth, Texas, USA.

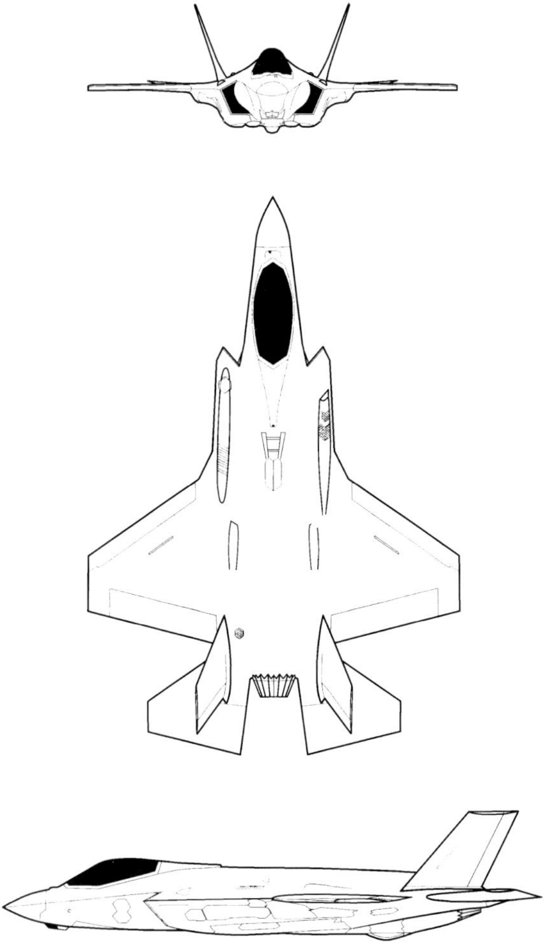

Abmessungen:
Spannweite 10,70 m
Länge 15,70 m
Höhe 4,38 m
Flügelfläche 42,70 m².

LOCKHEED MARTIN F-35A Lightning II

Ursprungsland: USA.
Kategorie: Landgestütztes Mehrzweckkampfflugzeug.
Triebwerke: Ein Mantelstromtriebwerk Pratt & Whitney F135PW-100 von 13062 kp (128,10 kN) ohne und 19506 kp (191,30 kN) mit Nachbrenner.
Leistungen: Höchstgeschwindigkeit mit interner Waffenladung 1700 km/h (etwa Mach 1,6); Reisegeschwindigkeit während rund 10 Min. Mach 1,2; Dienstgipfelhöhe 18200 m; Aktionsradius 1093 km, max. Reichweite 2222 km.
Gewichte: Leergewicht 13290 kg; normales Startgewicht 22280 kg, max. ca. 31750 kg.
Bewaffnung: Eine fünfläufige 25-mm-Kanone GAU-12 und 8160 kg Waffen in zwei internen Waffenschächten und unter den Flügeln.
Entwicklungsstand: Das erste weitgehend der Serienausführung entsprechende Muster F-35AA-1 nahm die Flugerprobung am 15. Dezember 2006 auf. Am 14. November 2009 folgte das erste eigentliche Serienflugzeug AF-1. Die ersten F-35A wurden dem 33rd FW der USAF in Eglin/Florida am 14. Juli 2011 übergeben. Heutigen Plänen zufolge will die USAF 1763 F-35A Lightning II beschaffen, 175 davon sind bis jetzt bestellt. Folgende Länder haben die F-35A ebenfalls in Auftrag gegeben (Anzahl bestellt bzw. Gesamtbedarf): Australien (2/75), Israel (33/56), Italien (8/voraussichtlich 60), Japan (10/42), Niederlande (10/37), Norwegen (6/52), Südkorea (0/40), Türkei (2/116). Am 13. Dezember 2013 lieferte der Hersteller die 100. F-35 ab. 2013 wurde die erste Maschine des Blocks 2A übergeben.
Bemerkungen: Die F-35A ist für Landeinsätze ab normalen Flugpisten vorgesehen und hat als erste Variante die Einsatzreife erlangt. Allen drei Ausführungen F-35A, F-35B (siehe Seiten 222/223) und F-35C (siehe Seiten 224/225) gemeinsam sind der Rumpf, die Seitenleitwerke und das Höhenleitwerk. Dies trifft auch für die Systeme weitgehend zu. Das Cockpit neuester Technologie weist hoch auflösende Bildschirme auf. Viele Funktionen lassen sich durch Sprachbefehle oder via Pilotenhelm-Display steuern. Ab den Modellen des sog. Blocks 3 wird anstelle des synthetischen Normalband-Bordradars ein Breitband-Bordradar eingebaut.
Hersteller: Lockheed Martin Marietta Corp., Marietta, Georgia, Werk Fort Worth, Texas, USA.

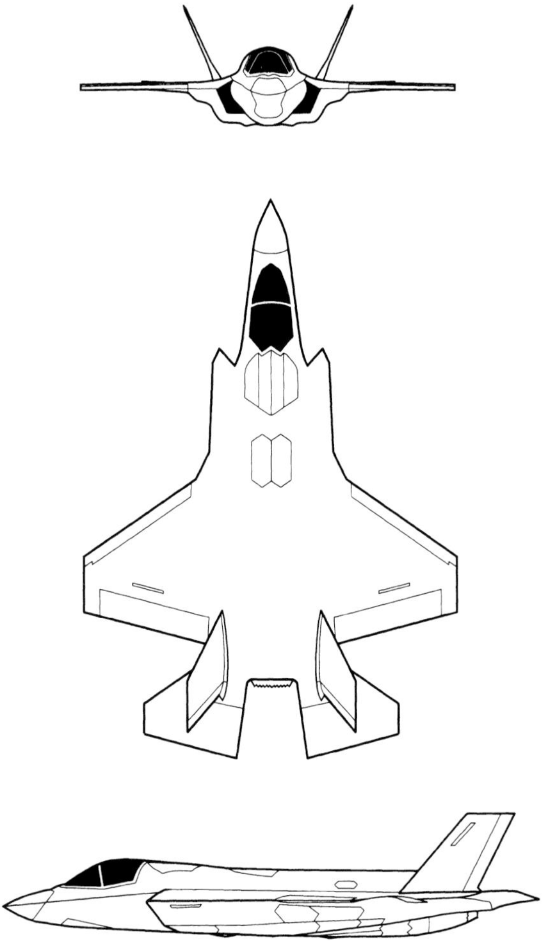

Abmessungen:
Spannweite 10,70 m
Länge 15,60 m
Höhe 4,36 m
Flügelfläche 42,70 m².

LOCKHEED MARTIN F-35B Lightning II

Ursprungsland: USA.
Kategorie: Bordgestütztes STOVL-Mehrzweckkampfflugzeug.
Triebwerke: Ein Mantelstromtriebwerk Pratt & Whitney F135PW-600 von 12246 kp (120,10 kN) ohne und 18599 kp (182,40 kN) mit Nachbrenner.
Leistungen (nach Angaben des Herstellers): Höchstgeschwindigkeit mit maximaler interner Waffenladung 1700 km/h (Mach 1,6); Reisegeschwindigkeit während rund 10 Min. Mach 1,2; Dienstgipfelhöhe 15240 m+; Aktionsradius etwa 830 km; max. Reichweite 1667 km.
Gewichte: Leergewicht 14650 kg; normales Startgewicht 22280 kg, maximal ca. 27200 kg.
Bewaffnung: Eine fünfläufige 25-mm-Kanone GAU-12 extern und 6800 kg Waffen.
Entwicklungsstand: Die X-35B entstand aus dem Umbau der X-35C und flog in dieser Konfiguration erstmals am 24. Juni 2001. Der erste eigentliche Prototyp F-35B nahm die Flugerprobung am 11. Juni 2008 auf, gefolgt vom zweiten am 25. Februar 2009. Bis Ende 2015 waren fünf Prototypen und fast 40 Serienmaschinen gebaut. Bei einem Bedarf von 340 Maschinen hat das USMC bisher deren 59 bestellt. Die erste Ausbildungsstaffel war Anfang 2013 in Yuma, Arizona, einsatzbereit, eine erste Kampfstaffel folgte 2015. Wie viele dieser Version Großbritannien schließlich beschafft, ist derzeit unklar. Die Rede ist zwischen 40 und 60 F-35B (bisher 8 bestellt), Italien kauft voraussichtlich deren 30.
Bemerkungen: Bei der STOVL-Version F-35B ist das Triebwerk mit einem durch eine Gelenkwelle verbundenen Lift-Fan ausgerüstet, mit Einlassöffnung und Austrittsdüse unten am vorderen Teil des Rumpfs. Zudem lässt sich das Heckteil des Triebwerks um bis zu 90° nach unten schwenken. Damit werden vollständige VTOL-Eigenschaften erreicht. Im Übrigen ist die F-35B mit den F-35A/C zu rund 90% baugleich. Angesichts des erhöhten Leergewichts und der größeren Komplexität dieser Variante sind diverse Leistungsparameter gegenüber den anderen F-35-Versionen leicht geringer.
Hersteller: Lockheed Martin Marietta Corp., Marietta, Georgia, Werk Fort Worth, Texas, USA.

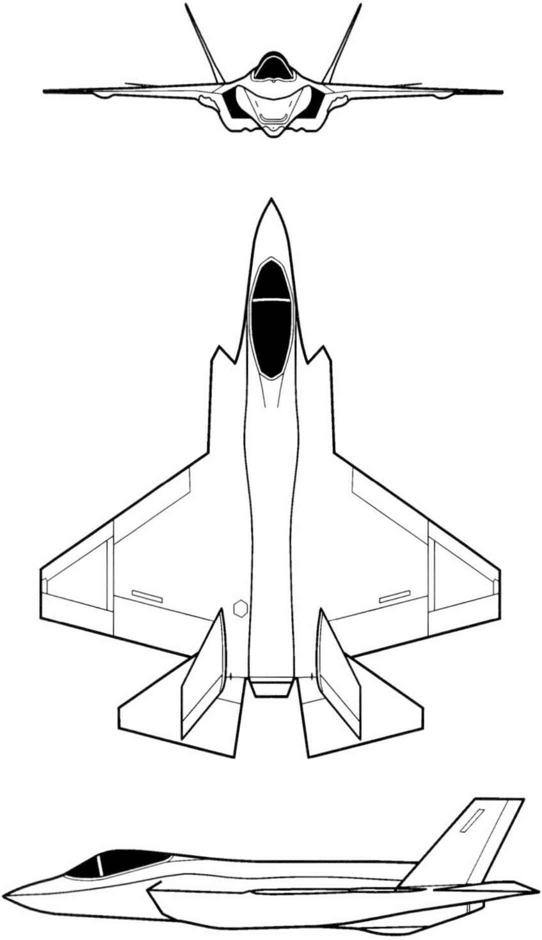

Abmessungen:
Spannweite 13,10 m
Länge 15,70 m
Höhe 4,48 m
Flügelfläche 62,10 m².

LOCKHEED MARTIN F-35C Lightning II

Ursprungsland: USA.
Kategorie: Bordgestütztes CTOL-Mehrzweckkampfflugzeug.
Triebwerke: Ein Mantelstromtriebwerk Pratt & Whitney F135PW-100 von 13062 kp (128,10 kN) 11339 kp (111,20 kN) ohne und 19506 kp (191,30 kN) 18143 kp (177,92 kN) mit Nachbrenner.
Leistungen (nach Angaben des Herstellers): Höchstgeschwindigkeit mit maximaler interner Waffenlast 1700 km/h (etwa Mach 1,6); Reisegeschwindigkeit während rund 10 Min. Mach 1,2; Dienstgipfelhöhe 15240 m+; Aktionsradius etwa 1100 km; max. Reichweite 2200+ km.
Gewichte: Leergewicht 15784 kg; normales Startgewicht 22280 kg, maximal 31750 kg.
Bewaffnung: Eine fünfläufige 25-mm-Kanone GAU-12 extern und 8160 kg Waffen, ein Teil davon im internen Schacht an der Rumpfunterseite.
Entwicklungsstand: Die erste F-35C hat die Flugerprobung am 6. Juni 2010 aufgenommen. Mittlerweile fliegen alle drei Prototypen und die ersten Serienflugzeuge. Auch dieses Programm leidet unter massiven Verspätungen und Kostenüberschreitungen. Noch ist nicht klar, wie viele F-35C die USN schließlich beschafft, vermutlich aber nur 260. Bis zu 80 erhält das USMC. Bestellt sind bisher nur deren 23?, Ende 2015 waren 18 abgeliefert, darunter die erste für das USMC. Die Schulungsstaffel VF-101 übernahm im Frühjahr 2013 die erste F-35C. Im November 2014 fanden die ersten Trägerlandungen und -starts statt.
Bemerkungen: Als letzte der drei Versionen folgte die F-35C für die USN. Die konventionell startende und landende F-35C verzichtet auf Schwenkmechanismus und Lift-Fan der F-35B, erhält aber für den Einsatz ab Flugzeugträgern einen optimierten Flügel, der sich zum besseren Verstau an den Enden einklappen lässt. Die Spannweite ist um ganze 2,44 m größer und die Fläche nimmt um rund 50% zu. Auch der Klappenmechanismus wurde verändert. Damit erzielt die F-35C deutlich bessere Start- und Landeeigenschaften. Dank eines auf 8960 kg erhöhten Treibstoffvorrats erreicht die F-35C größere Reichweiten. Zu 90% weist sie aber mit der F-35A und der F-35B Teilegleichheit auf. Insbesondere die Avionik ist bei allen genau gleich. Gegenwärtig prüft die USN, ob aus der F-35C später noch eine Ausführung als Elektronikkampfflugzeug abgeleitet werden kann.
Hersteller: Lockheed Martin Marietta Corp., Marietta, Georgia, Werk Fort Worth, Texas, USA.

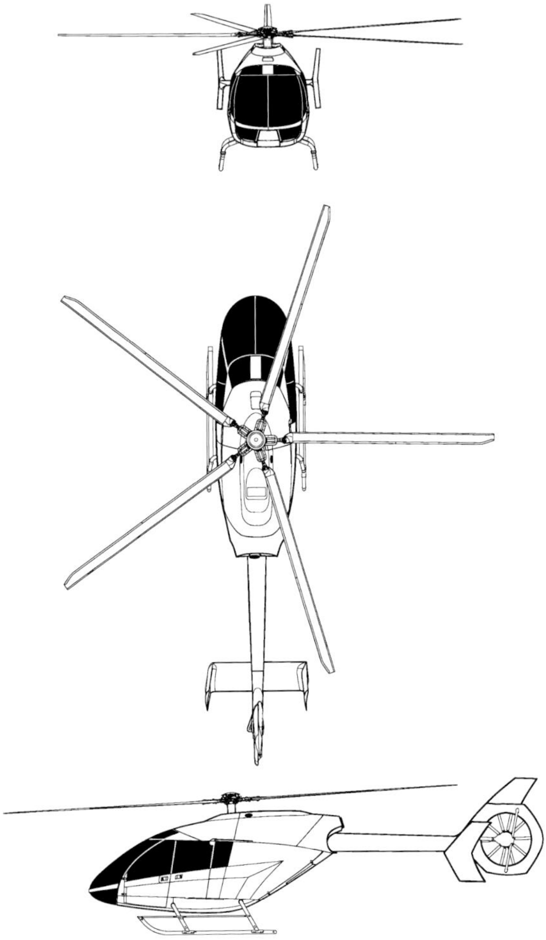

Abmessungen:
Rotordurchmesser 11,00 m
Rumpflänge inkl. Rotor 12,97 m.

MARENCO SWISSHELICOPTER SKYE SH09

Ursprungsland: Schweiz.
Kategorie: Leichter Mehrzweckhubschrauber.
Triebwerke: Eine Gasturbine Honeywell HTS 900-2 von 1020 WPS, gedrosselt auf 820 WPS (611 kW) Leistung.
Leistungen (vorläufige Angaben): Reisegeschwindigkeit 260 km/h; Reichweite mit max. interner Treibstoffzuladung rund 800 km.
Gewichte: Max. Startgewicht 2650 kg, mit Außenlasten 2800 kg.
Zuladung: Ein Pilot und fünf bis sieben Passagiere auf »crash-resistenten« Sitzen; Nutzlast extern 1500 kg.
Entwicklungsstand: Für die Fachwelt überraschend wurde im März 2011 eine Attrappe eines neuen leichten Mehrzweckhubschraubers vorgestellt. Der im November 2013 präsentierte Prototyp nahm am 2. Oktober 2014 die Flugerprobung auf, ein zweiter von insgesamt dreien folgte am 26. Februar 2016. Die Zulassung soll Ende 2016/Anfang 2017 erreicht werden. Bisher sind eine Erstbestellung und rund 70 Kaufabsichten bekannt.
Bemerkungen: Die SKYe SH09 ist die seit rund 30 Jahren erste echte Neukonstruktion im Markt der Leichthubschrauber in der 2,5 t-Klasse. Sie wird hauptsächlich ausgelegt für anspruchsvolle Einsätze in allen Wetterlagen und soll klassenbeste Leistungen in heißen und hoch gelegenen Regionen bieten. Ein Grund dafür sei das neu entwickelte Rotorkonzept mit einem gelenklosen Fünfblatt-Haupt- und ummantelten Heckrotor. Im Flugbetrieb soll die SH09 sehr leise sein. Die voll aus Karbon gebaute Kabine bietet dank ihrer Modularität vielfältige Einbaumöglichkeiten, sei es für Passagiertransporte, Rettungseinsätze, Fracht usw. Sie weist die größte Kabinenhöhe dieser Hubschrauberklasse auf und der Boden ist völlig flach. Interessant ist die Anbringung eines Fensters im Boden der Kabine, um die Sichtverhältnisse des Piloten zu verbessern. Die Beladung wird durch eine zweiflüglige Hecktüre erleichtert. Dank einem leistungsstarken Triebwerk wird die SKYe SH09 der schnellste Hubschrauber seiner Klasse sein und dabei doch sehr wirtschaftliche Werte aufweisen. Der Preis für eine Basisausführung soll sich in der Größenordnung von CHF 3,3 Mio. bewegen. Marcenco prüft derzeit auch eine zweimotorige Variante anzubieten.
Hersteller: Marenco Swisshelicopter Ltd., Niederurnen, Schweiz.

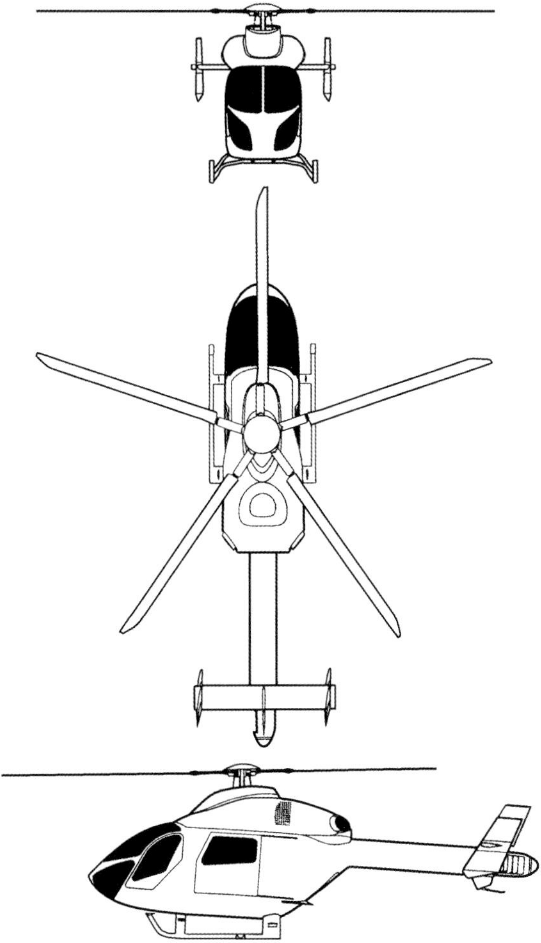

Abmessungen:
Rotordurchmesser 10,31 m
Rumpflänge 9,85 m
Höhe inkl. Rotorkopf 3,66 m.

MD HELICOPTERS MD 902 EXPLORER

Ursprungsland: USA.
Kategorie: Mehrzweckhubschrauber.
Triebwerke: Zwei Gasturbinen Pratt & Whitney Canada PW207E von je 730 WPS (530 kW) oder Turboméca Arrius-2C von je 605 WPS (451 kW) Leistung.
Leistungen: Höchstgeschwindigkeit 296 km/h; max. Reisegeschwindigkeit 259 km/h auf Meereshöhe; max. Schrägsteiggeschwindigkeit 14,2 m/Sek; Dienstgipfelhöhe 5638 m; Schwebehöhe mit Bodeneffekt 3350 m, ohne Bodeneffekt 2970 m; Reichweite bis 580 km.
Gewichte: Leer 1458 kg; normales Startgewicht 2950 kg, max. mit Außenlasten 3070 kg.
Zuladung: Acht bis zehn Personen inkl. Piloten; max. Nutzlast 1360 kg.
Bewaffnung (Combat Explorer): Ein 12,7-mm-Gatling-Maschinengewehr GAU-19/A und Behälter für ungelenkte 70-mm-Raketen.
Entwicklungsstand: Die Version MD 902 fliegt seit 5. September 1997; erste Ablieferungen an Kunden Mitte 1998. Nach Herstellung von 30 MD 900, u.a. für den ADAC, die belgische Gendarmerie und die britische Police Aviation Services, wurde die Produktion auf die MD 902 umgestellt. Derzeitiger Auftragsbestand über 100 Einheiten. Betreiber sind u.a.: US Justizdepartement für Drogenbekämpfungs-Aufgaben, Kurdistan Regional Government 2, Polizei Baden-Württemberg 5. Die MD 902 wird jährlich in kleinen Stückzahlen weiter produziert. 2015 wurde eine neue Version mit verbesserten Leistungen angekündigt. Details sind jedoch noch nicht bekannt.
Bemerkungen: Die MD 902 übernimmt die erstmals bei der MD 520N (siehe Ausgabe 2000) angewandte NOTAR-Technologie. Ein wesentliches Merkmal der Explorer ist auch der gelenklose Fünfblattrotor aus Verbundwerkstoffen. Die komplette Ausstattung umfasst u.a. EFIS, Wetterradar, GPS, digitales Triebwerkmanagement- (FADEC) und Flugkontrollsystem. Die Explorer ist sowohl mit Radfahrwerk als auch mit Kufen erhältlich. Mehrere Betreiber haben eine speziell ausgerüstete Rettungsversion im Einsatz. Seit Anfang 2000 gelangt das PW207E-Triebwerk zum Einbau, welches besonders die Flugleistungen im Einmotorenflug sowie in heißen Klimaregionen verbessert. Die Mexikanische Marine verfügt über sechs MD902 Combat Explorer.
Hersteller: MD Helicopters, Tochtergesellschaft des Private Equity Funds Patriarch Partners LLC, New York, Werk Mesa, Arizona, USA.

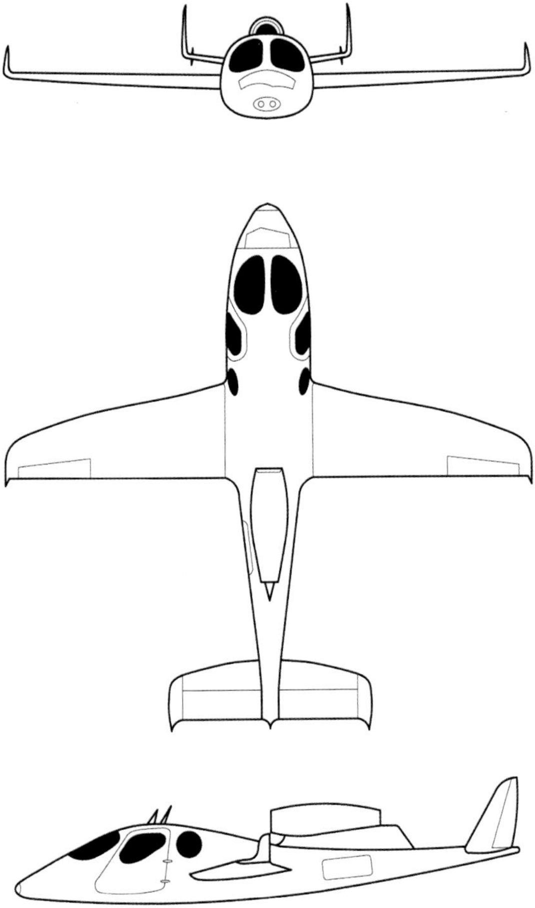

Abmessungen:
Spannweite 8,68 m
Länge 8,32 m
Höhe 2,43 m
Flügelfläche 10,00 m².

METAL-MASTER FLARIS LAR 01

Ursprungsland: Polen.
Kategorie: Leichtes düsengetriebenes Sportflugzeug.
Triebwerk (Prototyp): Ein Mantelstromtriebwerk Williams F33-5A von 837 kp (8,21 kN) Standschub.
Leistungen (nach Angaben des Herstellers, noch sehr provisorisch): Max. Reisegeschwindigkeit 700 km/h; Anfangssteiggeschwindigkeit 30 m/Sek; Dienstgipfelhöhe 14000 m; maximale Reichweite 2500 km.
Gewichte: Leergewicht 700 kg; max. Startgewicht 1500 kg.
Zuladung: Pilot und bis zu vier Passagiere.
Entwicklungsstand: Ein Prototyp wurde als Überraschung an der Luftfahrtausstellung in Paris im Juni 2013 erstmals vorgestellt. Der für 2014 geplante Erstflug hat sich aus diversen Gründen verspätet und wird nun für Anfang 2016 erwartet. Mit der Auslieferung von Serienflugzeugen an Kunden kann frühestens für 2017 gerechnet werden.
Bemerkungen: Die polnische Firma Metal-Master Flaris will mit ihrem ersten Projekt LAR 01 im Markt von jetgetriebenen leichten Sportflugzeugen ebenfalls mitmischen. Gemäß Angaben des Herstellers soll – außer Triebwerk und Avionik – der größte Teil der Konstruktion polnischer Herkunft sein. Die gesamte Zelle besteht aus neuester Karbon-Technologie und ist damit besonders leicht, aber trotzdem robust. Ähnlich wie bei der Cirrus Vision SR50 (siehe Seiten 134/135) ist das Triebwerk hinten über dem Rumpf montiert. Voraussichtlich wird im Cockpit ein Garmin G600-System eingebaut. Die LAR 01 soll in der Lage sein, auch von Graspisten aus zu operieren, wobei die Startstrecke nur rund 250 m betrage. Sie sei auch sehr einfach zu fliegen. Der Pilot benötigt nur eine sog. PPL-Lizenz. Wie heute bei diversen Sportflugzeugen üblich, weist die LAR 01 ein Fallschirm-Rettungssystem auf. Dank der ausgefeilten Aerodynamik soll die Maschine bei Triebwerksausfall noch 18 km lang gleiten können. Zum besseren Transport des Flugzeugs können Flügel und Höhenleitwerk abmontiert werden. Derzeit wird die LAR 01 zum Kaufpreis von US$ 1,7 Mio. angeboten.
Hersteller: Metal-Master-Flaris, Podgórzyn, Polen.

Abmessungen:
Spannweite (MiG-29SMT/MiG-29M) 11,41 m, (MiG-29K) 11,99 m
Länge 17,16 m
Höhe 4,36 m
Flügelfläche (MiG-29SMT/MiG-29M) 38,00 m², (MiG-29K) 42,00 m².

MIKOJAN MIG-29SMT/MIG-29K/MIG-29M

Ursprungsland: Russland.
Kategorie: Ein- oder zweisitziges Mehrzweckkampfflugzeug.
Triebwerke: Zwei Mantelstromtriebwerke (MiG-29SMT) Klimow/Sarkisow RD-33 Serie 3/RD-33MK von je 5035 kp (49,40 kN) Standschub ohne und 9300 kp (91,00 kN) mit Nachbrenner.
Leistungen (MiG-29SMT): Höchstgeschwindigkeit mit vier Luft-Luft-Lenkwaffen 2445 km/h auf 11000 m (Mach 2,3) oder 1500 km/h auf Meereshöhe (Mach 1,3); max. Anfangssteiggeschwindigkeit 330 m/Sek; Dienstgipfelhöhe 17700 m; Einsatzradius (Abfangmission mit 1500-l-Zusatztanks und vier Luft-Luft-Lenkwaffen) 1015 km; max. Reichweite mit drei Zusatztanks 3500 km.
Gewichte (-29SMT): Norm. Startgewicht 17500 kg; max. Startgewicht 23500 kg.
Bewaffnung: Eine 30-mm-Revolverkanone GSh-301 und eine maximale Waffenlast von 4500 kg an zehn Außenstationen.
Entwicklungsstand: Die Umbauversion MiG-29SMT fliegt seit 20. April 1998. Bis zu 200 ältere Versionen der Russischen Luftwaffe werden entsprechend modifiziert. 16 neue MiG-29SMT hat die Russische Luftwaffe bestellt. Rund 1600 MiG-29 aller Versionen sind für etwa 30 Luftwaffen hergestellt worden. Von der Marineversion MIG-29K haben die Marinen von Indien und Russland 45 bzw. 20 Einsitzer und vier Doppelsitzer MiG-29KUB bestellt. Neuester Besteller: Ägypten voraussichtlich 46.
Bemerkungen: Merkmale der MiG-29SMT sind u.a.: Neues Kampfradar N-019, Head-Up-Display, MIL-STD-1553 Databus sowie Cockpit mit multifunktionalen Flachbildschirmen. Ein Satteltank hinter dem Cockpit ermöglicht zudem bessere Reichweitenleistungen. Die einsitzige Trägerversion MiG-29K (siehe Dreiseitenriss) bzw. der Doppelsitzer MiG-29KUB basieren auf der MiG-29SMT, sind aber u.a. mit vergrößerten Faltflügeln und verstärktem Fahrwerk ausgerüstet. Die Steuerung erfolgt via digitalem Dreifach-Fly-By-Wire-System. Die neuesten Varianten sind die MiG-29M und ihre zweisitzige Version, die MiG-29M2, bei welchen insbesondere die Feuerleit-, Ortungs- und Bedienungssysteme verbessert wurden. Neben den stärkeren RD-33K-Triebwerken verfügt sie über ein vierfach redundantes digitales Flugmanagementsystem. Außerdem ist ein Doppler-Bordradar Fasotron N010 sowie ein Infrarot-/TV-/Laser-System OLS-M eingebaut.
Hersteller: Russian Aircraft Corporation MiG und MAPO, Moskau, Russland.

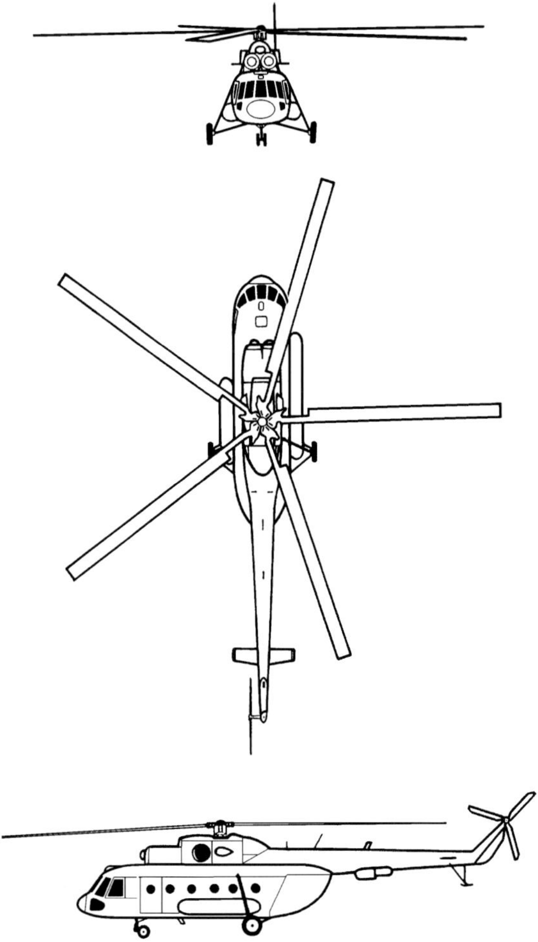

Abmessungen:
Rotordurchmesser 21,29 m
Rumpflänge ohne rotierenden Heckrotor 18,50 m
Höhe inkl. Rotorkopf 4,75 m.

MIL/KAZAN Mi-8AMTSH/MI-171A2

Ursprungsland: Russland.
Kategorie: Mittelschwerer militärischer und ziviler Mehrzweckhubschrauber.
Triebwerke: Zwei Gasturbinen Klimow VM-2500PS-03 von je 2700 WPS (2014 kW) Leistung.
Leistungen (Mi-171A2): Höchstgeschwindigkeit in 1000 m 280 km/h; Reisegeschwindigkeit 260 km/h; Dienstgipfelhöhe 6000 m; Schwebehöhe mit Bodeneffekt 4000 m, ohne Bodeneffekt 1760 m; Reichweite mit normaler Zuladung 500 km, max. 800 km.
Gewichte (Mi-171A2): Rüstgewicht 7100 kg; normales Startgewicht 11000 kg, maximal mit externer Nutzlast 13500 kg.
Zuladung: Zwei Piloten im Cockpit und bis zu 36 Soldaten bzw. 40 Passagiere; max. Nutzlast 5000 kg.
Entwicklungsstand: Die Mi-8/Mi-17 in ihren verschiedenen Ausführungen erfreut sich weiterhin großer Nachfrage, sowohl von militärischen Stellen als auch von zivilen Nutzern. Aktuell beträgt die Jahresproduktion rund 100 Einheiten. Derzeit werden folgende Varianten noch gebaut: Mi-8AMTSh, Mi-17VT und Mi-171 (Ulan Ude), Mi-8MTV-1, Mi-8MTV-5 und Mi-172 (Kazan). Neueste Aufträge u.a.: Peru 24 Mi-171Sh. Von der Mi-8/-17-Familie sind mittlerweile über 13000 Exemplare gebaut worden. Die neueste Ausführung Mi-171A2 flog erstmals im November 2014. Neueste Bestellungen: Bangladesh 7 Mi-171, Belorussia 12 Mi-8MTV-5, Indien weitere 48 Mi-17V5 (Total 199)
Bemerkungen: Die zahlreichen Varianten dieses Erfolgsmodells wurden durch eine neue ergänzt, die Zivilversion Mi-171A2 bzw. das militärische Gegenstück Mi-171M. Triebwerk, Rotor und Getriebe sind von der Mi-38 übernommen (siehe Ausgabe 2015). Der Heckrotor in X-Form verhilft zu geringerem Lärm. Dank der deutlich leistungsstärkeren Triebwerke ergeben sich generell bessere Leistungsdaten. So ist sie um 14% schneller als die Vorgängerversionen und kann eine um 25% höhere Nutzlast mitführen. Zudem verfügt die Mi-171A2 über ein Zweimann-Digitalcockpit mit CRT-Bildschirmen. Der Rumpf ist punktuell verstärkt und es sind verschiedene Standardeinrichtungen erhältlich. Die jeweils von den beiden Herstellerwerken Kazan und Ulan-Ude gebauten Hubschrauber unterscheiden sich in vielen kleinen Details.
Hersteller: Mil/Kazan Helicopters, Moskau/Kazan, Teil der Russian Helicopters Holding, Werke Ulan-Ude/Buryatia und Kazan/Tatarstan, Russland.

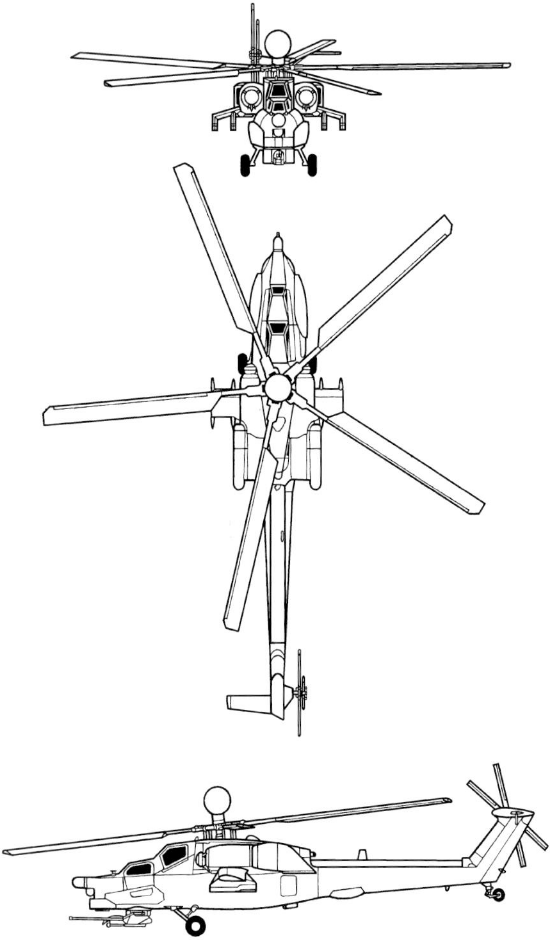

Abmessungen:
Rotordurchmesser 17,20 m
Rumpflänge 17,01 m
Höhe inkl. Rotorkopf 4,86 m.

MIL/ROSTVERTOL MI-28N

Ursprungsland: Russland.
Kategorie: Zweisitziger Kampfhubschrauber.
Triebwerke: Zwei Gasturbinen Klimow (N) TW3-117WMA bzw. (NE) VK-2500 von je 2200 WPS (1640 kW) Leistung.
Leistungen: Höchstgeschwindigkeit 305 km/h; max. Reisegeschwindigkeit 270 km/h; max. Schrägsteiggeschwindigkeit 13,6 m/Sek; Dienstgipfelhöhe 5600 m; Schwebehöhe ohne Bodeneffekt 3600 m; Aktionsradius 200 km; Überführungsreichweite mit max. Treibstoffzuladung 1100 km.
Gewichte: Leergewicht 8590 kg; norm. Startgewicht 10900 kg; max. Startgewicht 12100 kg.
Bewaffnung: Eine 30-mm-2A42-Kanone in einem drehbaren Turm unter der Rumpfnase und je zwei Waffenstationen mit einer Tragkraft von 480 kg an beiden Stummelflügeln. Typische Bewaffnung: Panzerabwehrlenkwaffen 9M114 Shturm und Luft-Luft-Lenkwaffen 9M39 Igla; max. Außenlast 2400 kg.
Entwicklungsstand: Der Prototyp der Weiterentwicklung Mi-28N nahm am 14. November 1996 die Flugerprobung auf. Eine erste Serienmaschine flog erstmals im Dezember 2005. Bis zu 167 Einheiten werden von der Russischen Luftwaffe beschafft, Ablieferung seit 2008. Derzeit sind rund 80 Maschinen im Einsatz, die erste Kampfstaffel nahm Mitte 2009 den Betrieb auf. Von der Exportversion Mi-28NE (Night Hunter) haben Algerien 42, Irak 30, Kenya offenbar 16 und Venezuela 10 Einheiten bestellt. Derzeit baut der Hersteller jährlich etwa 20 Einheiten. Seit 9. August 2013 fliegt die Trainer-Version Mi-28UB.
Bemerkungen: Die Mi-28N ist der zurzeit kampfstärkste Hubschrauber dieser Klasse. Sie verfügt über Panzerung aus Titan und Verbundwerkstoffen, um die Piloten, die Rumpftanks sowie weitere lebenswichtige Systeme zu schützen. Ähnlich wie die AH-64D (siehe Ausgabe 2012) kann die Mi-28N mit einem im Mastvisier eingebauten 360°-Millimeter-Wellenradar ausgerüstet werden. Dank der hoch entwickelten elektronischen Kampfausrüstung ist sie allwetter- und nachtkampftauglich. Die Serienausführung besitzt neue Kunststoff-Rotorblätter mit nach hinten gepfeilten Spitzen.
Hersteller: Mil/Rostvertol, Teil der Russian Helicopters Holding, Werk Rostow am Don, Moskau, Russland.

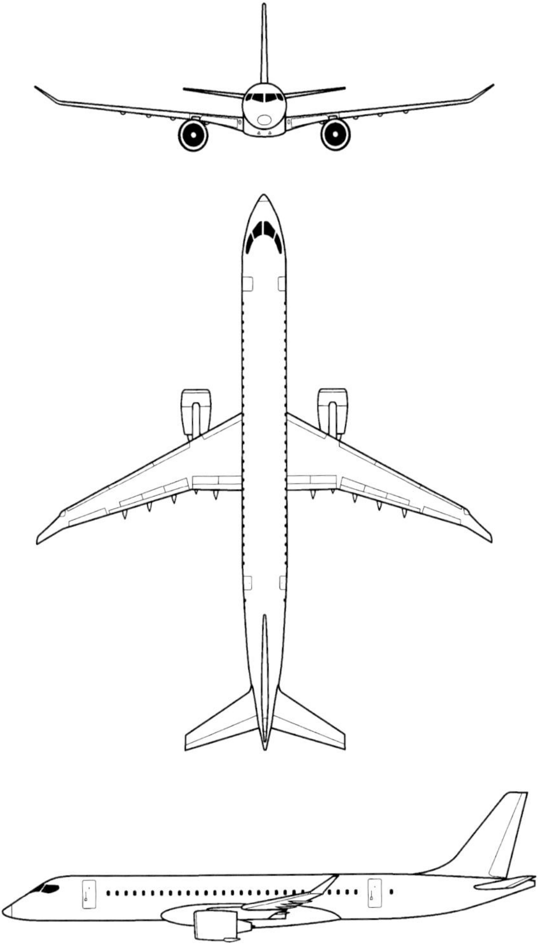

Abmessungen:
Spannweite 29,20 m
Länge (MRJ70) 33,40 m, (MRJ90) 35,80 m
Höhe 10,50 m.

MITSUBISHI REGIONAL JET MRJ

Ursprungsland: Japan.
Kategorie: Regionalverkehrsflugzeug.
Triebwerke: Zwei Mantelstromtriebwerke Pratt & Whitney (MRJ70) PW1215G von je 7060 kp (69,30 kN) bzw. (MRJ90) PW1217G von je 7975 kp (78,20 kN) Standschub.
Leistungen (nach Angaben des Herstellers): Max. Reisegeschwindigkeit Mach 0,78; Dienstgipfelhöhe 11880 m; max. Reichweite (MRJ70/ER/LR) 1889/3093/3741 km, (MRJ90/ER/LR) 2130/2400/3778 km.
Gewichte: Rüstgewicht (MRJ70/90) 21730/22640 kg; max. Startgewicht (MRJ70/ER/LR 36850/38995/40200 kg; (MRJ90ER/LR) 40995/42800 kg.
Zuladung: Zwei Mann Cockpitbesatzung und je nach Innenausstattung normalerweise (MRJ70) 76 bzw. (MRJ90) 88 Passagiere in Viererreihen.
Entwicklungsstand: Die erste von fünf Erprobungsmaschinen startete am 9. November 2015 zum Erstflug. Gemäß heutigen Plänen soll mit der Auslieferung an Kunden 2018 begonnen werden. Bis Ende 2015 sind 223 Festaufträge (+ 184 Optionen) bekannt gegeben worden, u.a. für Air Mandalay 6, All Nippon Airways (ANA) 15 + 10 Optionen, Eastern Airlines 20, SkyWest 100 + 100 Optionen, Trans States Holding 50 + 50 Optionen.
Bemerkungen: Mit diesem Muster betritt Mitsubishi Neuland und will im wachsenden Markt der Regionalflugzeuge eine Alternative zu den etablierten Mustern anbieten. Gemäß Hersteller soll die MRJ dank neuester Technologie und insbesondere wegen der Triebwerke gegenüber den Konkurrenzmodellen einen bis zu 30% geringeren Treibstoffverbrauch aufweisen. Auch sollen bei Lärm und Abgasen Bestwerte erzielt werden. Die MRJ setzt Triebwerke mit neuester Getriebetechnologie ein. Besondere Aufmerksamkeit wurde der Aerodynamik der Flügel, bestehend aus Aluminium, geschenkt. Das Cockpit ist mit dem Pro-Line-Fusion System von Rockwell Collins und großen Bildschirmen ausgerüstet. Die Steuerung des Flugzeuges erfolgt durch ein Fly-By-Wire System. Zwei Ausführungen werden angeboten, welche sich primär durch die Rumpflänge und die Triebwerke unterscheiden: MRJ70 und die um 2,40 m längere MRJ90. Von beiden wird es eine Basis- und zwei Versionen mit größerer Reichweite geben (ER und LR). Später soll die 100-plätzige MRJ100X dazu stoßen.
Hersteller: Mitsubishi Aircraft Corporation, Nagoja, Japan.

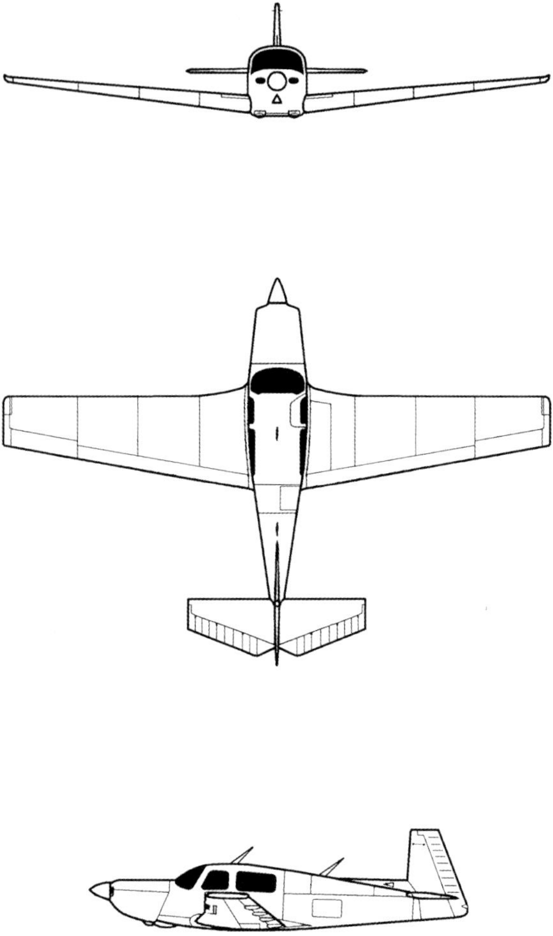

Abmessungen:
Spannweite 10,99 m
Länge 8,15 m
Höhe 2,54 m
Flügelfläche 16,10 m².

MOONEY INTERNATIONAL CORPORATION M20TN/R

Ursprungsland: USA/Volksrepublik China.
Kategorie: Reiseflugzeug.
Triebwerke: Ein luftgekühlter Sechszylinder-Boxermotor Teledyne Continental (M20TN) TSIO-550G Turbo von 280 PS (209 kW) bzw. (M20R) TSIO-550G mit 310 PS (231 kW) Leistung.
Leistungen (M20TN/R): Max. Reisegeschwindigkeit 448/364 km/h; Anfangssteiggeschwindigkeit 6,9/6,6 m/Sek; Dienstgipfelhöhe 6100 m; Reichweite mit VFR-Reserven 1800 km, mit Zusatztreibstoffbehälter 2670/3444 km.
Gewichte: Leergewicht ca. 1000 kg; max. Startgewicht 1530 kg.
Zuladung (M20TN/R): Vier Personen inkl. Piloten; max. Nutzlast 469/487 kg.
Entwicklungsstand: Die Produktion der M20 in den Versionen TN und R wurde Ende 2014 wieder aufgenommen. Der aktuelle Bestellungsstand ist nicht bekannt. Von allen Modellen der M20-Serie sind bis zur Produktionseinstellung rund 11000 Einheiten produziert worden.
Bemerkungen: 2009 musste der Hersteller die Produktion einstellen. Erst nach Übernahme durch die chinesische Meijing Group wurde die Firma unter dem neuen Namen Mooney International Corporation neu lanciert. Aktuell werden die Typen M10J/T und M20TN Acclaim Type S und M20R Ovation 3 angeboten. Letztere zwei Modelle sind das vorläufig letzte Glied einer langen Modellreihe, dessen Ausgangsmuster Mooney M20 bereits 1953 flog. Sie sind das derzeitige Spitzenangebot in der Modellreihe und zeichnen sich besonders durch höhere Reisegeschwindigkeit und hohe Steigleistungen aus. Diese mit Einziehfahrwerk ausgestatteten Muster besitzen einen neuen Dreiblattpropeller sowie eine überarbeitete Cockpitausrüstung Garmin G-1000 mit Flachbildschirmen und GFC 700 Automatic Flight Control System. Wesentliche Teile der Struktur beider M20-Varianten sind aus Aluminium. Typisch für alle heutigen Modelle sind die großen Panoramascheiben für die hinten sitzenden Passagiere. Der wesentliche Unterschied zwischen diesen beiden Varianten betrifft den Motor, die TN mit Turbolader, die R ohne. Über die neu lancierten Trainertypen M10J und M10T ist noch wenig bekannt.
Hersteller: Mooney Aircraft Corp., Tochtergesellschaft der Meijing Group, Zhengzhou, Kerrville, Texas, USA.

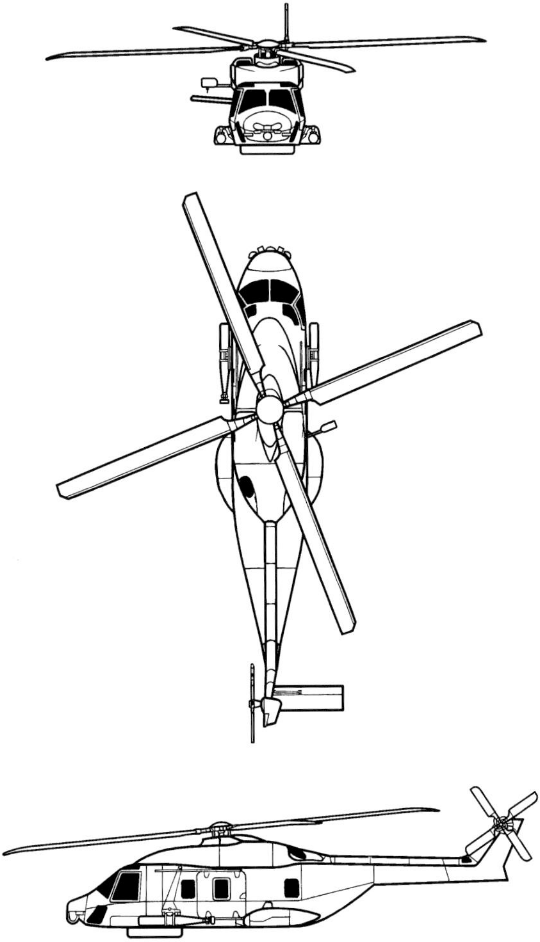

Abmessungen:
Rotordurchmesser 16,30 m
Rumpflänge 16,23 m
Höhe über Heckrotor 5,44 m.

NH INDUSTRIES NH90 CAIMAN

Ursprungsland: Deutschland, Frankreich, Italien, Niederlande.
Kategorie: Mittelschwerer militärischer (TTH) Mehrzweck- bzw. (NFH) bordgestützter U-Bootjagdhubschrauber.
Triebwerke: Zwei Gasturbinen Rolls-Royce-Turboméca RTM322-01/9 bzw. General Electric T700-T6E von je 1680 WPS (1253 kW) Leistung.
Leistungen (TTH/NFH): Höchstgeschwindigkeit 305/290 km/h; normale Reisegeschwindigkeit 260/245 km/h; Schrägsteiggeschwindigkeit 11 m/Sek; Dienstgipfelhöhe 6000 m; Schwebehöhe mit Bodeneffekt 2960 m, ohne Bodeneffekt 2355 m; Einsatzradius mit 2000 kg Nutzlast 300 km; Überführungsreichweite 1200 km; Einsatzdauer 4 Std 35 Min.
Gewichte (TTH/NFH): Leer 5945/6288 kg; max. Startgewicht 11400 kg.
Zuladung: Zwei Piloten und (TTH) 20 Soldaten bzw. 12 Verwundete, (NFH) bis zu vier Systemoperateure; Nutzlast 2500 kg.
Bewaffnung: (TTH) Kanonenbehälter und zwei schwenkbare Maschinengewehre bei den Seitentüren; (NFH) je zwei Torpedos oder Antischiffs-Lenkwaffen an Trägern seitlich am Rumpf.
Entwicklungsstand: Erstflug der ersten NH90 TTH am 18. Dezember 1995, des einzigen Prototyps der NH90 NFH 1997. Mitte 2004 wurde das erste Serienmuster der TTH in Dienst gestellt, die Marineversion folgte 2010. 540 sind aktuell bestellt: Australien 46 MRH 90, Belgien 4 TTH + 4 NFH, Deutschland (Heer) 80 TTH + (Marine) 18 NFH, Finnland 20 TTH, Frankreich (Armee) neu 74 + (Marine) 27 NFH, Griechenland 20 TTH, Italien (Armee) 70 TTH + (Marine) 10 TTH + 46 NFH, Neuseeland 9 TTH, Niederlande 20 NFH, Norwegen 14 NFH, Oman 12 TTH + 10 NFH, Schweden 13 TTH + 5 NFH, Spanien 38TTH. Das 250. Exemplar wurde im Oktober 2015 übergeben.
Bemerkungen: In der Grundkonzeption sind die NH90 TTH sowie die NH90 NFH (siehe Dreiseitenriss) weitgehend gleich. Die vorwiegend für taktische Aufgaben konzipierte TTH besitzt eine Heckladerampe. Von der TTH unterscheidet sich die Marineversion wie folgt: Weglassen der Heckladerampe, Faltrotoren, beiklappbares Rumpfheck, Spezialausrüstung für Einsatzspektrum wie FLIR, taktisches Radar, Sonar sowie zahlreiche Sensorsysteme. Die NH90 verfügt über eine weitgehend aus Verbundstoff bestehende Zelle und über eine Fly-By-Wire-Steuerung.
Hersteller: NH Industries, Aix-en-Provence, Frankreich.

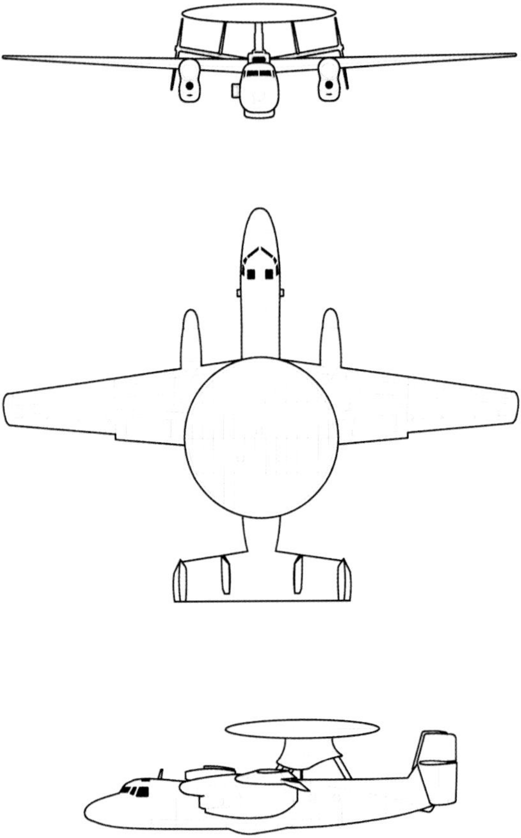

Abmessungen:
Spannweite 24,56 m
Länge 17,55 m
Höhe 5,58 m
Flügelfläche 65,03 m².

NORTHROP GRUMMAN E-2D ADVANCED HAWKEYE

Ursprungsland: USA.
Kategorie: Bordgestütztes Frühwarn- und Überwachungsflugzeug sowie fliegende Kommandozentrale.
Triebwerke: Zwei Propellerturbinen Rolls-Royce (Allison) T56-A-427A von je 5100 WPS (3800 kW) Leistung.
Leistungen: Höchstgeschwindigkeit 626 km/h; Langstrecken-Reisegeschwindigkeit 475 km/h; Anfangssteiggeschwindigkeit 12,8 m/Sek; Dienstgipfelhöhe 10575 m, normal aber 6100 m; Einsatzdauer 4 Std. bei einem Aktionsradius von 370 km; max. Flugdauer 6,1 Std; Überführungsreichweite 2885 km.
Gewichte: Rüstgewicht 19530 kg; max. Startgewicht 26083 kg.
Zuladung: Fünf Mann Besatzung, bestehend aus zwei Piloten und drei Systemoperateure im zentralen Einsatzraum.
Entwicklungsstand: Die neueste Ausführung E-2D absolvierte ihren Erstflug am 3. August 2007. Die USN beschafft bis 2021 insgesamt 75 Einheiten, 52 davon sind bereits bestellt. Das erste Serienflugzeug wurde am 29. Juli 2010 der USN übergeben, eine erste Staffel ist seit Oktober 2014 einsatzbereit. Ende 2015 waren 18 E-2D hergestellt; Jahresproduktion fünf Einheiten. Die Marine Japans beschafft vorerst vier dieser Version.
Bemerkungen: Die E-2D stellt gegenüber der Vorversion Hawkeye 2000 einen wesentlichen Fortschritt dar. Obwohl von außen kaum Unterschiede feststellbar sind, ist das Innenleben weitgehend neu. Das Herz der E-2D stellt das neue Radar AN/APY-9 dar. Es arbeitet ebenfalls im UHF-Frequenzbereich, kann jedoch besonders kleine Ziele auf große Distanzen auch in einem gestörten Umfeld besser erkennen. Dank der hohen Rechenleistung ist es in der Lage, kleine bewegliche Ziele wie beispielsweise Marschflugkörper knapp über dem Boden zu verfolgen. Auf einer Höhe von 7600 m deckt die E-2D mit einem Radius von 550 km eine um 250% größere Fläche als die E-2C ab. Zur Ausrüstung gehört auch das AN/ALQ-217-System zur passiven Funküberwachung. Auch das Cockpit mit Multifunktionsanzeigen ist völlig neu. Später soll die Advanced Hawkeye mit einer Luftbetankungssonde ausgerüstet werden.
Hersteller: Northrop Grumman Corporation, Werk St. Augustine, Florida, Los Angeles, Kalifornien, USA.

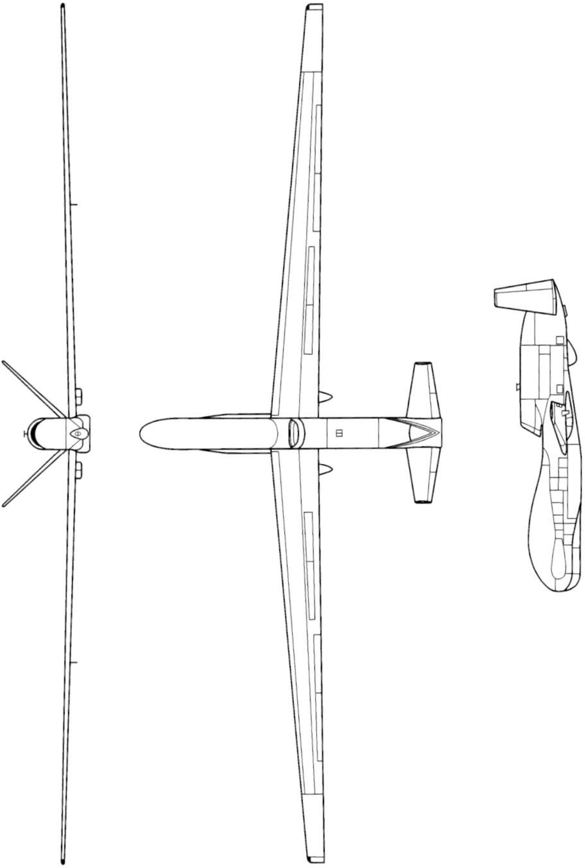

Abmessungen:
Spannweite 39,89 m
Länge 14,50 m
Höhe 4,60 m
Flügelfläche (RQ-4A) 50,10 m².

NORTHROP GRUMMAN MQ-4C TRITON

Ursprungsland: USA.
Kategorie: Hochfliegende Drohne für Seeüberwachungs- und Aufklärungsaufgaben.
Triebwerke: Ein Mantelstromtriebwerk Rolls-Royce Allison AE3007H von 4281 kp (42,0 kN) Standschub.
Leistungen: Höchstgeschwindigkeit 613 km/h (ca. Mach 0,60); Dienstgipfelhöhe 18288 m; max. Flugdauer 24+ Std; Reichweite bis zu 15186 km.
Gewichte: Leergewicht ca. 6800 kg; max. Startgewicht 14628 kg.
Zuladung: Aufklärungs- und Überwachungssysteme im Gesamtgewicht von 1452 kg intern bzw. 1089 kg extern.
Entwicklungsstand: Der erste von zwei Prototypen der Triton-Version hat am 22. Mai 2013 die Flugerprobung aufgenommen. Insgesamt will die US Navy 65 MQ-4C beschaffen. Technische und finanzielle Gründe führen zur Verschiebung der Einsatzfähigkeit auf 2017. Ausgangsmuster für die Triton ist die RQ-4-Familie von Drohnen, von denen bisher über 40 abgeliefert wurden. Weitere Besteller dieser Version: Japan 3, NATO 5, Südkorea 4. Australien beschafft den MQ-4C Triton
Bemerkungen: Der Triton ist eine für die spezifischen Bedürfnisse der US Navy angepasste Ausführung der RQ-4B Global Hawk (siehe Ausgabe 2010). Während der Rumpf konventionell aus Aluminium besteht, sind die Flügel vollständig aus Kohlefasern hergestellt und trotz großer Spannweite äußerst steif ausgelegt. Für die MQ-4C wurden die Tragflächen weiter verstärkt, da sie auch in deutlich tieferen Höhe operieren soll. Auch das gesamte Leitwerk ist aus Verbundwerkstoffen. Die MQ-4C kann sowohl autonom oder aber auch zusammen mit der Boeing P-8 (siehe Seiten 80/81) operieren. Ihr Auftrag ist, weit weg vom Ausgangsort während langen Perioden eine ununterbrochene Überwachung des Zielgebiets sicherzustellen. Für diese sog. ISR-Aufgaben (persistent maritime intelligence, surveillance and reconnaissance operations) verfügt sie u.a. über folgende Ausrüstung: 360°-Multifunktionsradar vom Typ AESA 2-D, weitreichendes Aufklärungsmodul u.a. mit elektro-optischen und Infrarot-Kameras, automatisch operierendes multi-spektrales Zielsystem, digitale Aufnahmegeräte usw. Während eines einzigen Einsatzes kann der Triton eine Meeresfläche von 7 Mio. km² überwachen.
Hersteller: Northrop Grumman Corp., Werk San Diego, Kalifornien, USA.

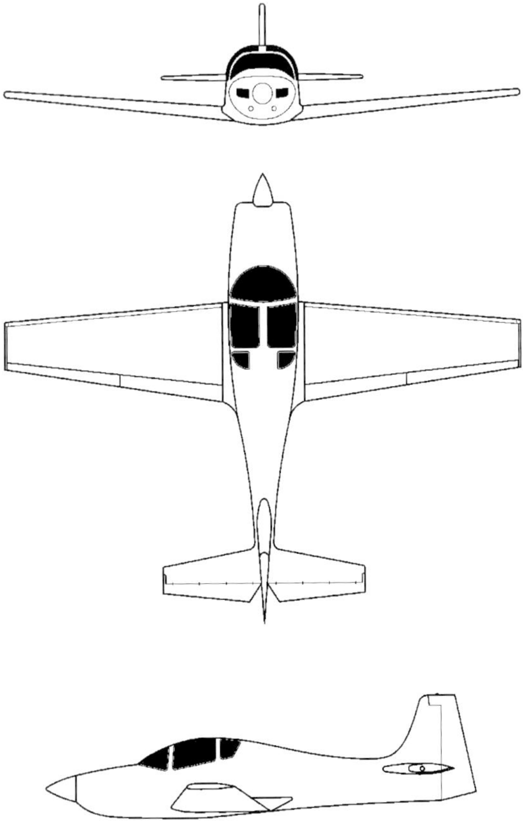

Abmessungen (T-Xc/U-Xc):
Spannweite 9,14 m
Länge 7,97 m
Höhe 2,76 m
Flügelfläche 12,46 m².

NOVAERCRAFT T-XC/ U-XC

Ursprungsland: Brasilien.
Kategorie: (T-Xc) Zweisitziger Basis- und Akrobatiktrainer, (U-Xc) Viersitziges Reise- und Verbindungsflugzeug.
Triebwerke: Ein luftgekühlter Sechszylinder-Boxermotor Lycoming AEIO-580-BIA von 315 PS (235 kW) Leistung.
Leistungen (nach Angaben des Herstellers, T-Xc/U-Xc): Max. Reisegeschwindigkeit auf Meereshöhe 385/380 km/h, auf 2430 m 370/355 km/h; Anfangssteiggeschwindigkeit 11,5/6,8 m/Sek; Dienstgipfelhöhe 6580/4870 m.
Gewichte (T-Xc/U-Xc): Leergewicht 790/887 kg; max. Startgewicht 1140/1555 kg.
Zuladung (T-Xc): Flugschüler und Fluglehrer nebeneinander; (U-Xc) Pilot und drei Passagiere, max. Nutzlast 350/668 kg.
Entwicklungsstand: Ein erster Prototyp der T-Xc Sovi nahm die Flugerprobung am 14. Oktober 2014 auf. Die Trainer-Ausführung ist u.a. für die Brasilianische Luftwaffe, die Reiseversion für den privaten Markt gedacht. Wie viele Maschinen bereits bestellt sind ist unbekannt.
Bemerkungen: Der Hersteller plant vorläufig folgende zwei Ausführungen: Einen zweisitzigen Basis- und Akrobatiktrainer T-Xc Sovi (siehe Dreiseitenriss) für militärische wie auch zivile Verwendung sowie ein viersitziges Reiseflugzeug U-Xc (siehe Foto). Obwohl von den Aufgaben her sehr unterschiedlich, ist die Grundkonstruktion beider Varianten weitgehend gleich. Die gesamte Struktur besteht aus Verbundwerkstoff. Beide verfügen auch über ein einziehbares Dreibeinfahrwerk. Dieses ermöglicht Starts und Landungen von Naturpisten aus. Das Cockpit ist weitgehend konventionell ausgelegt. Gesteuert wird mit zwei Sidesticks. Wie auch die Cirrus SR20/22 (siehe Seiten 132/133) wird die Novaer mit einem Rettungsschirm ausgerüstet sein. Die T-Xc kann für Akrobatikeinsätze Belastungen bis zu +6 G bzw. -3G aushalten. Der Innenraum beider Ausführungen weist folgende Abmessungen auf: Länge 2,98 m, Breite 1,25 m, Höhe 1,26 m. Hinter der Passagierkabine ist ein Fracht- und Gepäckraum angeordnet.
Hersteller: NOVAER Craft Empreendimentos Aeronáuticos S.A., São José dos Campos/SP, Brasilien.

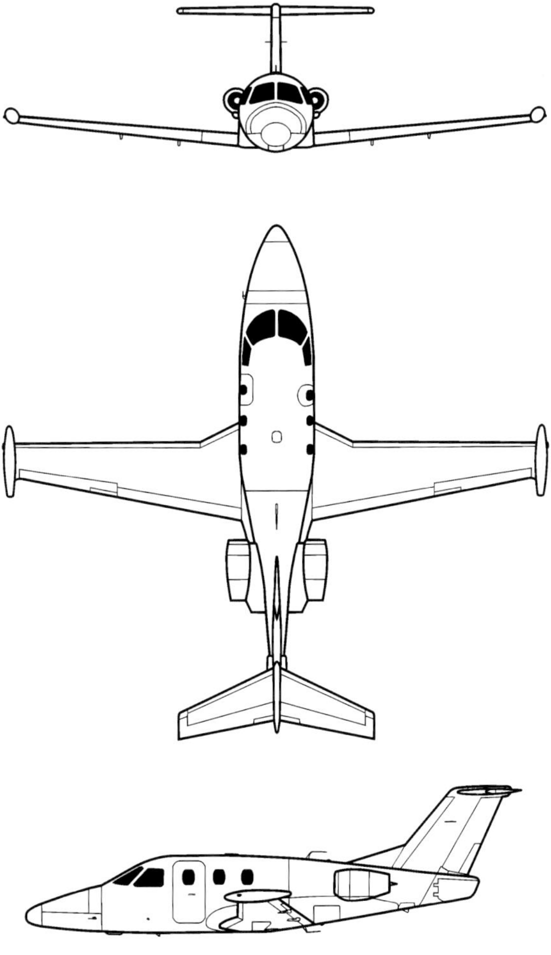

Abmessungen:
Spannweite inkl. Flügelmitteltanks 11,60 m
Länge 10,20 m
Höhe 3,40 m
Flügelfläche 13,43 m².

ONE AVIATION (ECLIPSE) ECLIPSE 550

Ursprungsland: USA.
Kategorie: Sport-, Taxi- und Firmenflugzeug.
Triebwerke: Zwei Mantelstromtriebwerke Pratt & Whitney Canada PW610F von je 408 kp (4,00 kN) Standschub.
Leistungen: Max. Reisegeschwindigkeit 694 km/h; Anfangssteiggeschwindigkeit 17,4 m/Sek; Zeit um 10688 m zu erreichen 22 Min; Dienstgipfelhöhe 12500 m; max. Reichweite mit vier Passagieren unter IFR-Bedingungen 2080 km.
Gewichte: Leergewicht 1648 kg; max. Startgewicht 2722 kg.
Zuladung: Pilot und drei bis fünf Passagiere; max. Nutzlast 1074 kg.
Entwicklungsstand: Der Erstflug des Prototyps fand am 26. August 2002 statt. Das erste mit PW610F-Triebwerken ausgerüstete Modell begann die Flugerprobung am 31. Dezember 2004. Ende 2006 begannen die Auslieferungen an Kunden. Nachdem 270 Maschinen gebaut wurden, musste wegen Konkurs des Herstellers die Produktion eingestellt werden. Aus der Konkursmasse entstand die Nachfolgegesellschaft Eclipse Aerospace, welche mit Unterstützung von Sikorsky Aircraft die überarbeitete Eclipse 550 lancierte. Nach zulassungsbedingten Verzögerungen konnte im Dezember 2014 mit den Auslieferungen an Kunden begonnen werden.
Bemerkungen: Das Konzept der Eclipse sieht einen möglichst kostengünstigen und sehr wirtschaftlichen »Volksjet« vor. Die Kunden sollen sich schwergewichtig aus bisherigen Eignern von einmotorigen Sport- und Reiseflugzeugen rekrutieren. Die ganze Konstruktion besteht aus Aluminium. Obwohl aus Kostengründen weitgehend auf Verbundwerkstoffe verzichtet wurde, ist die Eclipse im Verhältnis zur Größe recht leicht. Die Avionik von Avio umfasst u.a. Multifunktions-Anzeigen, ein GPS-basiertes Flight Management System sowie digitale Triebwerkskontrolle FADEC. Gegenüber der Eclipse 500 (siehe Ausgabe 2008) blieb das konstruktive Grundprinzip gleich. Bei der 550 sind jedoch zahlreiche Detailverbesserungen vorgenommen worden. Der Kaufpreis der neuen Version beträgt derzeit US$ 2,9 Mio., doppelt so viel wie die Vorgängervariante.
Hersteller: Eclipse Aerospace Inc., Tochtergesellschaft der One Aviation, Albuquerque, New Mexico, USA.

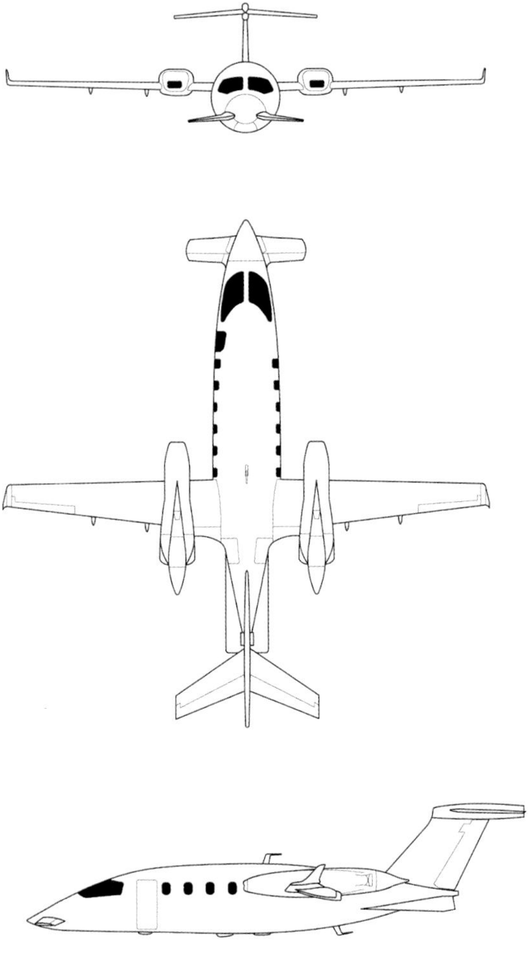

Abmessungen (Avanti EVO/P.1HH):
Spannweite Hauptflügel 14,35/15,60 m
Rumpflänge 14,41 m
Höhe 3,98 m
Flügelfläche 16,00/18,00 m^2.

PIAGGIO AVANTI EVO/ P.1HH HAMMERHEAD

Ursprungsland: Italien.
Kategorie: (Avanti EVO) Firmenflugzeug, (P.1HH) Unbemanntes Aufklärungsflugzeug.
Triebwerke: Zwei Propellerturbinen Pratt & Whitney Canada PT6A-66B von je auf 850 WPS (634 kW) reduzierter Leistung.
Leistungen (Avanti EVO/P.1HH): Höchstgeschwindigkeit 740 km/h; max. Dauergeschwindigkeit 644/592 km/h; Anfangssteiggeschwindigkeit 15,0 m/Sek; Dienstgipfelhöhe 12500/13700 m, Reichweite mit einer Nutzlast von sechs Personen und IFR-Reserven (P.180) 2637 km; max. Reichweite 3180/8140 km; Daueraufenthaltszeit (P.1HH) 16 Std.
Gewichte (Avanti EVO/P.1HH): Max. Startgewicht 5511/6146 kg.
Zuladung (Avanti EVO): Ein oder zwei Piloten und sieben bis acht Passagiere bei Standard-Innenausstattung. Für EMS-Einsätze zwei liegende Verwundete, als Frachter max. 1837 kg.
Entwicklungsstand: Erstflug des ersten Prototypen P.180 am 23. September 1986. Von der Avanti und Avanti II wurden bisher über 250 Maschinen gebaut. Die neueste Ausführung Avanti EVO fliegt seit Februar 2014. Für rund 90 Evo's bestehen Bestellungen oder Optionen, Ablieferung an Kunden seit April 2015. Ein Erprobungsträger der P.1HH Hammerhead hob am 26. November 2013 zum Erstflug ab. Sechs hat die Luftwaffe Italiens bestellt. Weiter wird eine Seeüberwachungsversion Avanti MPA angeboten. Bisher einziger Kunde ist Abu Dhabi.
Bemerkungen: Die neue Weiterentwicklung Avanti EVO besitzt nun fünfblättrige sichelförmige Propeller aus Verbundwerkstoffen. Zusammen mit den neu geformten Triebwerksverschalungen und Abgasrohren wird damit eine deutliche Reduktion des Lärms erreicht. Gegenüber der Vorversion soll der externe Lärm um ganze 68% geringer sein. Die Flügel sind neu mit Winglets ausgestattet. Zudem ist ein Zusatztank von rund 220 l eingebaut. Dank dieser Maßnahmen sollen laut Hersteller deutlich bessere Leistungswerte erzielt werden, u.a. höhere Steigleistung, 3% geringerer Treibstoffverbrauch und eine um 450 km größere Reichweite. Überarbeitet wurde auch das Fahrwerk und die Kabine ist neu gestaltet. Piaggio gibt als Verkaufspreis US$ 7,4 Mio. an. Die unbemannte Hammerhead ist für ISR-, COMINT-, ELINT- und SIGINT-Missionen vorgesehen und verfügt über die entsprechende Ausrüstung. Um bessere Höhen- und Reichweitenleistungen zu erzielen, wurde der Flügel vergrößert.
Hersteller: Piaggio Aero Industries S.p.A., Tochtergesellschaft der Mubadala Development Company, Abu Dhabi, Villanova d'Albenga, Italien.

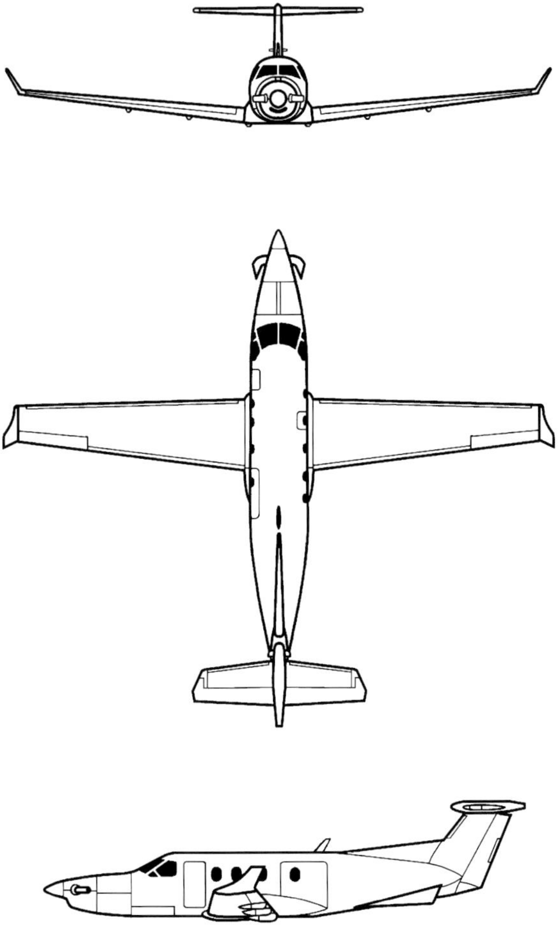

Abmessungen:
Spannweite 16,28 m
Länge 14,40 m
Höhe 4,26 m
Flügelfläche 25,81 m^2.

PILATUS PC-12NG

Ursprungsland: Schweiz.
Kategorie: Leichtes Mehrzweck- und Firmenflugzeug.
Triebwerke: Eine Propellerturbine Pratt & Whitney Canada PT6A-67P mit einer von 1845 WPS auf 1200 WPS (895 kW) reduzierten Leistung.
Leistungen: Max. Reisegeschwindigkeit 528 km/h auf 7620 m; Anfangssteiggeschwindigkeit 9,75 m/Sek; Dienstgipfelhöhe 9144 m; Reichweite mit vier Passagieren und VFR-Bedingungen 3405 km.
Gewichte: Leergewicht Frachter 2484 kg, mit Passagiereinrichtung 3076 kg; max. Startgewicht 4740 kg.
Zuladung: Pilot und Copilot/Passagier im Cockpit und bis zu neun Passagiere in Einzelsitzen; als Firmenflugzeug sechs bis acht Passagiere. Zuladung mit vollen Treibstofftanks 458 kg, max. Zuladung 1036 kg.
Entwicklungsstand: Der erste von zwei Prototypen startete am 31. Mai 1991 zum Erstflug. Im Mai 1994 begannen die Kundenauslieferungen. Die Ausführung PC-12NG ist seit 2008 erhältlich. Ende 2015 waren über 1300 Flugzeuge abgeliefert. Jährlich werden etwa 60 PC-12 gebaut. Größter Neuauftrag: Surf Air 15 (+ 60 Optionen).
Bemerkungen: Das Mehrzweckflugzeug ist für den Einsatz in der Geschäftsfliegerei bis hin zum Transporter für Fracht geeignet. Die Zelle vermag Fracht bis zu 9,34 m^3 zu laden. Eine kombinierte Variante für vier Passagiere und 5,95 m^3 Fracht wird ebenfalls angeboten. Dank einer Passagiertüre vorn und einer großen Frachttüre hinten wird der Ladevorgang erleichtert. Die PC-12 ist mit einer umfangreichen Avionik von Allied-Signal Bendix/King ausgerüstet. Sie wird laufend verbessert. Ab 2016 ist eine optimierte Version mit neuem Fünfblattpropeller, verfeinerter Aerodynamik und modernisierter Avionik erhältlich. Nebst geringerem Innenlärm verbessern sich einige Leistungsparameter. Insbesondere die Start- und Steigleistungen. Pilatus gibt als Basispreis US$ 4,055 Mio. an. Die PC-12 NG ist auch mit einem Executive Interior erhältlich.
Hersteller: Pilatus Flugzeugwerke AG, Stans, Schweiz.

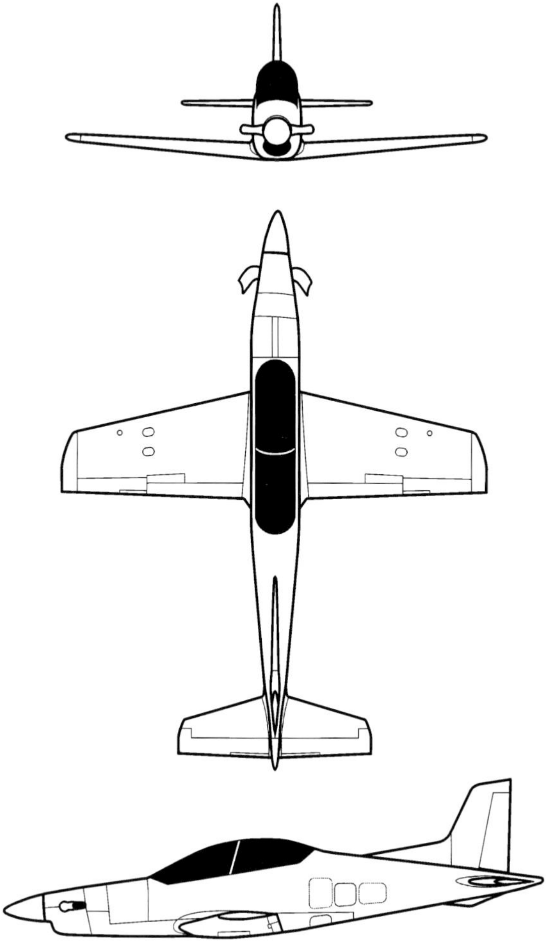

Abmessungen:
Spannweite 9,10 m
Länge 11,23 m
Höhe 3,75 m
Flügelfläche 15,22 m².

PILATUS PC-21

Ursprungsland: Schweiz.
Kategorie: Zweisitziges Trainingsflugzeug für Basic-, Advanced- und Fighter-Lead-In-Training.
Triebwerke: Eine Propellerturbine Pratt & Whitney Canada PT6A-68B mit einer von 1927 WPS (1427 kW) auf 1609 WPS (1200 kW) reduzierten Leistung.
Leistungen: Höchstgeschwindigkeit 625 km/h auf 3050 m, 600 km/h auf Meereshöhe; Anfangssteiggeschwindigkeit 22 m/Sek; Dienstgipfelhöhe 11400 m; Reichweite 1200 km.
Gewichte: Leergewicht 2270 kg; Startgewicht für Akrobatik-Einsätze 3100 kg; max. Startgewicht 4250 kg.
Entwicklungsstand: Ein Erprobungsträger fliegt seit Mai 2001, der eigentliche Prototyp nahm die Flugerprobung am 1. Juli 2002 auf. Ein zweiter folgte am 7. Juni 2004. Das Vorserienflugzeug fliegt seit 29. August 2005. Folgende Luftwaffen haben die PC-21 bisher beschafft: Schweiz 8, Qatar 24, Saudi Arabien 55, Singapur 19, UAE 25. Neueste Bestellung: Australien 49.
Bemerkungen: Unter der Bezeichnung PC-21 entwickelte Pilatus ein vollständig neues Flugzeug als Nachfolge der PC-7/9 (siehe Ausgabe 2008). Die Besonderheit des integrierten, flexiblen PC-21-Trainingssystems besteht darin, dass man das ganze Spektrum vom Anfangstraining bis hin zur Fortgeschrittenenschulung mit einem einzigen Muster abdeckt. Die Einsatz-Software wird so programmiert, dass verschiedene Kategorien von Flugzeugtypen realistisch dargestellt und geübt werden können. Jedes Cockpit mit drei EFIS-Hauptbildschirmen ist voll digitalisiert und NVG-kompatibel. Im vorderen Cockpit ist ein HUD installiert. Die Systemeingaben erfolgen u.a. über den HOTAS. Gegenüber der PC-9 unterscheidet sich die PC-21 nebst neuer Flugzeugstruktur durch ein leistungsstärkeres Triebwerk mit elektronischer Leistungsregelung, Fünfblattpropeller, Hochleistungs-Pfeilflügel mit Spoilern, Druckkabine mit automatischer Klimaanlage und Anti-g-System. Eingebaut ist auch das neueste Modell des Mk.16L-Schleudersitzes von Martin Baker mit Zero-Zero-Ausschussleistung.
Hersteller: Pilatus Flugzeugwerke AG, Stans, Schweiz.

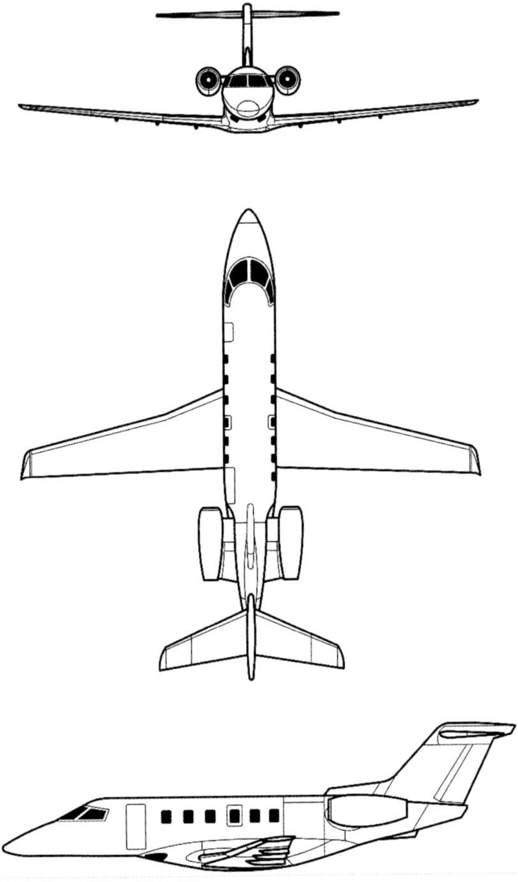

Abmessungen:
Spannweite 17,00 m
Länge 16,82 m
Höhe 5,30 m
Flügelfläche 30,91 m^2.

PILATUS PC-24

Ursprungsland: Schweiz.
Kategorie: Firmen- und Mehrzweckflugzeug für Mittelstrecken.
Triebwerke: Zwei Mantelstromtriebwerke Williams FJ44-4A von je 1542 kp (15,15 kN) bzw. mit APR 1635 kp (16,04 kN) Leistung.
Leistungen (nach Angaben des Herstellers): Max. Reisegeschwindigkeit 787 km/h; Anfangssteiggeschwindigkeit 20,7 m/Sek; Dienstgipfelhöhe 13716 m; Reichweite mit vier Passagieren 3610 km, mit sechs Passagieren 3330 km.
Gewichte: Rüstgewicht 4967 kg; max. Startgewicht 8005 kg.
Zuladung: Ein- bis zwei Piloten im Cockpit und je nach Innenausstattung zwischen sechs und zehn Passagiere, eine Kombination Passagiere/Fracht oder ausschließlich Fracht; Nutzlast bei vollen Tanks 415 kg, max. 1135 kg.
Entwicklungsstand: Am 1. August 2014 hatte der erste Prototyp seinen Roll-out. Dieser nahm die Flugerprobung am 11. Mai 2015 auf, gefolgt vom zweiten am 16. November 2015. Bisher sind bereits Bestellungen für 85 Einheiten erfolgt. Mit der Auslieferung an Kunden will man 2017 beginnen.
Bemerkungen: Pilatus nennt die PC-24 entsprechend des vorgesehenen Aufgabenfeldes »Super Versatile Jet«. Als konsequente und leistungsfähigere Weiterentwicklung der PC-12 (siehe Seiten 254/255) kann nur ein Flugzeug mit Düsenantrieb deutlich bessere Leistungen erzielen. Die PC-24 soll die Vielseitigkeit eines Turboprops mit den Leistungsdaten eines Businessjets verbinden. Dabei behält man die Robustheit und Einsatzvielfalt der PC-12 bei. So ist die PC-24 der bisher einzige Businessjet, welcher für Starts und Landungen auf kurzen und unbefestigten Pisten zugelassen sein wird. Die Kabine (Länge 7,01 m, Breite 1,69 m, Höhe 1,55 m) ist so konzipiert, dass die Sitze verschoben oder innert weniger Minuten ausgebaut werden können. Die Eingangstüre vorne und die große Frachttüre hinten erleichtern dabei den Ein- und Auslad. Im Cockpit wird die digitale Avionik Pilatus ACETM eingebaut. Pilatus gibt als Kaufpreis US$ 8,9 Mio. an.
Hersteller: Pilatus Flugzeugwerke AG, Stans, Schweiz.

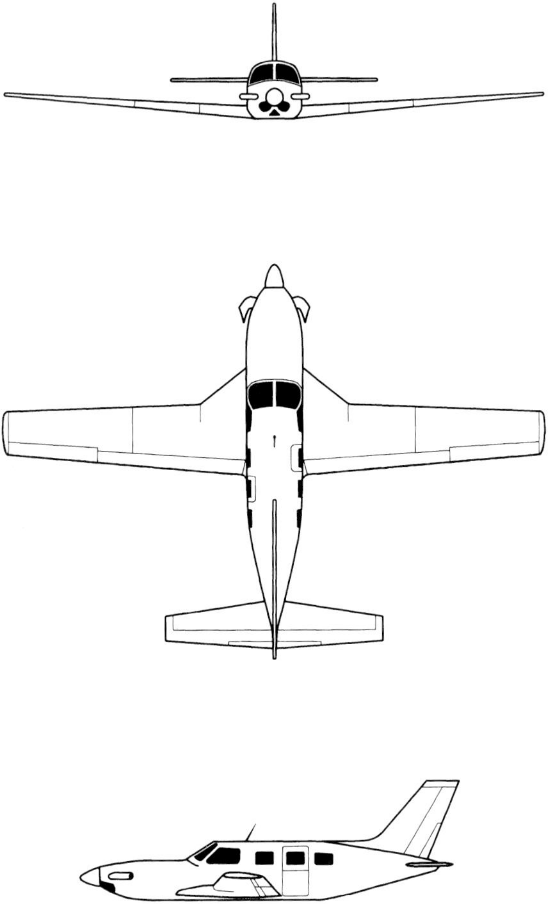

Abmessungen:
Spannweite 13,10 m
Länge 8,81 m
Höhe 3,44 m
Flügelfläche 16,26 m^2.

PIPER M350 MALIBU MIRAGE

Ursprungsland: USA.
Kategorie: Leichtes Geschäftsreiseflugzeug.
Triebwerke: Ein luftgekühlter Sechszylinder-Boxermotor Textron Lycoming TIO-540-AE2A von 350 PS (261 kW) Leistung.
Leistungen: Höchstgeschwindigkeit 430 km/h; maximale Reisegeschwindigkeit 395 km/h; Anfangssteiggeschwindigkeit 6,2 m/Sek; Dienstgipfelhöhe 7620 m; Reichweite mit max. Treibstoffzuladung und 45 Min. Reserven 2487 km.
Gewichte: Rüstgewicht 1350 kg; max. Startgewicht 1969 kg.
Zuladung: Pilot und fünf Passagiere in drei Zweierreihen hintereinander; max. Nutzlast 593 kg.
Entwicklungsstand: Erstflug des Ausgangsmuster Malibu Ende 1980. Die Malibu Mirage wurde 1989 eingeführt. Seither sind von beiden Versionen über 600 Einheiten hergestellt worden. Die jährliche Produktionsrate beträgt rund 60 Einheiten.
Bemerkungen: Die M350 Malibu Mirage ist das einzige sechssitzige Reiseflugzeug mit Kolbenmotor, welches über eine Druckkabine verfügt. Im Übrigen ist die Konstruktion konventionell, Flügel und Zelle bestehen aus Aluminium. In den druckbelüfteten Bereichen wurde das sog. »failsave«-Prinzip angewandt. Im Cockpit ist die Avionik Garmin G1000 mit drei großen Flachbildschirmen eingebaut. Verschiedene Inneneinrichtungs-Optionen sind erhältlich. Im Flug kann der Gepäckraum mittels einer Durchgangstüre erreicht werden. Das Fahrwerk ist einziehbar. In der Standardausführung kostet die Malibu Mirage etwa US$ 800.000.--.
Hersteller: Piper Aircraft Inc., Vero Beach, Florida, USA.

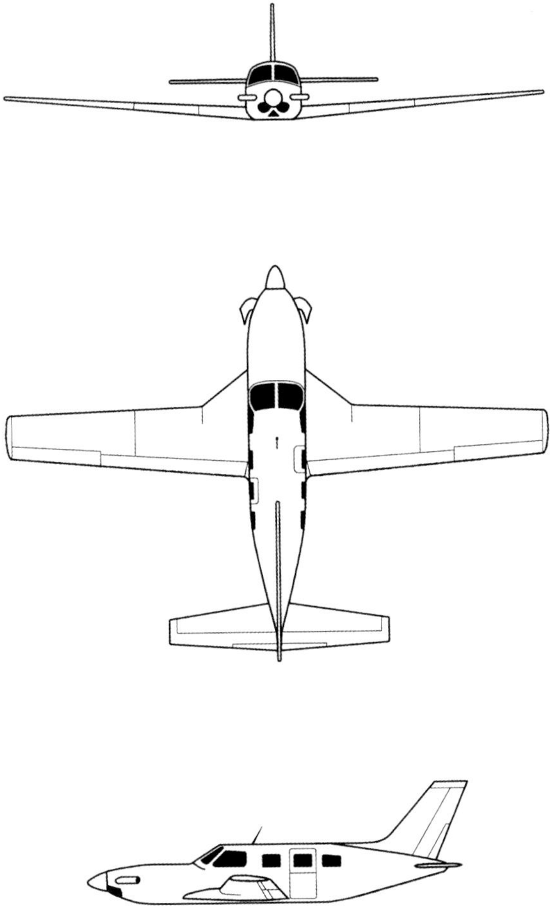

Abmessungen (M500/M600):
Spannweite 13,10/13,20 m
Länge 9,00/8,90 m
Höhe 3,40 m
Flügelfläche ca. 16,30 m^2.

PIPER M500/M600

Ursprungsland: USA.
Kategorie: Leichte Geschäftsreiseflugzeuge.
Triebwerke: Eine Propellerturbine Pratt & Whitney Canada PT6-42 von (M500) 500 WPS (373 kW) bzw. (M600) 600 WPS (447 kW) Leistung.
Leistungen (M500/M600): Maximale Reisegeschwindigkeit 482 km/h; Dienstgipfelhöhe 9144 m; Reichweite mit max. Treibstoffzuladung und 45 Min. Reserven 1852/2407 km.
Gewichte (M500/M600): Rüstgewicht 1559/1656 kg; max. Startgewicht 2310/2772 kg.
Zuladung (M500/M600): Pilot und fünf Passagiere in drei Zweierreihen hintereinander; max. Nutzlast 770/1089 kg.
Entwicklungsstand: Piper lancierte Anfang 2015 eine eigentliche Modelloffensive mit gleich drei neuen bzw. überarbeiteten Versionen des Grundmusters Malibu/Mirage/Meridian (siehe frühere Ausgaben). Alle erhalten die Prefix »M«: M350 (siehe Seiten 260/261), M500 und M600. Erste M500 wurden bereits 2015 ausgeliefert. Die M600 flog erstmals Anfang 2015. Der Hersteller rechnet mit den Auslieferungen im ersten Quartal 2016 beginnen zu können. Wie viele Maschinen dieser Serien bereits bestellt wurden, ist nicht bekannt.
Bemerkungen: Die Konstruktion der M500/M600 ist konventionell, Flügel und Zelle bestehen aus Aluminium und stellen eine kontinuierliche Weiterentwicklung von Piper dar. Das Fahrwerk ist einziehbar. Beide Modelle verfügen über eine digital gesteuerte Druckbelüftung. Im Cockpit ist die Avionik (M500) Garmin G1000 mit drei großen Flachbildschirmen bzw. (M600) Garmin G3000 mit Touchscreens eingebaut. Beide Typen sind zudem mit einem Wetterradar GWX 68 unter dem rechten Flügel versehen. Besondere Beachtung wird dem Passagierkomfort geschenkt. Verschiedene Inneneinrichtungs-Optionen sind erhältlich. Im Flug kann der Gepäckraum mittels einer Durchgangstüre erreicht werden. Für eine Basisausführung der M500 werden US$ 2,26 Mio. verlangt. Die Hauptunterschiede zwischen der M600 und der M500 bestehen im überarbeiteten Flügel, leistungsstärkerem Triebwerk mit entsprechend besseren Flugleistungen sowie ein digitales Treibstoffmanagement-System. Für die M600 verlangt Piper als Basispreis US$ 2,8 Mio. Beide Varianten sind auf Wunsch statt des Vierblattpropellers von Hartzell mit einem Fünfblattpropeller erhältlich.
Hersteller: Piper Aircraft Inc., Vero Beach, Florida, USA.

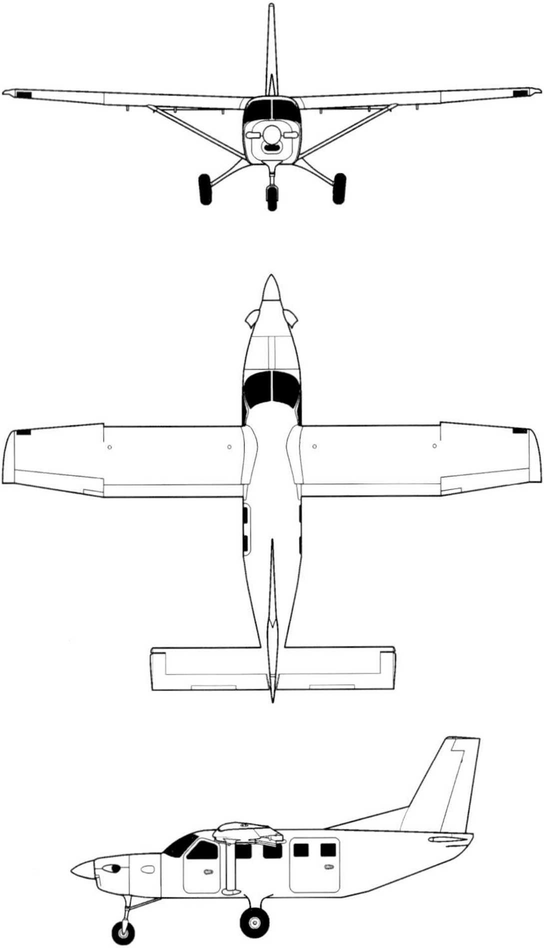

Abmessungen:
Spannweite 13,72 m
Länge 10,30 m
Höhe 4,65 m
Flügelfläche 22,29 m².

QUEST AIRCRAFT KODIAK 100

Ursprungsland: USA.
Kategorie: Einmotoriges STOL-Mehrzweckflugzeug.
Triebwerke: Eine Propellerturbine Pratt & Whitney Canada PT6A-34 von 750 WPS (559,30 kW) Leistung.
Leistungen: Max. Reisegeschwindigkeit auf 3657 m 322 km/h; Anfangssteiggeschwindigkeit 6,9 m/Sek; Dienstgipfelhöhe 7620 m; max. Reichweite 2096 km, max. Flugdauer 8,4 Std.
Gewichte: Leergewicht 1710 kg; max. Startgewicht 3290 kg.
Zuladung: Pilot und zehn Passagiere, max. Nutzlast 1400 kg.
Entwicklungsstand: Der Prototyp fliegt seit Oktober 2004. Nach Erhalt der Zulassung im Juli 2007 begannen die Auslieferungen an Kunden im Dezember 2007. Bis Ende 2015 waren rund 160 Maschinen im Einsatz. Mittlerweile werden jährlich rund 30 Maschinen hergestellt.
Bemerkungen: Die Kodiak wurde primär als sehr robustes und kostengünstiges Arbeitsflugzeug für Entwicklungsländer konzipiert. Sie ist in der Lage, auf kurzen und unvorbereiteten Flächen zu starten und zu landen. Dies nicht zuletzt dank Fowler-Landeklappen mit davor angeordneten Vortexgeneratoren. Bei der Entwicklung wirkten diverse karitative US-Organisationen mit, welche dieses Muster für Missionseinsätze verwenden wollen und sich an den Entwicklungskosten beteiligten. Anfänglich waren diese Organisationen die Hauptabnehmer der Kodiak. Drei Ausführungen sind erhältlich: Die Tundra mit einer hochdichten Bestuhlung für zehn Passagiere, die Timberline mit größerer Reichweite hauptsächlich für Business- und Freizeiteinsätze und die Summit mit einer achtplätzigen VIP-Inneneinrichtung. Auch eine Variante mit Schwimmern wird angeboten. Ausgerüstet mit einer Garmin G1000-Avionik ist der Kaufpreis einer Kodiak mittlerweile auf US$ 1,75 Mio. angestiegen. Modelle ab 2013 sind mit einer überarbeiteten Inneneinrichtung versehen, welche mehr Komfort bietet und geringeres Gewicht aufweist.
Hersteller: Quest Aircraft Company, Tochtergesellschaft der japanischen Setouchi Holding, Sandpoint, Idaho, USA.

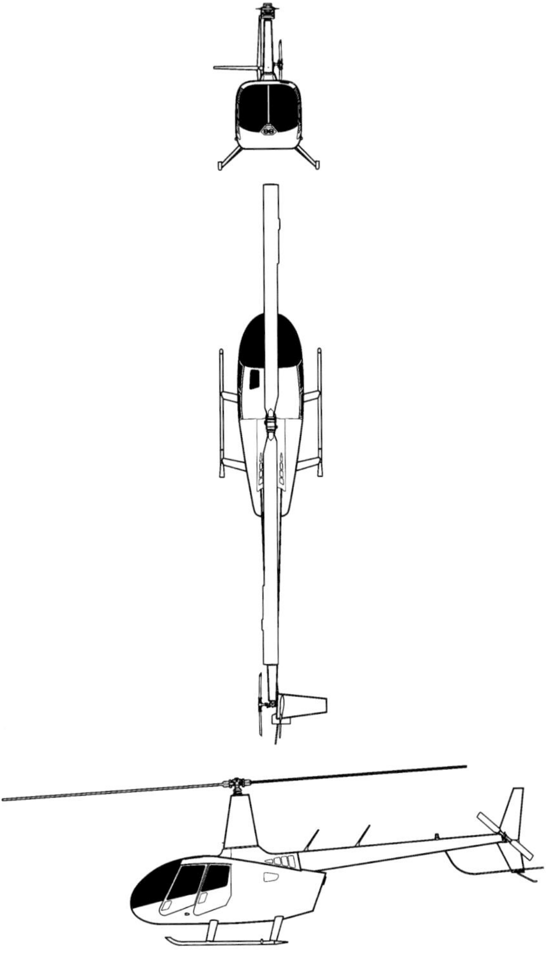

Abmessungen:
Rotordurchmesser 10,06 m
Rumpflänge inkl. drehendem Heckrotor 9,00 m
Höhe 3,48 m.

ROBINSON R66 TURBINE

Ursprungsland: USA.
Kategorie: Leichter Hubschrauber.
Triebwerke: Eine Gasturbine Rolls Royce RR 300 von 295 WPS (220 kW) Leistung.
Leistungen: Reisegeschwindigkeit 231 km/h; max. Steiggeschwindigkeit 5 m/Sek; Dienstgipfelhöhe 4267 m; Schwebehöhe mit und ohne Bodeneffekt rund 3050 m, Reichweite mit max. interner Treibstoffzuladung rund 650 km.
Gewichte: Leergewicht 581 kg; max. Startgewicht 1225 kg.
Zuladung: Ein Pilot und vier Passagiere; Nutzlast bei vollen Treibstofftanks 420 kg, mit Außenlasten max. 544 kg.
Entwicklungsstand: Die Flugerprobung des ersten Prototyps begann am 7. November 2007. Im Oktober erhielt die R66 ihre Zulassung. Mit der Auslieferung der ersten Serienmuster startete man Ende 2010. Im Dezember 2015 wurde die 700. R66 abgeliefert. Von den weiterhin gebauten Versionen R22 und R44 sind bisher über 10000 Einheiten gebaut worden. Jährlich kommen weitere rund 350 hinzu.
Bemerkungen: Äußerlich hat die R66 viele Gemeinsamkeiten mit dem Ausgangsmuster R44, wie beispielsweise die Passagierkabine mit großen Fenstern, den markanten Rotorträger sowie den Zweiblattrotor. Die Unterschiede sind mehr technischer Natur wie dank des stärkeren Turbinentriebwerks deutlich bessere Flugleistungen, besonders in großen Höhen. Zudem verfügt die R66 Turbine über generell größere Leistungsreserven. Die Kabine ist vergrößert und hat Platz für einen fünften Sitz sowie für mehr Gepäck in einem separaten Abteil. Schließlich wurde die Inneneinrichtung aufgewertet, beispielsweise serienmäßig durch Ledersitze und durch eine Stereoanlage. Den Verkaufspreis für die Basisversion ohne Optionen gibt der Hersteller mit US$ 855000 an. Für eine Flugstunde sollen Betriebskosten von nur US$ 290 anfallen. Neu ist auch eine Version mit Schwimmern erhältlich.
Hersteller: Robinson Helicopter Comp. Inc., Torrance, Kalifornien, USA.

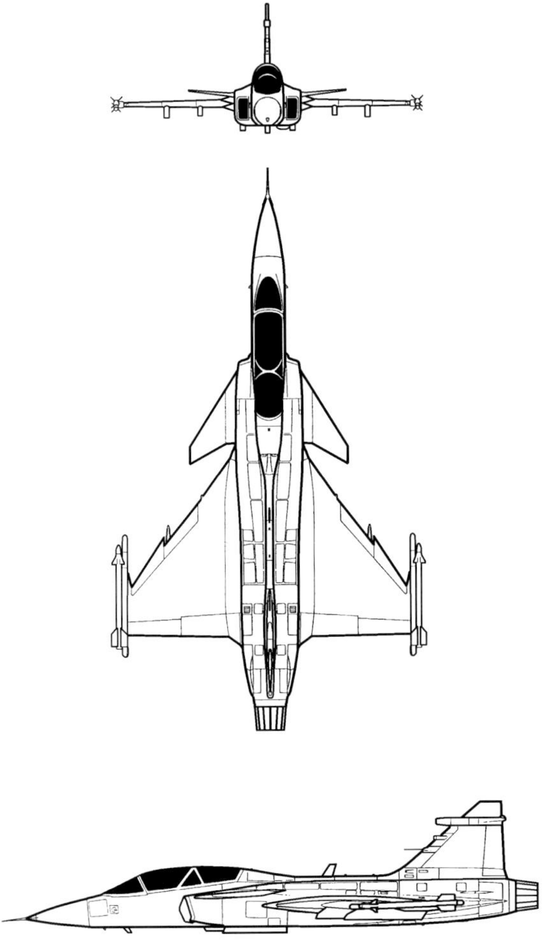

Abmessungen:
Spannweite 8,60 m
Länge (Einsitzer) 14,90 m, (Doppelsitzer) 15,20 m
Höhe 4,50 m
Flügelfläche 31,10 m^2.

SAAB GRIPEN E/F

Ursprungsland: Schweden.
Kategorie: Ein- (Gripen E) oder zweisitziger (Gripen F) Mehrzweckjäger.
Triebwerke: Ein Mantelstromtriebwerk General Electric F414G von 6470 kp (63,40 kN) ohne und 9978 kp (98,00 kN) mit Nachbrenner.
Leistungen (nach Angaben des Herstellers): Höchstgeschwindigkeit auf Meereshöhe 1400 km/h (Mach 1,2) bzw. Mach 2,0 auf 11000 m; Anfangssteiggeschwindigkeit → 200 m/Sek, Dienstgipfelhöhe → 16000 m.
Gewichte: Leergewicht 7600 kg; max. Startgewicht 16500 kg.
Bewaffnung: Eine 27-mm-Kanone Mauser BK27. An acht Flügelstationen (inkl. zwei an den Flügelspitzen) sowie zwei weiteren Stationen unter dem Rumpf kann eine Vielzahl von Waffen mitgeführt werden; max. Waffenlast 7200 kg.
Entwicklungsstand: Ein Erprobungsmuster der neuesten Ausführung Gripen E fliegt seit 27. Mai 2008. Schweden beschafft 60 Maschinen (voraussichtlich alles Umbauten aus C/D-Versionen). Brasilien bestellte vorerst 36 Einheiten. Der eigentliche Prototyp soll 2016 die Flugerprobung aufnehmen. Die Ursprungsausführung JAS 39 flog erstmals am 9. Dezember 1988. Von den Varianten A, B, C und D wurden bisher gebaut: Schwedische Luftwaffe 146 (alle Versionen), Südafrika 19 JAS39C, 9 JAS 39D, Ungarn 12 JAS 39C, 2 JAS 39D, Tschechien 12 JAS 39C, 2 JAS 39D und Thailand 12 JAS 39C/D.
Bemerkungen: Mit der Gripen E/F lancierte Saab eine deutlich verbesserte Variante. Das stärkere Triebwerk erlaubt die Verbesserung der meisten Leistungsparameter. So besitzt diese Version Supercruise-Fähigkeiten. Die erhöhte Nutzlast erlaubt das Mitführen von 1000 kg mehr Waffen. Zwei zusätzliche Aufhängepunkte unter dem Rumpf sind vorhanden. Erhöht wurde auch die Tankkapazität um 1400 l. Das verstärkte Hauptfahrwerk wurde neu unter den Flügeln positioniert und weist eine breitere Spur auf. Schließlich besitzt die New Gripen eine AESA-Radarantenne von Thales und die ganze Avionik ist nun modular aufgebaut.
Hersteller: Saab-Scania Aktiebolag, Linköping, Schweden.

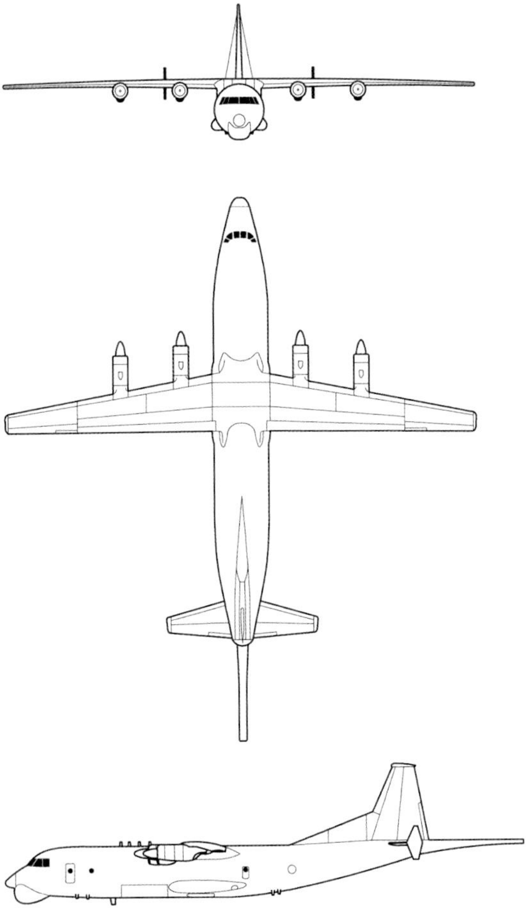

Abmessungen (Y8/Y9):
Spannweite 38,00 m
Länge 34,02/36,00 m
Höhe 11,16/11,30 m
Flügelfläche 121,86 m².

SHAANXI AIRCRAFT Y8/Y9

Ursprungsland: Volksrepublik China.
Kategorie: (Y8/Y9) Mittelschwerer militärischer Transporter, (KJ200/KJ500) Frühwarn- und Radarüberwachungsflugzeug, (Y8GX-8) ELINT-Version, (Y-8GX-6) Langstrecken-Seeaufklärer.
Triebwerke (Y8F-600/Y9): Vier Propellerturbinen Pratt & Whitney PW 150B von unbekannter Leistung bzw. Zhuzhou WoJiang-6C von je 5100 WPS (3805 kW) Leistung.
Leistungen (Y8F-400/Y9): Höchstgeschwindigkeit 640/650 km/h, Reisegeschwindigkeit 550 km/h; Anfangssteiggeschwindigkeit 7,8/? m/Sek; Dienstgipfelhöhe 8000/10100 m; Reichweite mit max. Nutzlast 2150 km, mit max. Treibstoffzuladung 4500/5000 km.
Gewichte (Y8F-400/Y9): Leergewicht 34760/39000 kg; max. Abfluggewicht 61000/77000 kg.
Zuladung (Y8F-400/Y9): Drei Mann Besatzung und bis zu 96/132 Soldaten bzw. 72 liegende und 20 sitzende Verletzte plus drei Pfleger; max. Nutzlast 15000/25000 kg.
Entwicklungsstand: Die Ursprungsausführung Y-8 fliegt seit 25. Dezember 1974, die Weiterentwicklung Y-9 seit 5. November 2010. Letztere befindet sich seit 2012 bei Luftwaffe und Marine Chinas im Einsatz. Von der AEW-Ausführung erhielt die Luftwaffe der VR China sechs Y8W, Pakistan vier als ZDK-03 bezeichnete Einheiten. Seit 2011 fliegt auch eine Seeüberwachungs- und U-Bootbekämpfungsausführung Y-8GX-6.
Bemerkungen: Von der Y8/Y9 gibt es mittlerweile eine Vielzahl von Ausführungen. Nebst der Transportversion sind mehrere AEW&C/ELINT/SIGINT-Varianten gebaut worden. Die KJ-200 basiert auf der Y8F-600 und besitzt ein elektronisch scannendes Fixradar über dem Rumpf. Sie soll am 14. Januar 2005 erstmals geflogen sein. Bei der an Pakistan abgelieferten ZDK-03 handelt es sich ebenfalls um eine Y8F-600, aber ausgerüstet mit einem drehenden »Tellerradar« analog der Iljuschin A50Ehl (siehe Ausgabe 2011). Schließlich gibt es noch die Y8W, basierend auf der älteren Y8F-400, aber ebenfalls mit Drehradar über dem Rumpf. Die Seeüberwachungs- und U-Bootbekämpfungsausführung besitzt vorne am Rumpf ein Suchradar und in der Rumpfmitte einen Waffenschacht. Im Heck wurde eine MAD-Sonde (**M**agnetic **A**nomaly **D**etector; Metallanzeigedetektor) angebracht. Zudem ist diese Ausführung mit verschiedenen elektronischen Sensoren ausgerüstet. Die Weiterentwicklung Y9 erbringt dank stärkerer Triebwerke deutlich bessere Flugleistungen.
Hersteller: Shaanxi Aircraft Company, Shaanxi, Volksrepublik China.

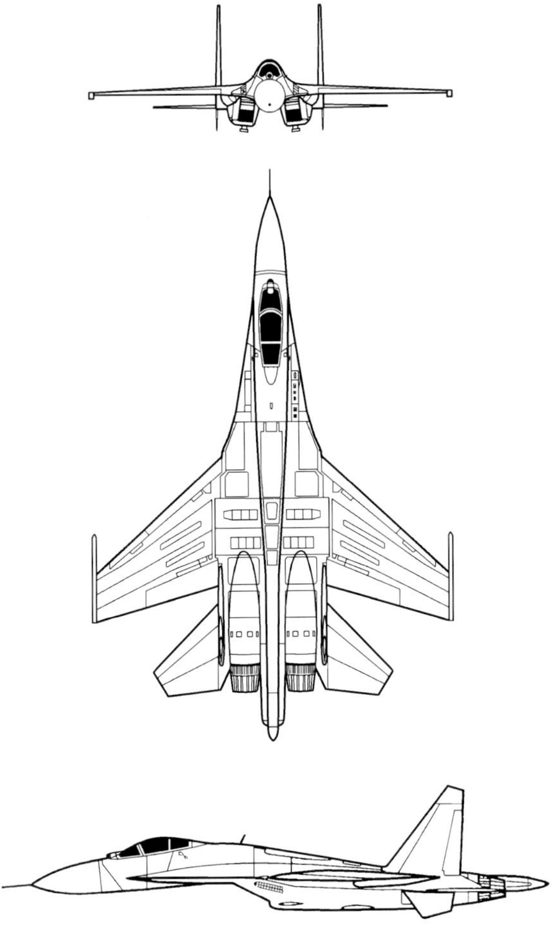

Abmessungen:
Spannweite 14,70 m
Länge 21,94 m
Höhe 6,35 m
Flügelfläche 62,04 m².

SHENYANG J-11B/J-16

Ursprungsland: Volksrepublik China.
Kategorie: Ein- oder zweisitziges Mehrzweckkampfflugzeug.
Triebwerke (J-11B/J-16): Zwei Mantelstromtriebwerke WS-10 bzw. WS-10A Taihang von je 9090 kp (89,17 KN) Standschub und 14960 kp (135,00 kN) mit Nachbrenner.
Leistungen (J-11B/J-16, geschätzt): Höchstgeschwindigkeit 2500 km/h (Mach 2,35) auf 11000 m Höhe; 1350 km/h auf Meereshöhe (Mach 1,1); Anfangssteiggeschwindigkeit 305 m/Sek; Dienstgipfelhöhe 17300 m; Einsatzradius im Tiefflug 1500 km, Reichweite mit max. Treibstoffzuladung 3900 km.
Gewichte (J-16): Leergewicht 17700 kg; normal beladen 26000 kg, max. 35000 kg.
Bewaffnung: Eine 30-mm-Kanone und Waffen aller Art bis zu 8000 kg an zwölf Aufhängepunkten, u.a. (J-11A) halbaktive Luft-Luft-Lenkwaffen.
Entwicklungsstand: Erste Bilder der Version J-16 Version sind im Juni 2012 aufgetaucht. Ein erstes Serienexemplar fliegt seit Anfang 2014. Die Produktion des Vorgängers J-11 soll Mitte 2014 zugunsten der J-16 eingestellt worden sein.
Bemerkungen: Die J-16 basiert auf der Shenyang J-11 (siehe Ausgabe 2012), welche wiederum eine chinesische Weiterentwicklung der russischen Suchoj Su-27SK (siehe Ausgabe 2006) ist. So erhielt die erste eigene Ausführung der J-11 Triebwerke, Radar und Avionik chinesischer Provenienz. Auch die Bewaffnung wurde vollständig auf einheimische Produkte umgestellt. Als erste Variante hat man die J-11A gebaut, ausgerüstet mit einer EFIS-Avionik, dem verbesserten N001VE-Radar und leistungsfähigerem Prozessor. Die Piloten können Helmvisir-gesteuerte Funktionen auslösen. Die nächste Ausführung J-11B ist als Mehrzweckkampfflugzeug ausgelegt. Die Struktur wurde durch Verwendung von Verbundwerkstoffen um rund 700 kg erleichtert. Schließlich gibt es noch den Doppelsitzer J-11BS. Der wesentlichste Unterschied zwischen der J-16 und der J-11 stellt das neue AESA-Radar chinesischer Provenienz dar. Die bordgestützte Variante der J-16, die J-15 wurde in Ausgabe 2015 vorgestellt.
Hersteller: Shenyang Aircraft Corporation, Shenyang, Volksrepublik China.

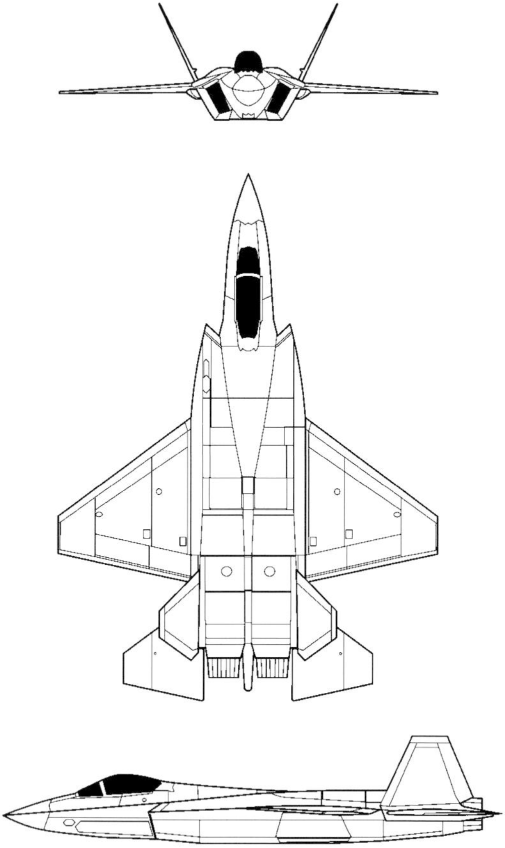

Abmessungen (noch sehr provisorische Angaben):
Spannweite 11,50 m,
Länge 16,90 m
Höhe 4,80 m
Flügelfläche ca. 40 m².

SHENYANG J-31

Ursprungsland: Volksrepublik China.
Kategorie: Einsitziges Mehrzweckkampfflugzeug.
Triebwerke (Prototyp): Zwei Mantelstromtriebwerke Klimow RD-93 oder alternativ zwei Guizhou WS-13 Taishan unbekannter Schubkraft.
Leistungen (noch sehr provisorische Angaben): Höchstgeschwindigkeit Mach 1,8; Aktionsradius 1250 km ohne bzw. 2000 km mit Zusatztanks; Überführungsreichweite 4000 km.
Gewichte (noch sehr provisorische Angaben): Normales Startgewicht 17500 kg.
Bewaffnung: Waffen können sowohl in zwei internen Waffenschächten sowie unter den Flügeln mitgeführt werden.
Entwicklungsstand: Ein erster Prototyp nahm die Flugerprobung am 31. Oktober 2012 auf. Ob es sich hierbei um ein zur Serienreife zu entwickelndes Modell oder nur um einen Erprobungsträger handelt, ist derzeit offen. Im November 2015 wurde die FC-31 Gyrfalcon vorgestellt. Es wird vermutet, dass sie eine Weiterentwicklung der J-31 primär für den Exportmarkt darstellt.
Bemerkungen: Von der Auslegung her weist die J-31 eine gewisse Ähnlichkeit zur Lockheed Martin F-22 Raptor (siehe Ausgabe 2011) auf, ist in den Abmessungen jedoch kleiner. Beobachter spekulieren über das eingesetzte Triebwerk: Denkbar ist das bekannte russische Klimow RD-93, aber auch eine neue chinesische Eigenentwicklung ist möglich. Mindestens wies der vorgestellte Prototyp keine Vektor-Steuerung der Triebwerke auf. Die Flügelanordnung kommt jener der F-35 nahe. Beide Seitenleitwerke gleichen jenen der F-22. Die ganze Formgebung deutet auf Stealth-Eigenschaften hin. Beim Fahrwerk fällt das Bugfahrwerk mit Doppelbereifung auf, was darauf hindeutet, dass dieser Typ auch für Einsätze auf Flugzeugträgern sowie auf unbetonierten Pisten vorgesehen ist. Das Modell einer möglichen Serienversion der J-31, die FC-31 zeigt u.a. vollständig überarbeitete Seitenleitwerke und eine einteilige Cockpithaube. Diese Version verfügt über einen internen Waffenschacht sowie sechs Waffenstationen unter den Flügeln, die eine Last bis zu 8000 kg zulassen dürfte. Das maximale Startgewicht soll 25000 kg betragen. Der Erstflug eines Prototyps wird für 2019 erwartet.
Hersteller: Shenyang Aircraft Corporation, Shenyang, Volksrepublik China.

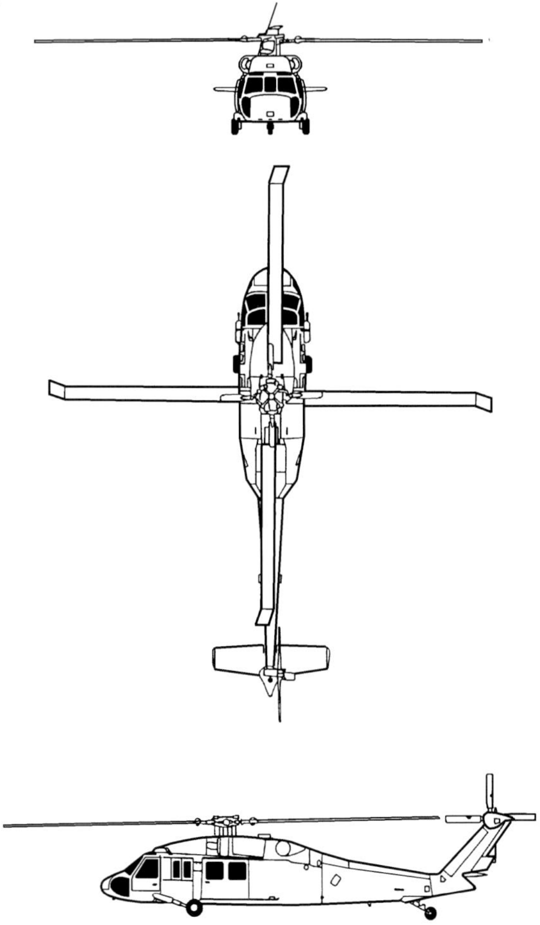

Abmessungen:
Rotordurchmesser 16,36 m
Rumpflänge 15,26 m
Höhe inkl. Rotormast 3,76 m.

SIKORSKY UH-60M BLACKHAWK

Ursprungsland: USA.
Kategorie: Taktischer Transporthubschrauber.
Triebwerke: Zwei Gasturbinen General Electric T700-GE-701D von je 2215 WPS (1651 kW) Leistung.
Leistungen: Max. Reisegeschwindigkeit 280 km/h; vertikale Steiggeschwindigkeit 5,04 m/Sek; Dienstgipfelhöhe 5837 m; Schwebehöhe mit Bodeneffekt 3206 m, ohne 1831 m; Reichweite 511 km, mit zwei 870-l-Zusatztanks 1667 km.
Gewichte: Leer 5670 kg; max. Startgewicht mit Außenlasten 10433 kg.
Zuladung: Drei Mann Besatzung und elf voll ausgerüstete Soldaten. Als Transporter bis zu 4100 kg Außenlasten am Frachthaken.
Entwicklungsstand: Die neueste Variante der umfangreichen S-70/H-70-Familie, die UH-60M, flog erstmals am 17. September 2003. 1375 (956 UH-60M/419 HH-60M) neue Hubschrauber werden für die US Army in jährlichen Tranchen von etwa 80 Maschinen bis 2026 beschafft. Die 500. wurde am 19. Juli 2012 an die US Army abgeliefert. Weitere Bestellungen für diese Version u.a.: Bahrain 9, Mexiko (Luftwaffe 18, Marine 10, Polizei 6), Schweden 15, Taiwan 60, Thailand 5, Tunesien neu 16, UAE 50. Neueste Besteller: Jordanien 3, Saudi Arabien 9, Slowakei 4. Rund 3500 Blackhawks aller Versionen sind bisher an über 30 militärische oder paramilitärische Organisationen, aber auch vereinzelt an Private geliefert worden. Neben der UH-60M wird auch die UH-70i produziert (Bestellungen u.a. Kolumbien 7, Türkei 109 T-70i).
Bemerkungen: Die UH-60M stellt eine wesentlich weiter entwickelte Ausführung der UH-60L dar. Durch verschiedene Verbesserungen steigt die Lebensdauer der Triebwerke an. Ihre Leistung konnte zudem um 4% erhöht werden. Weitere Merkmale der UH-60M sind die größere Treibstoffkapazität, breitere Rotorblätter und ein neues Glascockpit. Die Avionik umfasst auch ein GPS sowie einen neuen Autopiloten. Zudem ist die Struktur verstärkt. Später kommen vielleicht ein Fly-By-Wire-System und auch neue Triebwerke GE CT7-8C der Leistungsklasse 3000 WPS hinzu. Seit 2010 wird eine als S-70i bezeichnete Weiterentwicklung der UH-60L angeboten, die über eine crash-resistentere Kabine verfügt. Ganz neu ist die HH-60W, die Combat Rescue-Version für die USAF. Bis zu 112 sollen beschafft werden. Sie verfügen über eine Sonderausrüstung sowie größere Treibstofftanks.
Hersteller: Sikorsky Aircraft Corp., Tochtergesellschaft von Lockheed Martin, Stratford, Connecticut, USA.

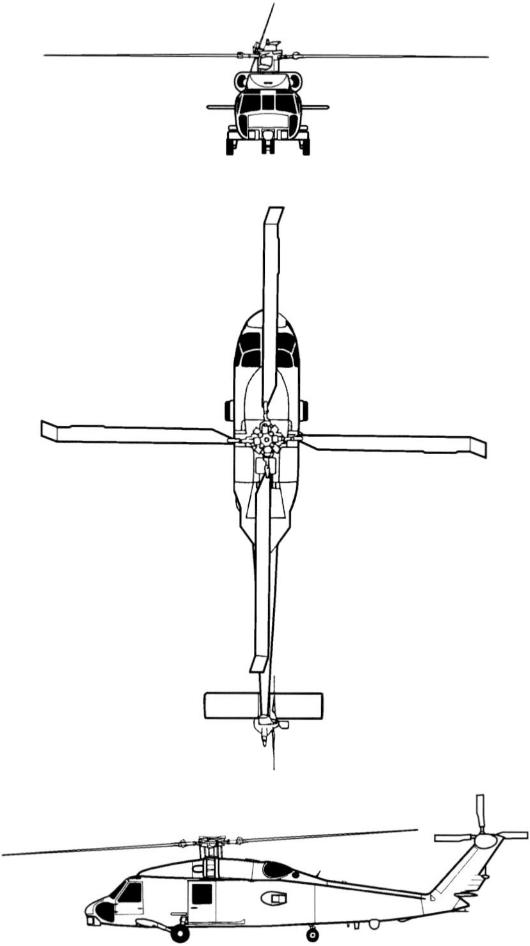

Abmessungen:
Rotordurchmesser 16,36 m
Rumpflänge 15,26 m
Höhe inkl. Rotormast 3,79 m.

SIKORSKY MH-60R STRIKEHAWK

Ursprungsland: USA.
Kategorie: Bordgestützter U-Bootjäger- und Mehrzweckhubschrauber.
Triebwerke: Zwei Gasturbinen General Electric T700-GE-401C von je 1900 WPS (1417 kW) Leistung.
Leistungen: Höchstgeschwindigkeit 272 km/h auf Meereshöhe; max. Reisegeschwindigkeit 249 km/h auf 1525 m; Aufenthaltsdauer 3 Std. 50 Min. in 92 km bzw. 45 Min. in 483 km Entfernung vom Stützpunkt.
Gewichte: Leergewicht 6191 kg; max. Startgewicht 10700 kg.
Bewaffnung: Zwei Torpedos Mk.46 oder zwei Antischiffslenkwaffen Penguin sowie AGM-114 Hellfire-Panzerabwehrlenkwaffen und ein 7,62-mm-Maschinengewehr.
Entwicklungsstand: Eine aus einer SH-60B umgebaute MH-60R flog erstmals am 19. Juli 2001, die erste voll ausgerüstete Ausführung am 4. April 2002. 291 sollen bis 2017 durch die US Navy erworben werden, die 200. wurde im Dezember 2014 ausgeliefert. Eine erste Staffel hat im Oktober 2007 die Einsatzfähigkeit erlangt. Die Marine Australiens beschafft 24 Einheiten, Dänemark 9, Qatar 6 und Süd Korea 8. Neuster Besteller: Saudi Arabien voraussichtlich 10. Von den verschiedenen Versionen der SH/HH/MH-60 wurden über 550 Einheiten an zehn Marinen oder Küstenwachen geliefert. In beschränkten Zahlen sind diese Ausführungen weiterhin im Bau, u.a. für die Marinen von Brasilien (zusätzliche 2) und Singapur (zusätzliche 2) und eventuell auch für die Indische Marine (16).
Bemerkungen: Während die Grundstruktur der MH-60R gegenüber dem Ausgangsmuster in etwa gleich bleibt, stellt sie in vielen Bereichen eine Neukonstruktion dar. So verfügt sie u.a. über ein EFIS-Glascockpit, APS-147-Mehrzweckradar, AQS-22-Sonar, Akustik-Prozessor. FLIR-Sensor und ECM-Ausrüstung sind ebenfalls völlig neu. Später sollen neue Triebwerke der 3000 WPS-Klasse (2240 kW) eingebaut werden, welche sowohl die Flugleistungen als auch die Wirtschaftlichkeit verbessern. Die Ausrüstung der MH-60R ermöglicht es, mehrere Aufgaben der früheren SH-60B/SH-60F/HH-60H-Versionen in einem Muster zu vereinen. Eine Transport- und Mehrzweckversion MH-60S (siehe Ausgabe 2008) der USN wird bei einem Gesamtbedarf von 275 weiterhin gebaut. Die SH-60K der Japanischen Marine ist eine verbesserte Ausführung der SH-60J mit einer der MH-60R ähnlichen Aufdatierung.
Hersteller: Sikorsky Aircraft Corp., Tochtergesellschaft von Lockheed Martin, Stratford, Connecticut, USA.

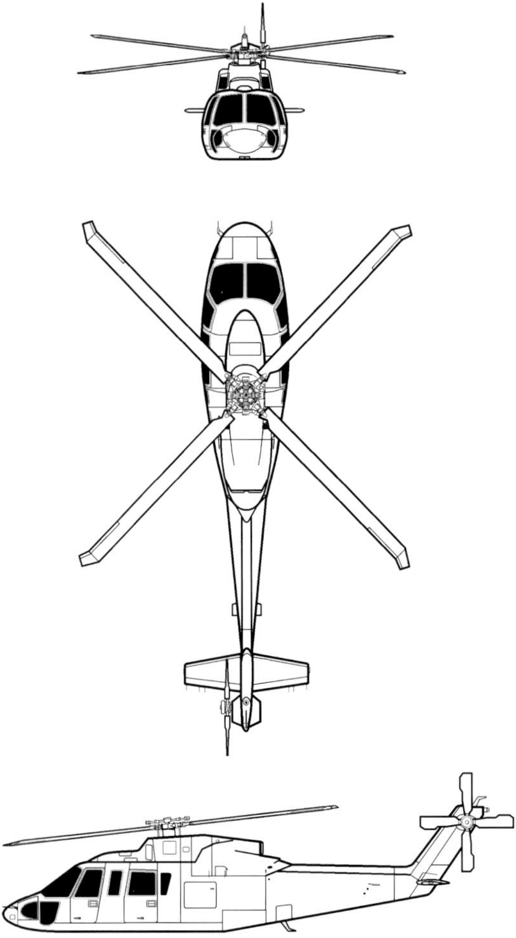

Abmessungen:
Rotordurchmesser 13,41 m
Rumpflänge 13,22 m
Höhe über Heckleitwerk 3,58 m.

SIKORSKY S-76D

Ursprungsland: USA.
Kategorie: Ziviler Mehrzweck- und Transporthubschrauber.
Triebwerke: Zwei Gasturbinen Pratt & Whitney PW 210S von je 1050 WPS (783 kW) Leistung.
Leistungen: Höchstgeschwindigkeit 287 km/h auf Meereshöhe; Reisegeschwindigkeit 260 km/h; Dienstgipfelhöhe 4572 m; Schwebehöhe mit Bodeneffekt 2957 m bzw. ohne Bodeneffekt 1524 m; Reichweite mit normaler Treibstoffzuladung und 30 Min. Reserven 639 km, ohne Reserven 834 km.
Gewichte: Leergewicht 3269 kg; max. Startgewicht 5307 kg.
Zuladung: Ein bis zwei Piloten und normal sechs, maximal 12 Passagiere; max. Nutzlast (Utility/Executive, S-76C++, siehe Dreiseitenriss) 2129/1571 kg.
Entwicklungsstand: Der Prototyp der S-76D hob erstmals am 7. Februar 2009 ab. Mit den Auslieferungen begann man später als geplant erst im zweiten Quartal 2013. Bisher sind Bestellungen bzw. Kaufabsichtserklärungen für 100 Exemplare bekannt gegeben worden, darunter von Bristow bis zu 26, Saudi Arabien für 12 (+ 8 Optionen), Zhuhai Helicopters 15, Japan Coast Guard 11, Air Engiadina 1. Jährlich werden rund 20 Einheiten produziert. Von allen S-76-Versionen baute der Hersteller bisher über 800 Hubschrauber.
Bemerkungen: Die derzeit neueste Ausführung S-76D ist mit leistungsfähigeren und verbrauchsgünstigeren Triebwerken ausgestattet. Besonders in heißen und hochgelegenen Regionen kann sie wesentlich größere Nutzlasten mitführen. Zudem verfügt sie über vibrationsärmere Rotorblätter aus Verbundwerkstoffen. Neu ist auch die TopDeck-Avionik von Thales. Wegen der umfangreicheren Ausrüstung musste auch das elektrische System verstärkt werden. Mit der S-76D zielt der Hersteller primär auf den VIP-Hubschraubermarkt. Diese Version ist mit einer entsprechend komfortablen Inneneinrichtung ausgerüstet. Im Flug soll sie noch vibrations- und geräuschärmer als die Vorgängerversion sein. Der Rumpf und weitere Elemente werden von Aero Vodochody in Tschechien hergestellt.
Hersteller: Sikorsky Aircraft Corp., Tochtergesellschaft von Lockheed Martin, Stratford, Connecticut, USA.

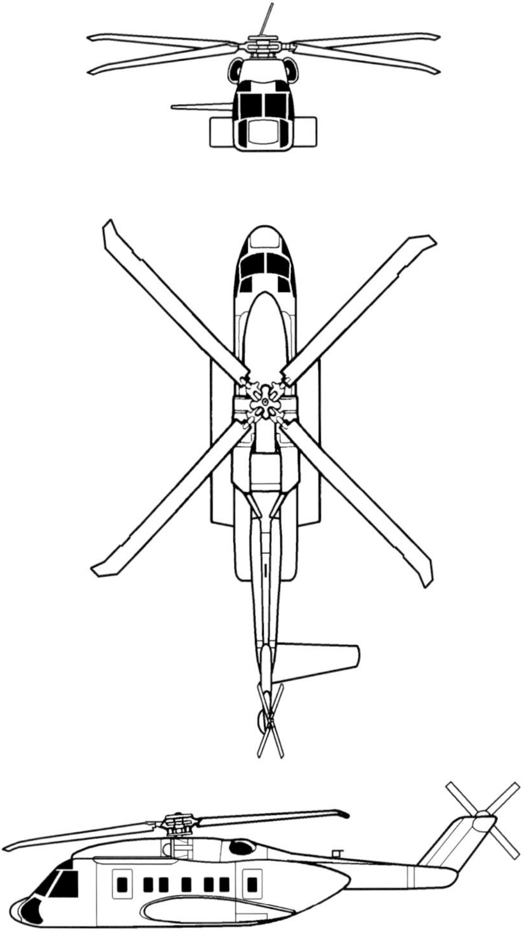

Abmessungen:
Rotordurchmesser 17,17 m
Rumpflänge 17,10 m
Höhe inkl. Rotorkopf 4,71 m.

SIKORSKY S-92 HELIBUS/CH-148 CYCLONE

Ursprungsland: USA.
Kategorie: Ziviler und militärischer Mehrzweckhubschrauber.
Triebwerke: Zwei Gasturbinen General Electric CT7-8 von je 2400 WPS (1790 kW) Leistung.
Leistungen (S-92): Höchstgeschwindigkeit 305 km/h; max. Reisegeschwindigkeit 280 km/h; normale Reisegeschwindigkeit 254 km/h; Dienstgipfelhöhe 4570 m; Schwebehöhe mit Bodeneffekt 3261 m, ohne Bodeneffekt 1942 m; Reichweite mit 19 Passagieren ohne Reserven 996 km, max. 1272 km.
Gewichte (S-92): Leergewicht 7212 kg; max. Startgewicht mit interner Nutzlast 12150 kg, mit externer Nutzlast 12837 kg.
Zuladung: Zwei Piloten und zwischen 19 und 22 Passagiere; max. externe Nutzlast 4760 kg.
Bewaffnung (CH-148): Torpedos, Minen und Lenkwaffen an Auslegern seitlich am Rumpf.
Entwicklungsstand: Das erste von vier Erprobungsexemplaren S-92A startete am 23. Dezember 1998 zum Erstflug. Die Ablieferung an Kunden begann Mitte 2004. Mehr als 240 Hubschrauber waren Ende 2015 im Einsatz, darunter mehrere als Staatshubschrauber (Bahrain, Guinea, Qatar, Südkorea, Thailand, Türkei, Turkmenistan). 28 Einheiten einer Mehrzweckversion CH-148 Cyclone (Erstflug 15. November 2008, Ablieferung ab Mitte 2012) erhält die Marine Kanadas. Die bisher größten zivilen Besteller sind CHC Helicopters mit 39 und Bristow mit 47 Einheiten. Vorläufig sechs als VH-92 bezeichnete S-92 werden für die Flotte des US Präsidenten beschafft. Bristow betreibt seit Ende 2014 elf S-92 im Auftrag der UK Coast Guard als Rettungshubschrauber.
Bemerkungen: Während der Rumpf eine völlige Neukonstruktion darstellt, sind die meisten dynamischen Komponenten (Haupt- und Heckrotor, Rotorkopf) von der S-70 übernommen. Die geräumige Kabine (Länge 5,67 m, Breite 2,00 m, Höhe 1,83 m) bietet einen Komfort wie ein Linienflugzeug, so z.B. bezüglich Lärm und Vibration. Das Fahrwerk ist einziehbar. Zum besseren Beladen ist eine Heckladerampe vorhanden. Nebst der heute üblichen Elektronik verfügt die S-92 über die Besonderheit eines digitalen Flugkontrollsystems (AFCS), das den Hubschrauber auch im Schwebeflug automatisch steuert. Als Avionik gelangt die Collins Pro Line 21 zum Einbau. Die S-92 soll dank verschiedener Rüstsätze für eine Vielfalt von Aufgaben einsetzbar sein, u.a. Offshore-Einsätze, SAR-, ASW-Aufgaben sowie für VIP- und Commuterflüge.
Hersteller: Sikorsky Aircraft Corp., Tochtergesellschaft von Lockheed Martin, Stratford, Connecticut, USA.

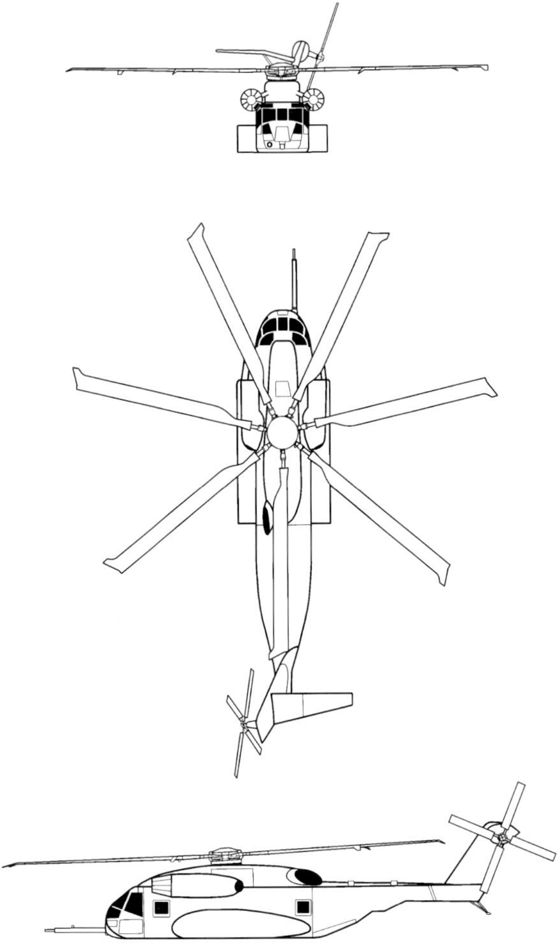

Abmessungen:
Rotordurchmesser 24,00 m
Rumpflänge inkl. Rotor 30,20 m
Höhe 8,46 m.

SIKORSKY CH-53K KING STALLION

Ursprungsland: USA.
Kategorie: Schwerer Transporthubschrauber.
Triebwerke: Drei Gasturbinen General Electric GE38-1B von je 7500 WPS (5600 kW) Leistung.
Leistungen (nach Angaben des Herstellers): Reisegeschwindigkeit 315 km/h; max. Schrägsteiggeschwindigkeit 13,00 m/Sek; Dienstgipfelhöhe 4380 m; Aktionsradius mit einer Nutzlast von 12200 kg 200 km; Reichweite mit max. interner Treibstoffzuladung rund 840 km.
Gewichte: Leergewicht 15071 kg; beladen 33600 kg; max. Startgewicht 38400 kg.
Zuladung: Zwei Piloten und zwischen 37 und 55 voll ausgerüstete Soldaten. Je nach Einsatz zusätzlich drei Mitrailleure; max. Nutzlast 15900 kg.
Bewaffnung: Möglichkeit an den beiden Seitentüren und auf der Heckladerampe Maschinengewehre fest einzubauen.
Entwicklungsstand: Ein erster Prototyp YCH-53K hatte am 5. Mai 2014 den Roll-out und hat am 27. Oktober 2015 die Flugerprobung aufgenommen. Insgesamt sind vier fliegende Erprobungsmuster geplant. Das USMC will rund 200 Einheiten beschaffen, die ersten vier wurden mittlerweile bestellt. Mit der Indienststellung rechnet man ab 2019.
Bemerkungen: Die neu als King Stallion bezeichnete CH-53K sieht äußerlich fast gleich wie das Vorgängermuster CH-53E aus. Dabei handelt es sich bei ähnlichen Außenabmessungen weitgehend um eine Neukonstruktion und sie ist wesentlich leistungsfähiger. Im Vergleich zum Ausgangsmuster weist die CH-53K u.a. folgende Veränderungen bzw. Verbesserungen auf: Neuer siebenflügliger Hauptrotor aus Verbundwerkstoffen, neue und um 57% leistungsstärkere Triebwerke die generell bessere Flugleistungen, besonders in hoch gelegenen heißen Gebieten ermöglichen. So kann sie im Vergleich zur CH-53E eine Nutzlast von 12200 kg etwa doppelt so weit transportieren. Sie wird auch rund 37 km/h schneller sein. Wie heute üblich, gelangt ein Multifunktionscockpit zum Einbau. Das Steuerungssystem beruht auf Fly-By-Wire-Basis. Die Kabine misst in der Länge 9,10 m, in der Höhe 2,00 m und in der Breite 2,70 m und ist damit rund 0,25 m breiter als jene der CH-53E. Das Innenvolumen nimmt um rund 15% zu. Der Rumpf besteht weitgehend aus Verbundwerkstoffen.
Hersteller: Sikorsky Aircraft Corp., Tochtergesellschaft von Lockheed Martin, Stratford, Connecticut, USA.

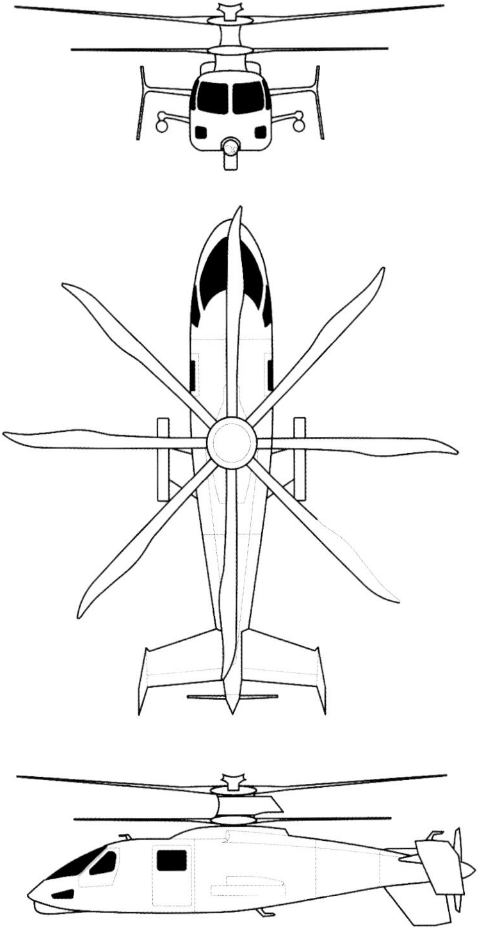

Abmessungen:
Rotordurchmesser 10,36 m
Durchmesser Heckpropeller 2,13 m
Rumpflänge 11,28 m.

SIKORSKY S-97 RAIDER

Ursprungsland: USA.
Kategorie: Erprobungsträger für einen militärischen Mehrzweckhubschrauber der nächsten Generation.
Triebwerke: Eine Gasturbine General Electric YT706-GE-700R mit einer Leistung von rund 2600 WPS (1950 kW).
Leistungen (erste Schätzungen): Höchstgeschwindigkeit unbewaffnet bis zu 500 km/h, bewaffnet 410+ km/h; Einsatzhöhe bei 36° C bis zu 3050 m; Reichweite mit max. interner Treibstoffzuladung mehr als 600 km; maximale Flugdauer 2,7 Std.
Gewichte: Max. Startgewicht 5171 kg.
Zuladung: Zwei Mann Besatzung und bis zu sechs Soldaten.
Bewaffnung: An Pylonen seitwärts am Rumpf können Hellfire-Lenkwaffen, ungelenkte 2,75-Zoll-Raketen sowie 20-mm-Kanonen bzw. 7,62-mm-Maschinengewehre mitgeführt werden.
Entwicklungsstand: Die erste S-97 wurde im Oktober 2014 der Öffentlichkeit vorgestellt und startete am 22. Mai 2015 zum Erstflug. Dieses Muster ist ausschließlich mit Firmenmitteln finanziert. Ein Serienbau ist nach heutigem Kenntnisstand nicht vorgesehen.
Bemerkungen: Basierend auf dem Erprobungsträger Sikorsky X2 (siehe Ausgabe 2009) wurde die Weiterentwicklung S-97 primär für militärische Einsätze lanciert. Die Absicht des Herstellers ist, mit diesem Typen den Hubschraubermarkt zu revolutionieren. Deshalb vereinigt die S-97 eine ganze Anzahl wichtiger Innovationen, u.a. starrer Coaxial-Rotor aus Verbundwerkstoff, vierblättriger Schubpropeller, Fly-By-Wire-Steuerung, aktiv gesteuertes Höhen- und Seitenleitwerk. Der Rumpf besteht vollständig aus Verbundwerkstoffen. Die S-97 soll im Flug äußerst agil und wendig zu steuern sein, schneller, höher und weiter fliegen als konventionelle Hubschrauber heutiger Generation. Alle diese Eigenschaften befähigen diesen Typ besonders für militärische Spezialoperationen und sogenannte Scout-Einsätze. Erkenntnisse aus der Erprobung der S-97 sollen im neuen Projekt SB-1 Defiant einfließen, mit dem sich Sikorsky am Wettbewerb für einen potenziellen Nachfolger der UH-60-Reihe bewirbt.
Hersteller: Sikorsky Aircraft Corp., Tochtergesellschaft von Lockheed Martin, Stratford, Connecticut, USA.

Abmessungen (Su-30MK):
Spannweite 14,70 m
Länge 21,93 m
Höhe 6,35 m
Flügelfläche 63,20 m².

SUCHOJ SU-30MKK/MKI/MK2

Ursprungsland: Russland.
Kategorie: Zweisitziges Mehrzweckkampfflugzeug.
Triebwerke: Zwei Mantelstromtriebwerke Saturn (Lyulka) AL-31F von je 8100 kp (79,43 kN) Standschub ohne und 12500 kp (122,60 kN) mit Nachbrenner.
Leistungen (Su-30MK): Höchstgeschwindigkeit Mach 2,0 in großer Höhe; 1350 km/h auf Meereshöhe (Mach 1,1); Anfangssteiggeschwindigkeit 330 m/Sek; Dienstgipfelhöhe 17300 m; Einsatzradius im Tiefflug 1270 km, Reichweite in großen Höhen 3000 km, mit einer Flugbetankung 5200 km.
Gewichte (Su-30MKK): Leergewicht 17700 kg; max. Startgewicht 34500 kg.
Bewaffnung: Eine 30-mm-Kanone GSh-301 und Waffen aller Art bis zu 8000 kg an zwölf Aufhängepunkten.
Entwicklungsstand: Die Mehrzweckversion Su-30M fliegt seit 30. Dezember 1989, gefolgt von der Su-30MKK 1993 und der Su-30MKI am 26. November 2000. Mehr als 200 Su-30MKK bzw. Su-30MK2 beschaffte die Chinesische Luftwaffe, 24 die Marine. Folgende weitere Luftwaffen setzen diese oder Unterversionen davon ein: Algerien neu 62 Su-30MKI, Indien 314 (Lizenzbau), Indonesien 18+ Su-30MK, Malaysia 16 Su-30MKM, Russland: Luftwaffe neu 68 Su-30SM, neu Marine 20 Su-30SM, Venezuela 24 Su-30MKV, Vietnam bis zu 36 Su-30MK2, Uganda 8-12? Su-30MK2. Neueste Besteller: Angola 12 Su-30K, Kazakhstan 36 Su-30SM,
Bemerkungen: Die doppelsitzige Ausführung Su-30M ist vorwiegend für Jagdbomber-Einsätze vorgesehen. Entsprechend dem Aufgabenspektrum wurden anstelle des Abfangradars ein neues Kampfelektroniksystem sowie ein Navigationssystem Loran eingebaut. Besonders die Heckpartie wurde überarbeitet und verstärkt. Die neueste Ausführung heißt Su-30SM (Erstflug 31. September 2012) und ist ausschließlich für die Luftstreitkräfte Russlands bestimmt. Wesentliche Änderungen umfassen ein Bars-R-Radar, Weitwinkel-HUD und generell verbesserte Avionik. Die Triebwerke verfügen über Schubvektor-Steuerung analog der Suchoj Su-35 (siehe Seiten 290/291).
Hersteller: Suchoj Design Bureau/KnAAPO, Werke Komsomolsk-na-Amur und Irkutsk, Moskau, Russland.

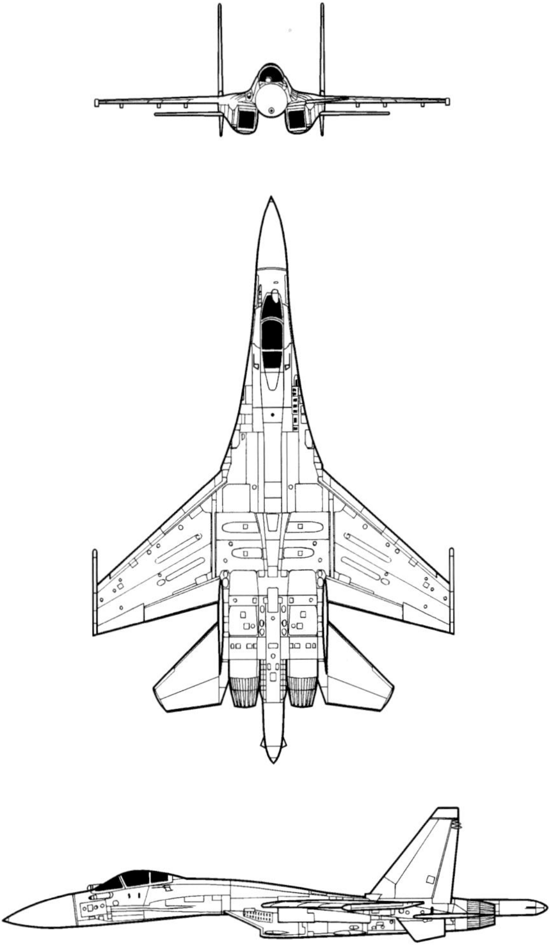

Abmessungen:
Spannweite 15,30 m
Länge 21,93 m
Höhe 5,90 m
Flügelfläche 62,00 m².

SUCHOJ SU-35M-1

Ursprungsland: Russland.
Kategorie: Einsitziger Luftüberlegenheits- und Mehrzweckjäger.
Triebwerke: Zwei Mantelstromtriebwerke NPO Saturn 117S mit Schubvektorsteuerung von je 8800 kp (86,27 kN) ohne und 14500 kp (142,97 kN) mit Nachbrenner.
Leistungen: Höchstgeschwindigkeit Mach 2,25 in großer Höhe; 1400 km/h auf Meereshöhe; Anfangssteiggeschwindigkeit 330 m/Sek; Dienstgipfelhöhe 18000 m; Einsatzradius im Tiefflug 1270 km, Reichweite auf Meereshöhe 1580 km, in großen Höhen 3600 km, mit Zusatztanks 4500 km.
Gewichte: Leergewicht 17000 kg; normales Startgewicht 25300 kg, mit Überlast 34500 kg.
Bewaffnung: Eine 30-mm-Kanone GSh-301 und Waffen aller Art bis zu 8000 kg an zwölf Aufhängepunkten.
Entwicklungsstand: Der erste Prototyp nahm die Flugerprobung am 19. Februar 2008 auf, gefolgt vom zweiten am 2. Oktober 2008. Das erste Serienflugzeug flog erstmals im Frühjahr 2011. Die Russische Luftwaffe bestellte 2009 48 Su-35M. Ende 2015 waren deren 38 ausgeliefert. Mit weiteren Aufträgen wird gerechnet. Die Einsatzbereitschaft erfolgte Ende 2012. China hat nach langen Verhandlungen mittlerweile 24 Su-35M-1 in Auftrag gegeben. Neuester Besteller ist Indonesien mit voraussichtlich 16 Einheiten.
Bemerkungen: Erste Bemühungen, die einsitzige Su-27 weiter zu entwickeln, gab es bereits Mitte der Neunziger Jahre. Immer wieder wurden weitere Varianten vorgestellt, die aber alle im Prototypstadium stecken blieben. Die neueste als Su-35-1 bezeichnete Ausführung der Generation 4++ besitzt einen überarbeiteten Flügel. Dafür wurde auf die Vorflügel verzichtet. Dank stärkerer Triebwerke mit Schubvektorsteuerung verbessern sich diverse Leistungsparameter. So besitzt die Su-35M-1 Supercruise-Fähigkeit. Eingebaut wird das derzeit modernste russische Kampfradar Tikhomirov NIIIP Irbis-E mit neuester Phased-Array-Funktion (= elektronische Strahlschwenkung). Weitere Elektroniksysteme, z.B. zur Suche via Infrarot und zur Verfolgung von Zielen sind vorgesehen. Völlig neu ist das Cockpit mit u.a. sog. HOTAS-Bedienung (**H**ands-**O**n-**T**hrottle-**A**nd-**S**tick). Angesichts des erhöhten Startgewichts wurde das Fahrwerk verstärkt und vorne mit Zwillingsrädern versehen.
Hersteller: Suchoj Design Bureau/KnAAPO, Werk Komsomolsk-na-Amur, Moskau, Russland.

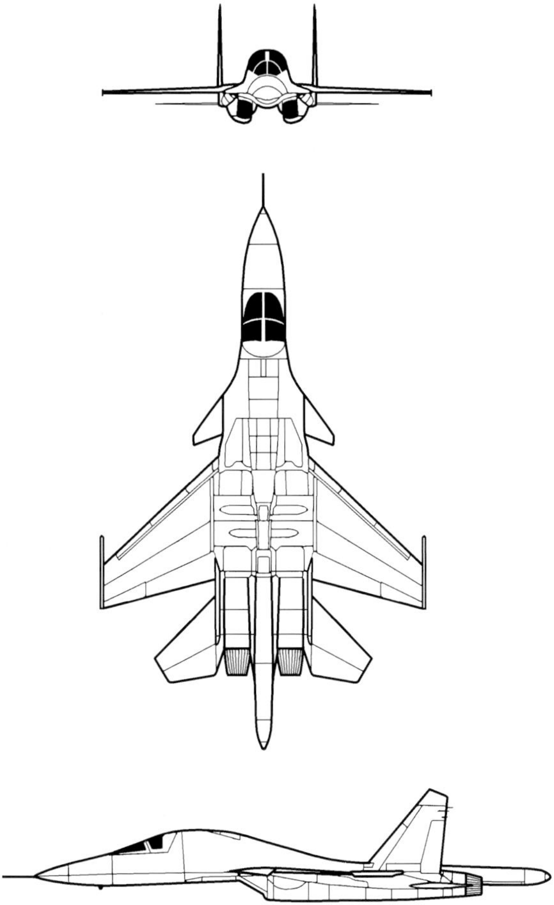

Abmessungen:
Spannweite Hauptflügel 14,07 m, Canards 6,40 m
Länge 23,36 m
Höhe 6,08 m
Flügelfläche 62,00 m².

SUCHOJ SU-34

Ursprungsland: Russland.
Kategorie: Zweisitziger Jagdbomber.
Triebwerke: Zwei Mantelstromtriebwerke Saturn (Ljulka) AL-31F-M1 von je 7600 kp (74,56 kN) ohne und 13496 kp (132,44 kN) mit Nachbrenner.
Leistungen: Höchstgeschwindigkeit 1900 km/h auf 11000 m (Mach 1,8), auf Meereshöhe 1400 km/h (Mach 1,17); Dienstgipfelhöhe 14000 m; Aktionsradius mit 4000 kg Waffen 600 km; max. Reichweite 4000 km.
Gewichte: Leergewicht 22000 kg; max. Startgewicht 45100 kg.
Bewaffnung: Eine eingebaute 30-mm-Kanone und eine Waffenlast von 8000 kg, z.B. Luft-Boden-Lenkwaffen Kh-25M, Kh-29, Kh-58, Antiradar-Lenkwaffen Kh-31P oder Antischiffs-Raketen Kh-31A oder Kh-35 sowie gelenkte und frei fallende Bomben aller Art. Zudem können Luft-Luft-Lenkwaffen R-73 oder RVV-Ae (R-77) mitgeführt werden.
Entwicklungsstand: Der als Su-27IB bezeichnete Prototyp startete am 13. April 1990 zum Erstflug. Im September 1993 folgte der erste von drei auf Su-34 umbenannten Serienprototypen. Die beschränkte Serienproduktion von sieben, zwischendurch wieder als Su-27IB bezeichnet, begann 1996. Nun heißt der Typ definitiv Su-34. Nachdem 2010 die Luftwaffe Russlands 32 Einheiten bestellt hatte, folgte 2012 ein weiterer Auftrag über 92 Maschinen. Mit den Auslieferungen wurde Anfang 2012 begonnen. Bisher sind rund 70 Su-34 gebaut worden.
Bemerkungen: Der augenfälligste Unterschied zum Ausgangsmuster Su-27 ist der völlig neu konstruierte Vorderrumpf mit Sitzen nebeneinander. Die Piloten verfügen über ein geräumiges, z.T. gepanzertes Cockpit. Die Su-34 ist mit kleinen Vorflügeln hinter dem Cockpit sowie mit bis an die Nase weiter gezogenen Vorflügelkanten ausgerüstet. Für den harten Erdkampfeinsatz ist sie zudem punktuell verstärkt und verfügt über ein neues Hauptfahrwerk mit Doppelrädern hintereinander. Gegenüber den Prototypen wurde der Heckkonus vergrößert, um Platz für einen Bremsfallschirm und ein rückwärts gerichtetes Radar zu schaffen. Zudem ist das Seitenleitwerk etwas kleiner. Einem Prototyp wurde ein modernstes Mehrzweckradar Leninetz mit hochauflösender Kartendarstellung sowie ein Trägheits-Navigationssystem mit GPS eingebaut. An den Flügelspitzen sind ECM-Pods Sorbtsiya-S montiert.
Hersteller: Suchoj Design Bureau, Werk KnAAPO Nowosibirsk, Moskau, Russland.

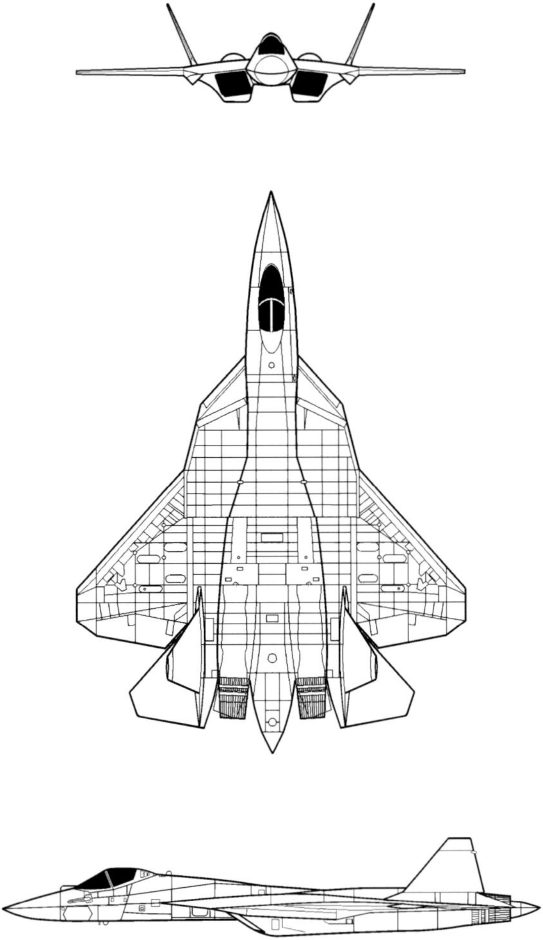

Abmessungen:
Spannweite 13,95 m
Rumpflänge 19,80 m
Höhe 4,74 m
Flügelfläche 78,80 m².

SUCHOJ T-50

Ursprungsland: Russland.
Kategorie: Einsitziger Luftüberlegenheitsjäger und Mehrzweckkampfflugzeug.
Triebwerke (Prototypen): Zwei Mantelstromtriebwerke NPO Saturn AL-41F von je 9500 kp (93,16 kN) ohne und je 15000 kp (147,10 kN) mit Nachbrenner und Schub-Vektor-Steuerung.
Leistungen: Höchstgeschwindigkeit 2440 km/h (Mach 2,3); Supercruise-Geschwindigkeit auf optimaler Höhe rund Mach 1,3; Dienstgipfelhöhe 18000 m; Aktionsradius mit normaler Bewaffnung 1200 km; max. Reichweite ohne Zusatztanks 3500 km, mit Zusatztanks 7400 km.
Gewichte: Leergewicht 18500 kg; max. Startgewicht 35000 kg.
Bewaffnung: Sechs intern in Waffenschächten mitgeführte Luft-Luft-Raketen, davon vier des Mittelstreckentyps R-77M sowie zwei Kurzstrecken Luft-Luft-Raketen R-73, R-74 oder R-30. Weiter können TV-, Laser- und Radar-gelenkte Luft-Boden-Waffen bis zu einem Gewicht von rund 7500 kg geladen werden. Später soll auch eine 30-mm-Kanone eingebaut werden.
Entwicklungsstand: Am 29. Januar 2010 hat der erste Prototyp die Flugerprobung aufgenommen. Mittlerweile fliegen fünf Prototypen. Vorerst will die Russische Luftwaffe zehn Vorserienmaschinen erwerben, bevor der definitive Beschaffungsentscheid gefällt wird. Der Zeitpunkt der Indienststellung ist für 2016 vorgesehen. Man erwartet, dass Russland vorerst 52, später bis zu 250 Einheiten erwirbt. Die Indische Luftwaffe scheint an der Beschaffung der T-50 interessiert zu sein, und zwar an einer leicht größeren zweisitzigen Variante.
Bemerkungen: Mit der T-50 wird die Russische Luftwaffe über ein Kampfflugzeug mit guten Stealth-Eigenschaften verfügen. Eine weitere Neuerung für russische Modelle ist die Fähigkeit, ohne Nachbrenner recht hohe Überschallgeschwindigkeit zu erreichen. Konkrete Informationen über Auslegung, Materialverwendung und Elektronik sind noch nicht im Detail bekannt. Man kann davon ausgehen, dass die T-50 alle einem Muster der sog. fünften Generation entsprechenden Konstruktionsmerkmale und Systeme aufweist. Die Serienmuster sollen das in Entwicklung stehende neue Triebwerk NPO Saturn izdeliye 30 mit einer Leistung von 11500 ohne und 18000 kp mit Nachbrenner erhalten.
Hersteller: Suchoj Design Bureau/KnAAPO, Moskau, Werk Komsomolsk-na-Amur, Russland.

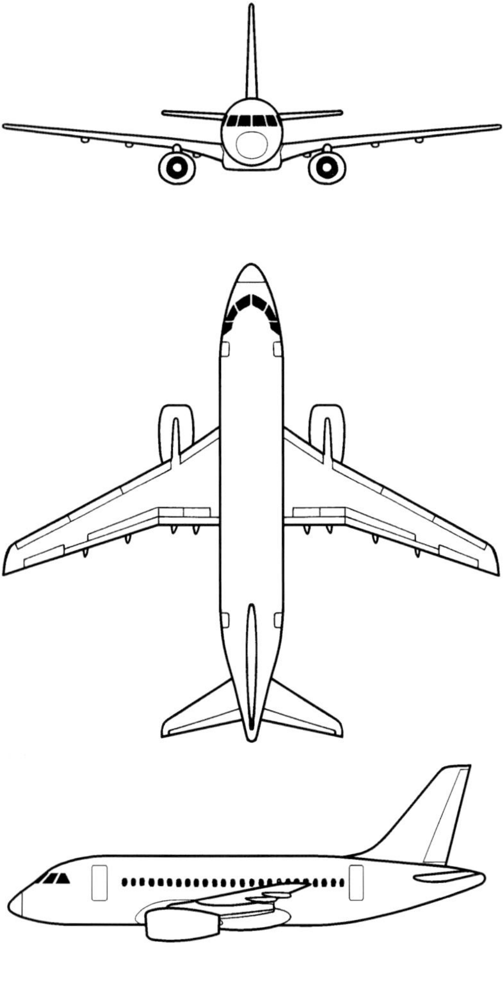

Abmessungen:
Spannweite 27,80 m
Länge (SSJ 100-75) 26,33 m, (SSJ 100-95) 29,83 m
Höhe 10,28 m
Flügelfläche 84,00 m².

SUCHOJ SUPERJET 100

Ursprungsland: Russland.
Kategorie: Kurz- und Mittelstrecken-Verkehrsflugzeug.
Triebwerke: Zwei Mantelstromtriebwerke Snecma/NPO Saturn SaM-146 von je (SSJ 100-75) 6985 kp (68,50 kN) bzw. (SSJ 100-95) von je 7937 kp (77,85 kN) Standschub.
Leistungen (nach Angaben des Herstellers): Max. Reisegeschwindigkeit Mach 0,78; Dienstgipfelhöhe 12497 m; Reichweite mit max. Nutzlast (SSJ 100-75/LR) 2900/4550 km, (SSJ 100-95/LR) 2950/4420 km, als Option bis zu 4550 km.
Gewichte: Leergewicht zwischen 21900 und 24715 kg; max. Startgewicht (SSJ 100-75/LR) 38820/42280 kg bzw. (SSJ 100-95/LR) 42500/45880 kg.
Zuladung: Zwei Mann Cockpitbesatzung und je nach Ausführung (SSJ 100-75) 75 bzw. (SSJ 100-95) 98 Passagiersitze in Viererreihen. Max. Nutzlast (SSJ 100-75) 9130 kg und (SSJ 100-95) 12245 kg.
Entwicklungsstand: Die erste Superjet 100 nahm am 19. Mai 2008 die Flugerprobung auf. Im April 2011 fand der erste kommerzielle Flug durch Armenia statt. Ende 2015 sind rund 190 Bestellungen eingegangen, u.a. von Aeroflot 30+, AIRUnion 15, Dalavia 6, Avia Leasing 24, Finance Leasing 10+, Interjet 20, Blue Panorama 12. Bisher wurden etwa 70 Su-100 ausgeliefert. Neueste Besteller: CityJet 15 SSJ-100, Interjet weitere 10, Rossiya 2 SSJ-100, Luftwaffe Thailands 2 VIP-Versionen. Die Version 100LR für längere Strecken absolvierte den Erstflug am 12. Februar 2013.
Bemerkungen: Mit dieser neuen Familie von mittelgroßen Commuter-Flugzeugen versucht sich Russland im nationalen wie auch im internationalen Zivilflugzeugmarkt zu etablieren. Um dies zu erreichen, wurden mehrere internationale Kooperationen eingegangen, so u.a. mit der italienischen Alenia. Beide Grundmuster der Superjet sind zu 95% baugleich. Ein besonderes Merkmal dieses Typs ist die robuste, möglichst einfach gehaltene Grundkonstruktion, welche eine sehr große Bandbreite von Bedürfnissen abdeckt. Die Superjet ist mit einem Fly-By-Wire-Steuersystem mit Sidesticks ausgerüstet. Sie kann auf nur teilweise vorbereiteten Pisten starten und landen. Auf die Wirtschaftlichkeit wurde besonderer Wert gelegt. Bisher sind ausschließlich die größeren Versionen SSJ 100-95 und SSJ 100-95LR bestellt worden Als nächstes folgt eine Corporate-Jet-Variante und mittelfristig ist gedacht, eine für 130 Passagiere verlängerte Ausführung zu entwickeln.
Hersteller: Suchoj Civil Aircraft Company, Moskau, Werk KnAAPO, Komsomolsk-na-Amur, Russland.

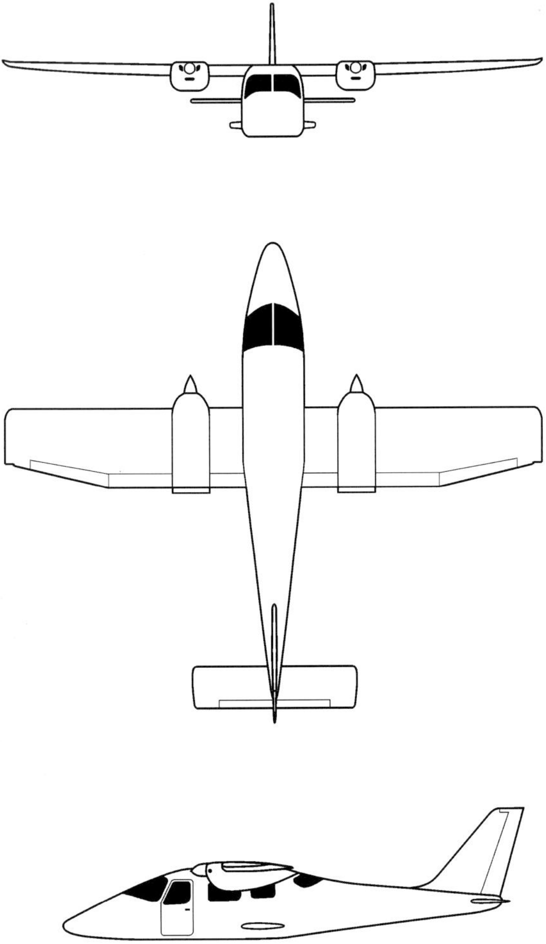

Abmessungen:
Spannweite 11,40 m
Länge 8,70 m
Höhe 2,85 m
Flügelfläche 14,80 m^2.

TECNAM P2006T

Ursprungsland: Italien.
Kategorie: Sport- und Reiseflugzeug.
Triebwerke: Zwei luftgekühlte Vierzylinder-Boxermotoren Rotax 912S3 von je 100 PS (74,50 kW) Leistung.
Leistungen: Höchstgeschwindigkeit auf Meereshöhe 287 km/h; Reisegeschwindigkeit bei 75% Leistung auf 3000 m 260 km/h; Anfangssteiggeschwindigkeit 6,1 m/Sek; Dienstgipfelhöhe 4220 m; Reichweite bei 65% Leistung und IFR-Reserven 1375 km.
Gewichte: Rüstgewicht 760 kg; max. Startgewicht 1230 kg.
Zuladung: Pilot und drei Passagiere, max. Nutzlast inkl. Treibstoff 420 kg.
Entwicklungsstand: Der Prototyp nahm die Flugerprobung am 13. September 2007 auf. Bisher sind über 160 Einheiten gebaut worden. Mit den Auslieferungen begann man 2009. Neu hat die Luftwaffe Italiens vorerst drei P2006T als Trainer bestellt.
Bemerkungen: Bei der P2006T handelt es sich um eine völlige Neuentwicklung. Die ganze Struktur dieses Hochdeckers ist aus Aluminium und soll besonders robust sein. Ungewöhnlich für ein so leichtes Flugzeug ist die Verwendung von zwei Triebwerken. Hierbei handelt es sich um ein Muster, welches bisher hauptsächlich für unbemannte Drohnen verwendet wurde. Die Rotax-Motoren lassen sich sowohl mit Flugzeug- als auch mit Auto-Treibstoff betreiben, was die Versorgungslage erheblich verbessert. Damit verbunden sind ein sehr sparsamer Verbrauch und entsprechend geringe Betriebskosten. Die P2006T verfügt über ein Einziehfahrwerk. Wie heute üblich, ist auch in der P2006T ein Cockpit mit Flachbildschirmen vorhanden. Optional bestehen mehrere Aufrüstungsmöglichkeiten. Die meisten P2006 werden privat oder als Schulungsflugzeuge eingesetzt. Der Preis für die Basisausführung soll sich auf US$ 500000 Euro belaufen. Derzeit wird geprüft, eine Version mit den leistungsfähigeren Rotax 914-Motoren anzubieten. Tecnam bietet neu zusammen mit der spanischen INDRA eine Seeüberwachsungsvariante P2006T MRI an, ausgerüstet mit einem AESA-Radar Seaspray 5000E.
Hersteller: Costruzioni Aeronautiche Tecnam S.r.l., Werk Capua, Provinz Caserta, Italien.

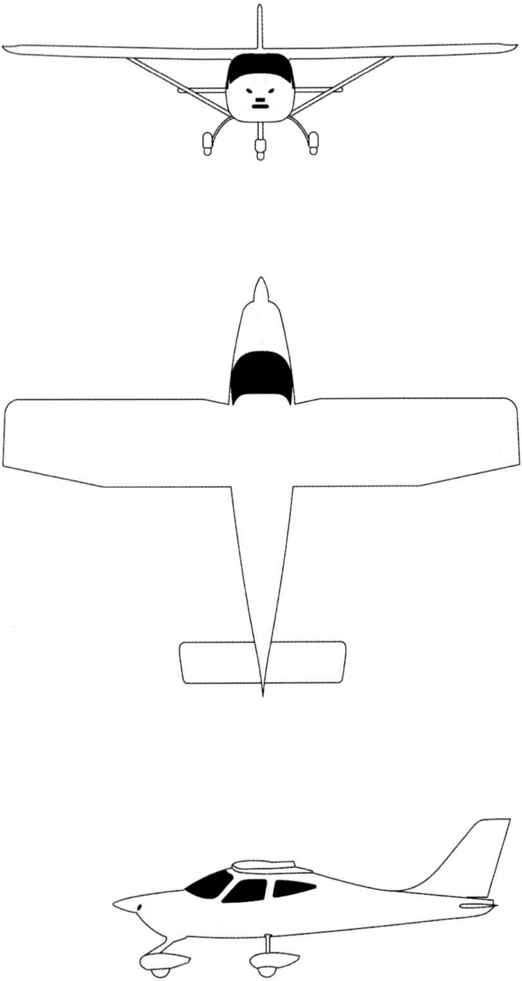

Abmessungen:
Spannweite 9,00 m
Länge 6,93 m
Höhe 2,46 m
Flügelfläche 12,01 m^2.

TECNAM P2008

Ursprungsland: Italien
Kategorie: Zweisitziges Trainings- und Sportflugzeug.
Triebwerke: Ein luftgekühlter Vierzylinder-Boxermotor Rotax 912 ULF von 98 PS (73,1 kW) oder als Option Rotax 914 Turbo von 115 PS (85,8 kW) Leistung.
Leistungen: Höchstgeschwindigkeit 235 km/h; normale Reisegeschwindigkeit bei 75% Leistung 219 km/h; Anfangssteiggeschwindigkeit 5,6 m/Sek; Dienstgipfelhöhe 4572 m; max. Reichweite 1170 km.
Gewichte: Leergewicht 354 kg; normales Startgewicht 600 kg.
Zuladung: Pilot und Flugschüler.
Entwicklungsstand: Die Tecnam 2008 startete am 30. September 2008 zum Jungfernflug, wurde erstmals 2009 vorgestellt und im gleichen Jahr sind die ersten Exemplare ausgeliefert worden. Der Bestellungsstand ist derzeit nicht bekannt. Jährlich werden etwa 30 Einheiten gebaut.
Bemerkungen: Die P2008 ist die neueste Entwicklung in der Reihe der Einmotorer von Tecnam. Sie vereinigt einen Rumpf aus neuester Carbon-Technik mit einem Flügel weitgehend aus Aluminium. Mit dieser Kombination und einem erprobten Triebwerk soll ein sehr wirtschaftliches und leistungsfähiges Modell angeboten werden. Dank des in der Flügelbox eingebauten Tanks bleiben die Insassen auch bei einem Absturz möglichst geschützt. Auf hohen Komfort für die Passagiere wurde besonderer Wert gelegt. Der Gepäckraum hat einen Inhalt von nur rund 20 Liter. Das Fahrwerk ist nicht einziehbar. Was die Avionik angeht, kann der Kunde zwischen einem analogen oder einem digitalen Package wählen. Der Hersteller gibt für eine Standardausführung einen Preis von rund Euro 135'000 an.
Hersteller: Costruzioni Aeronautiche Tecnam S.r.l., Werk Capua, Provinz Caserta, Italien.

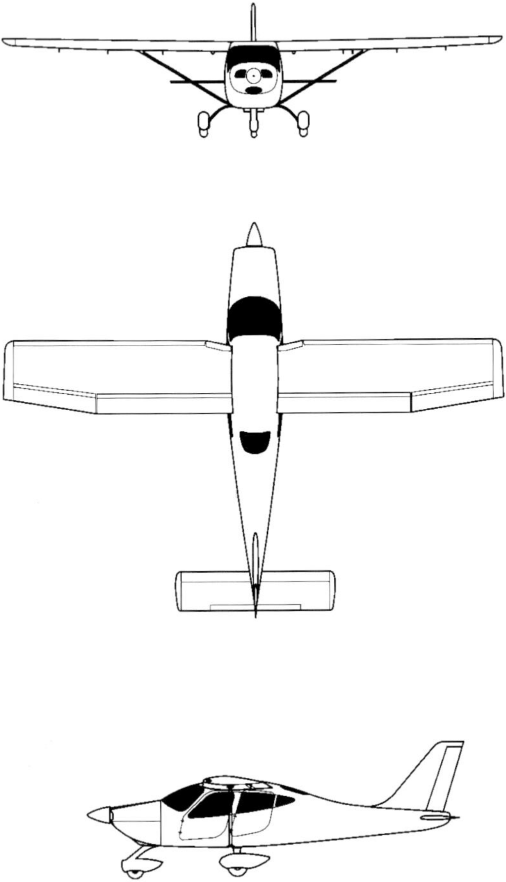

Abmessungen:
Spannweite 10,30 m
Länge 7,80 m
Höhe 2,70 m
Flügelfläche 14,60 m^2.

TECNAM P2010

Ursprungsland: Italien.
Kategorie: Sport- und Reiseflugzeug.
Triebwerke: Ein luftgekühlter Vierzylinder-Boxermotor Lycoming IO-360-M1A (Lycoming »Light«) von 180 PS (134 kW) Leistung.
Leistungen: Höchstgeschwindigkeit 260 km/h; Reisegeschwindigkeit bei 75% Leistung 246 km/h; Anfangssteiggeschwindigkeit 5,1 m/Sek; Dienstgipfelhöhe 4570 m; max. Reichweite 1324 km.
Gewichte: Leergewicht 710 kg; max. Startgewicht 1160 kg.
Zuladung: Pilot und drei Passagiere, max. Nutzlast 450 kg.
Entwicklungsstand: Der Prototyp nahm die Flugerprobung am 12. April 2012 auf. Wann der Serienbau beginnt und wie viele Flugzeuge bereits bestellt wurden, ist derzeit nicht bekannt.
Bemerkungen: Die vom bekannten italienischen Flugzeugkonstrukteur Luigi Pascale entwickelte Tecnam P2010 vereinigt einen Rumpf aus neuester Carbon-Technik mit einem Flügel weitgehend aus Aluminium. Mit dieser Kombination und einem erprobten Triebwerk soll ein sehr wirtschaftliches und leistungsfähiges Modell angeboten werden. Dank des in der Flügelbox eingebauten 240 Liter-Tanks können überdurchschnittliche Reichweiten erzielt werden. Dieser Tank ist so eingebaut, dass er auch bei einem Absturz möglichst geschützt bleibt. Auf hohen Komfort für die Passagiere wurde besonderer Wert gelegt. So ist die Kabine im Vergleich zu Konkurrenzmustern größer. Der Gepäckraum hat einen Inhalt von 300 Litern. Was die Avionik angeht, kann der Kunde zwischen einem analogen oder einem digitalen Package wählen. Der Hersteller gibt für eine Standardausführung einen Preis von Euro 182'000 an.
Hersteller: Costruzioni Aeronautiche TECNAM, Werk Capua, Provinz Caserta, Italien.

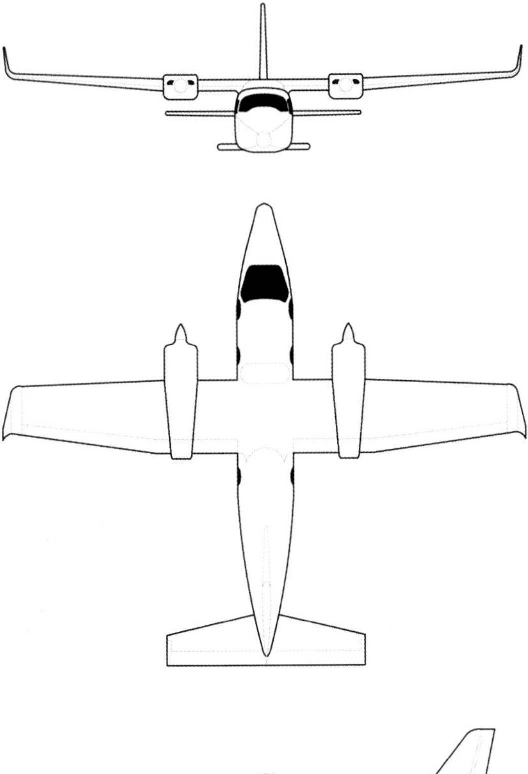

Abmessungen:
Spannweite 13,56 m
Länge 11,40 m
Höhe 4,06 m
Flügelfläche 22,00 m^2.

TECNAM P2012 TRAVELLER

Ursprungsland: Italien
Kategorie: Zweimotoriges Mehrzweckflugzeug.
Triebwerke: Zwei luftgekühlte Sechszylinder-Boxermotoren Lycoming TEO-540-A1A von je 350 PS (260 kW) Leistung.
Leistungen (provisorische Angaben): Höchstgeschwindigkeit 354 km/h; normale Reisegeschwindigkeit auf 3000 m 325 km/h; Anfangssteiggeschwindigkeit 8,1 m/Sek; Dienstgipfelhöhe 4572 m; max. Reichweite 1170 km.
Gewichte: Leergewicht 2000 kg; normales Startgewicht 3290 kg.
Zuladung: Pilot und bis zu zehn Passagiere; max. Nutzlast 858 kg.
Entwicklungsstand: Die Tecnam P2012 soll Anfang 2016 die Flugerprobung aufnehmen. Wie viele Exemplare bereits bestellt wurden ist nicht bekannt.
Bemerkungen: Mit der P2012 Traveller wagt sich der Hersteller in die Kategorie der leichten zweimotorigen Verbindungs- und Commuterflugzeuge. Sie ist das größte Vorhaben des noch kleinen Herstellers aus Italien. Als Partner in der Entwicklung und im Vertrieb ist die US-Fluggesellschaft Cape Air beteiligt. Mit diesem Typ soll eine ganze Anzahl von älteren zweimotorigen Verbindungsflugzeugen wie die Cessna-Familie 401/402/421 ersetzt werden. Der Hochdecker mit Festfahrwerk wird sehr einfach konstruiert und für günstige Anschaffungs- und Betriebskosten ausgelegt. Sein Einsatzspektrum werden Verbindungsflüge im Kurzstreckenbereich sein, wie sie beispielsweise in den USA sehr häufig vorkommen. Mit einem Tank von 621 Litern können bei max. Nutzlast Einsätze bis zu 2 Std. durchgeführt werden. Mehrere Versionen sind nebst der Passagierausführung vorgesehen, so beispielsweise ein Frachter, Transporter für Fallschirmspringer sowie eine Medevac-Maschine. Es ist geplant, auch eine Variante mit Schwimmern anzubieten.
Hersteller: Costruzioni Aeronautiche TECNAM, Werk Capua, Provinz Caserta, Italien.

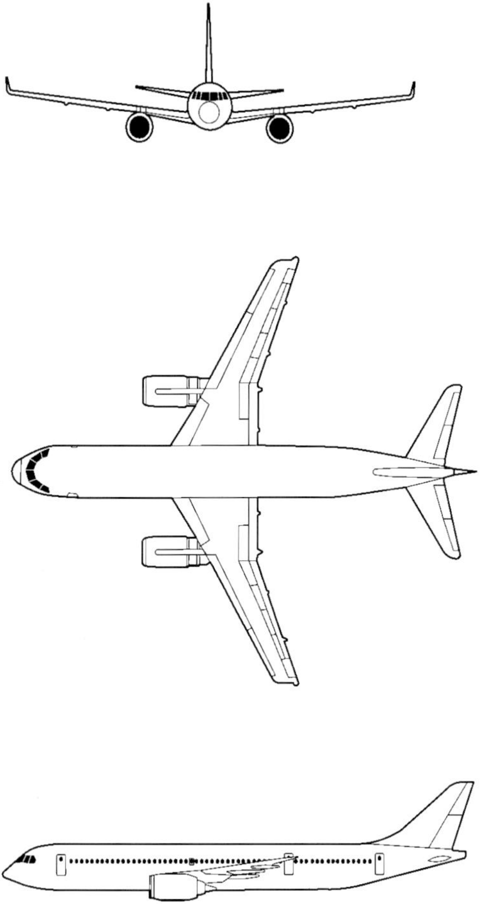

Abmessungen (MS-200/300/400):
Spannweite 35,90/35,90/36,80 m
Länge 35,90/41,50/46,70 m
Höhe 11,50/11,50/12,70 m.

UNITED AIRCRAFT MS-21

Ursprungsland: Russland.
Kategorie: Kurz- und Mittelstrecken-Verkehrsflugzeug.
Triebwerke: Wahlweise zwei Mantelstromtriebwerke Aviadvigatel PD-14 oder Pratt & Whitney PW1400G mit einer Leistung von (MS-200/300/400) 12500/14000/15600 kp (122,6/137,3/153,0 kN).
Leistungen (nach Angaben des Herstellers): Max. Reisegeschwindigkeit Mach 0,80; Dienstgipfelhöhe 11600 m; Reichweite je nach Ausführung zwischen 5000 bis 5500 km.
Gewichte (MS-21-200/300/400, nach Angaben des Herstellers): Max. Startgewicht 67600/76180/87230 kg.
Zuladung: Zwei Mann Cockpitbesatzung und bei einer Standardbestuhlung (MS-200/300/400) 150/181/212 Passagiere in Sechserreihen. Maximal können 162/198/230 Passagiere mitgeführt werden.
Entwicklungsstand: Ein erster Prototyp soll aufgrund technisch wie politisch begründeter Verspätungen erst gegen Ende 2016 die Flugerprobung aufnehmen. Mit den Ablieferungen an Kunden will der Hersteller frühestens 2018 beginnen. Bisher sind 175 Bestellungen und 101 Optionen für Maschinen der unterschiedlichen Versionen eingegangen, vorwiegend von Leasinggesellschaften. Die Aeroflot hat 50 MS-21 in Auftrag gegeben.
Bemerkungen: Dank der MS-21-Familie will Russland mit einem konkurrenzfähigen Muster in den heiß umkämpften Markt der 150- bis 200-plätzigen Mittelstreckenflugzeuge eindringen, welchen heute weitgehend Airbus und Boeing kontrollieren. Drei Varianten sollen gebaut werden, die MS-200, -300 und -400, die sich primär durch unterschiedliche Abmessungen, Gewichte und Triebwerke voneinander unterscheiden. Auf die kleinere Ausführung MS-100 wurde verzichtet. Besonders die längste Version dürfte auf ein größeres Interesse stoßen, da sie in die Kategorie der Boeing 757 fällt, für die es aktuell kein adäquates Nachfolgemuster auf dem Markt gibt. Ziel dieses Musters ist, gegenüber den heutigen Modellen ein bis zu 15% effizienteres Flugzeug anzubieten. Zwei Hauptfaktoren dafür sind die Triebwerke neuester Technologie sowie die Struktur, die zu rund einem Drittel aus Verbundwerkstoffen besteht. Die Avionik stammt von Rockwell Collins. Eventuell soll die Bezeichnung der MS-21 auf Yak-242 geändert werden.
Hersteller: United Aircraft Corporation (UAC), Moskau, Werk Irkut Corp., Irkutsk, Russland.

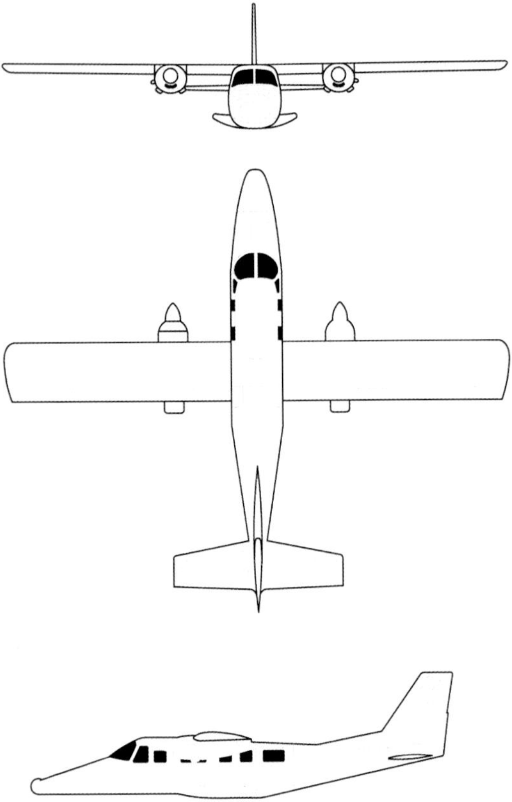

Abmessungen (P68C/A-Viator):
Spannweite 12,00 m
Länge 9,55/11,27 m
Höhe 3,40/3,63 m
Flügelfläche 18,60 m².

VULCANAIR P68C/A-VIATOR

Ursprungsland: Italien.
Kategorie: Mehrzweckflugzeug.
Triebwerke (P68C/A-Viator): Zwei Sechszylinder-Boxermotoren Textron Lycoming IO-360-A1B6 von je 200 PS (149,1 kW) Leistung bzw. zwei Propellerturbinen Rolls Royce 250B17C von auf je auf 328 WPS (251,0 kW) reduzierte Leistung.
Leistungen (P68C/A-Viator): Maximale Reisegeschwindigkeit 322/396 km/h auf 3048 m; Reisegeschwindigkeit bei 75% Leistung 301 km/h bzw. bei 95% 313 km/h; Anfangssteiggeschwindigkeit 6,0/8,4 m/Sek; Dienstgipfelhöhe 5490/7920 m; Reichweite bei 55% Leistung und vier Personen 2043 km, max. Flugdauer 7,2 Std. (A-Viator); Reichweite mit vier Passagieren 1760 km.
Gewichte (P68C/A-Viator): Rüstgewicht 1420/1750 kg; max. Startgewicht 2084/3000 kg.
Zuladung (P68C/A-Viator): Ein bis zwei Piloten und vier bis fünf bzw. maximal neun bis zehn Passagiere. Als kombinierte Passagier- und Frachtausführung beispielsweise sechs Personen und 2,5 m^3 Fracht. Max. Nutzlast als Frachter 680 kg bzw. 1250 kg.
Entwicklungsstand: Ein Prototyp der P68 flog erstmals noch unter dem Namen der früheren Firma Partenavia bereits am 25. Mai 1970. Von den verschiedenen Varianten sind bisher rund 450 Einheiten gebaut worden. Neueste Aufträge für diese Version: Marine Chiles sieben bzw. UK National Air Service vier P68 Observer 2. Ausgehend von der Partenavia Spartacus 10RG (siehe Ausgabe 1985) flog die erste Viator am 29. März 1985. Die neueste Variante A-Viator erhielt im Juli 2015 die Zulassung.
Bemerkungen: Die P68 wird in mehreren Versionen für vielfältige Aufgaben angeboten. Eine Ausführung ist die P68 Observer mit einer großflächigen Cockpitbeglasung zur besseren Beobachtung. Die Viator stellt eine deutlich leistungsfähigere und größere Weiterentwicklung der P68 dar. Sie verfügt über Propellerturbinen und kann mehr Passagiere bzw. Fracht aufnehmen. Dazu wurde der Rumpf um 1,72 m verlängert. Die Spannweite dagegen ist gleich wie bei der P68. Die A-Viator verfügt zudem über ein Einziehfahrwerk. Verschiedene Ausführungen werden angeboten: Regionalflugzeug, Firmenflugzeug, Frachter, gemischter Passagier- und Frachttransporter, Sanitätsflugzeug für zwei liegende Patienten mit zwei Betreuern. P68 wie auch A-Viator zeichnen sich durch einfache und robuste Konstruktion aus.
Hersteller: Vulcanair S.p.A., Casoria bei Neapel, Italien.

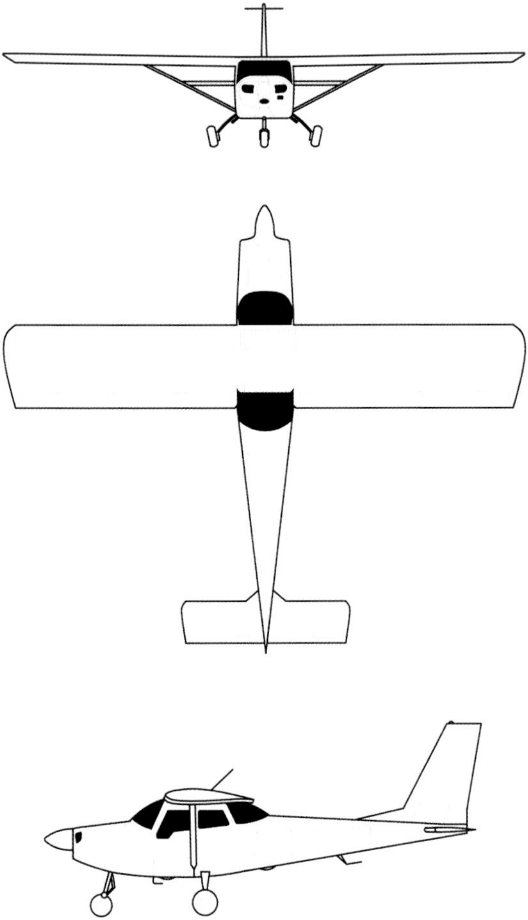

Abmessungen:
Spannweite 10,00 m
Länge 7,23 m
Höhe 2,77 m
Flügelfläche 13,40 m².

VULCANAIR V1.0

Ursprungsland: Italien.
Kategorie: Sport und Reiseflugzeug.
Triebwerke: Ein luftgekühlter Vierzylinder-Boxermotor Lycoming IO-360-M1A von 180 PS (134,2 kW) Leistung.
Leistungen: Normale Reisegeschwindigkeit bei 75% Leistung 241 km/h; Anfangssteiggeschwindigkeit 4,5 m/Sek; Dienstgipfelhöhe 4500 m; max. Reichweite mit drei Personen und 45% Leistung 1094 km.
Gewichte: Leergewicht 738 kg; max. Startgewicht 1155 kg.
Zuladung: Pilot und drei Passagiere; max. Nutzlast 417 kg.
Entwicklungsstand: Die V1.0 wurde erstmals 2014 vorgestellt. Sie basiert auf der Partenavia P.66 (siehe Ausgabe 1971), wurde aber gründlich überarbeitet. Die Serienproduktion wurde Mitte 2015 aufgenommen. Bis Ende dieses Jahres sollen über zehn Einheiten abgeliefert worden sein.
Bemerkungen: Der Hersteller legte bei der Entwicklung der V1.0 großen Wert auf ein sehr kostengünstiges und zuverlässiges Flugzeug und hat deshalb auch auf gewisse aktuelle Konstruktionsmethoden verzichtet. So sind Rumpf und Flügel noch vollständig aus Leichtmetall, meist in einer sehr robusten rohrartigen winklig angeordneten Struktur. Die Kabine ist äußerst funktional eingerichtet und kann durch drei Türen bestiegen werden. In einem separaten Abteil darf Gepäck bis zu 40 kg mitgeführt werden. Auf Kundenwunsch kann der Hersteller den serienmäßig eingebauten zweiblättrigen Fixpropeller durch einen Verstellpropeller ersetzen. Im Cockpit ist als Standardausrüstung die Avionik Garmin G500 verbunden mit einer GTN650-Einheit mit digitaler Motorüberwachung eingebaut. Weitere Optionen wie eine vollständige IFR-Version sind erhältlich. Offenbar zählt die V1.0 mit einem Basisverkaufspreis von unter Euro 200'000 zu den günstigsten Mustern in seiner Klasse.
Hersteller: Vulcanair S.p.A., Casoria bei Neapel, Italien.

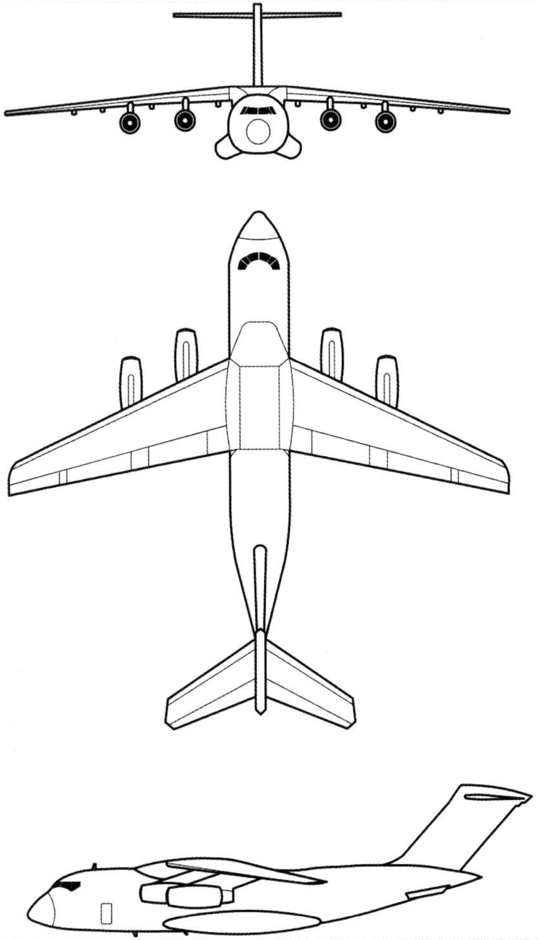

Abmessungen (sehr prov. Angaben):
Spannweite zwischen 45 und 50 m
Länge 47 m
Höhe 15 m
Flügelfläche 330 m².

XI'AN Y-20

Ursprungsland: Volksrepublik China.
Kategorie: Schwerer militärischer Langstreckentransporter.
Triebwerke: Vier Mantelstromtriebwerke NPO Saturn D-30KP-2 von je 12120 kp (119,00 kN) Leistung.
Leistungen (Schätzungen): Höchstgeschwindigkeit ca. 920 km/h; Dienstgipfelhöhe 13000 m; Reichweite mit max. Nutzlast 4500 km.
Gewichte (Schätzungen): Leergewicht ca. 100000 kg max. Startgewicht mehr als 200000 kg.
Zuladung: Zwei Piloten und je nach Quelle eine maximale Nutzlast von zwischen 50000 und 66000 kg.
Entwicklungsstand: Die erste Y-20 nahm die Erprobung am 26. Januar 2013 auf. Aktuell fliegen drei Prototypen. Eine Indienststellung ist frühestens für 2017 zu erwarten. Je nach Quelle will die Luftwaffe der VR China bis zu 400 Einheiten beschaffen.
Bemerkungen: Nach Jahren der Spekulationen wurde die Existenz Ende 2012 bestätigt. Gewisse Ähnlichkeiten mit der Il-76/476 (siehe Seiten 198/199) sind erkennbar. Trotzdem handelt es sich um ein eigenständiges Muster, welches anfänglich mit Unterstützung der ukrainischen Antonow entwickelt wurde. Die Y-20 weist die typischen Merkmale eines militärischen Transporters auf: Rumpf mit großem Querschnitt, Heckladerampe, Hochdecker, T-Leitwerk, robustes Fahrwerk. Heutigen Angaben zufolge dürfte die Y-20 größenmäßig (u.a. Rumpfquerschnitt) zwischen der Il-76 und der C-17 (siehe Ausgabe 2015) liegen. Obwohl rund 2 m kürzer als die Il-76, soll das Ladevolumen deutlich größer sein. Leistungsmäßig sind mindestens die Prototypen und die allfälligen Vorserienmaschinen durch die eher schwachen russischen Triebwerke D-30 eingeschränkt. Es ist zu vermuten, dass eine spätere Serienausführung über neue stärkere chinesische Triebwerke WS-20 Huanghe mit größerem Nebenstromverhältnis verfügen wird. Dank einem Flügel mit superkritischem Profil und Auftriebshilfen sollen gute Startleistungen und hohe Reichweiten möglich sein. Die Avionik entspricht dem heutigen Standard. Jedes Rad des Fahrwerks weist eine eigene Aufhängung auf und ist damit geeignet, auch auf Naturpisten zu operieren
Hersteller: Xi'an Aircraft Industrial Corporation, Xi'an, Volksrepublik China.

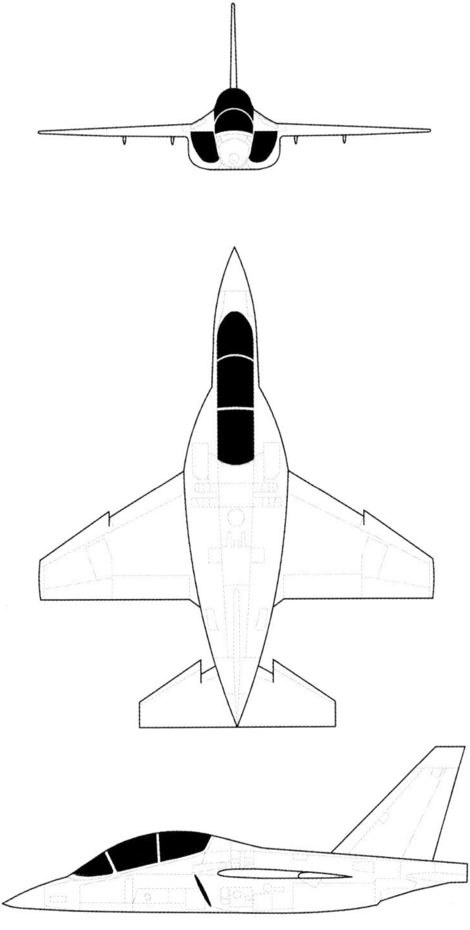

Abmessungen:
Spannweite 9,84 m
Länge 11,49 m
Höhe 4,76 m
Flügelfläche 23,52 m².

YAKOWLEW YAK-130

Ursprungsland: Russland.
Kategorie: Zweisitziger Fortgeschrittenentrainer und leichtes Erdkampfflugzeug.
Triebwerke: Zwei Mantelstromtriebwerke Progress AI-222-25 von je 2500 kp (24,50 kN) Standschub.
Leistungen: Höchstgeschwindigkeit auf Meereshöhe 1060 km/h (Mach 0,919); Anfangssteiggeschwindigkeit 75 m/Sek; Dienstgipfelhöhe 12500 m; Aktionsradius mit zwei 500-kg-Bomben (Einsatzprofil hoch-tief-tief-hoch) 850 km; Überführungsreichweite mit Außentanks 2300 km.
Gewichte: Leergewicht 4600 kg; normales Startgewicht 7230 kg; max. Startgewicht 10290 kg.
Bewaffnung: Waffen aller Art bis zu einem Gewicht von 3000 kg.
Entwicklungsstand: Ein Prototyp startete mit großer Verspätung am 25. April 1996 zum Erstflug. Das erste Serienmuster flog erstmals Ende 2003, das zweite im April 2005. Der Gesamtbedarf der Russischen Luftwaffe beläuft sich auf 300 Maschinen, 12 wurden zuerst bei Sokol, weitere 55 neu bei Irkut bestellt. Die Einsatzfähigkeit wurde Mitte 2012 erreicht. 16 Maschinen beschafft Algerien, Weißrussland neu acht. Offenbar soll der Auftrag seitens Syriens über 36 Einheiten doch abgewickelt werden. Neuester Besteller: Bangladesh 24. Jährlich werden rund 20 Maschinen gebaut.
Bemerkungen: Die Yak-130 tritt die Nachfolge der heutigen Trainingsflugzeuge Aero L 29 Delfin und L 39 Albatros bei der Russischen Luftwaffe an. Da sie besonders wendig ist, kann die Yak-130 alle wichtigen Flugmanöver der heutigen Kampfflugzeuggeneration Su-27 und MiG-29 ausführen. Die Konstruktion ist von konventioneller Art und besonders robust ausgelegt. Ungewöhnlich ist der komplexe Deltaflügel mit den ovalen Triebwerkeinläufen. Das Triebwerkmanagement (FADEC) ist vollständig digitalisiert, ebenso die übrige Avionik. Die Flugsteuerung stützt sich auf ein vierfach redundantes Fly-By-Wire-System ab. Das Cockpit umfasst u.a. drei große LCD-Bildschirme. Später ist geplant, auch eine Erdkampfversion von der Yak-130 abzuleiten.
Hersteller: OKB Alexander S. Yakowlew, Irkut Corporation, Werk Irkutsk, Sibirien bzw. Sokol, Nizhny Novgorod, Russland.

VERZEICHNIS DER FLUGZEUGTYPEN

A-29/AT-29, EMBRAER EMB-314 Super Tucano, 168
AC352, Airbus Helicopters H175, 44
Advanced Tactics Black Knight Transformer, 8
Aermacchi siehe AleniaAermacchi
AG600, AVIC, 60
AgustaWestland AW101, 10
AW109 Grand/New Grand, Trekker, 12
AW139/HH-139, 14
AW159 Wildcat, 16
AW169, 18
AW189, 20
AH-64E Apache Guardian, Boeing, 96
Airbus
A320-200 Enhanced, 22
A320neo, A321neo, 22
A319/A321, 22
A330-300/-200, A330neo, 24
A380-800, 26
A350, 28
E-Fan, 6
Airbus Military
A400M Atlas/Grizzly, 30
A330-200 MRTT Voyager, 32
C-295 (CASA), 34
Airbus Helicopters (Eurocopter)
EC665 Tiger/UHU, 36
H/EC225 Super Puma II, 38
H/EC725 Cougar , 38
H/EC135T2e/EC 635, 40
H/EC145/EC645/UH-72A Lakota, 42
H/EC175/AC-352, 44
H160, 46
Aircraft Industries L-410/L-420, 48
Alenia Aermacchi C-27J Spartan, 50
M-345, 52
M-346/T-346A Master, 54
Alligator, Kamow Ka-52, 202
Antonow An-178, 56
Apache Guardian, Boeing AH-64E, 96
ARJ21, Comac, 136
AT-6 Texan II, Beechcraft, 68
AT-29, EMBRAER EMB-314 Super Tucano, 168
Atlas, Airbus A400M, 30
ATR 42-600, 58
72-600, 58
A-Viator, Vulcanair P68, 308
Avanti II/EVO, Piaggio P180, 252
AVIC AG600, 60
AW101, AgustaWestland Merlin, 10
AW109 Grand/New Grand/Trekker, AgustaWestland, 12
AW139, AgustaWestland, 14
AW159 Wildcat, AgustaWestland 16
AW169, AgustaWestland, 18
AW189, AgustaWestland, 20

Beechcraft Baron B.58, 62
Bonanza G.36, 64
King Air C90GTx/250/350i, 66
T-6A/B/C, AT-6 Texan II, 68
Bell 505 Jet Ranger X, 70
407/407X, 72
525 Relentless, 74
-Boeing V-22B Osprey, 76
BK 117H//EC 145 /UH-72A Lakota, 42
Black Eagle, Chengdu J-20, 128
Blackhawk, Sikorsky UH-60M, 276
Black Knight Transformer, Advanced Tactics, 8
Boeing-Bell V-22 Osprey, 76
Boeing 737-600,-700,-800,-900,-900ER, 78
737Max, 78
737BBJ/BBJ2/BBJ3, 78
P-8A Poseidon, 80
747-8/8F, 82
KC-46A Pegasus/B767, 84
777-200LR/-300ER, 86
787 Dreamliner, 88
F-15E,K,SG,SE Eagle, 90
F-15SE Silent Eagle, 90
EA-18G Growler, 92
CH-47SD/F Chinook, 94
AH-64E Apache Guardian, 96
Bombardier Q400, 98
C-Series/CS100/300, 100
Challenger 300/350, 102
Global Express XRS, 104
Global 5000/6000/7000/8000, 104
Learjet 70/75, Bombardier, 106
Bonanza G.36, Beechcraft, 64

CASA siehe Airbus Military
C-2, Kawasaki, 206
C-27J Spartan, Alenia Aermacchi, 50
C-90GTx/250/350i King Air, Beechcraft, 66
C-130J Hercules, Lockheed Martin, 216
C-295, Airbus (CASA), 34
C919, Comac, 144
C-Series, Bombardier, 100
C-X/C-2, Kawasaki, 220
Caiman, NH Industries NH90 TTH, 242
NH Industries NH90 NFH, 242
Canadair siehe Bombardier
CASA C-295, 34
Centaur/Dominator, Diamond DA-42NG Twin Star, 154
Cessna 208B Grand Caravan, 108
208B Grand Commander, 108
510 Citation Mustang, 110
525B Citation CJ3+, 112

525 Citation M2, 114
680A Citation Latitude, 116
680 New Sovereign+, 118
750 New Citation X+, 120
Longitude, 122
CH-47SD/F Chinook, Boeing, 94
CH-53K King Stallion, Sikorsky, 284
CH-148 Cyclone, S-92 Helibus, Sikorsky, 282
Challenger 300/350, Bombardier, 102
Chengdu FC-1/JF-17 Super 7, 124
F-10/J-10, 126
J-20 Black Eagle, 128
HQ-4 Xianlong, 130
Chinook, Boeing CH-47SD/F, 94
Cirrus SR20/22/T-53A, 132
Cirrus Vision SF50, 134
Citation Mustang, Cessna 510, 110
Citation CJ3+, Cessna, 112
Citation M2, Cessna 525, 114
Citation Latitude, Cessna, 116
Citation New Sovereign+, Cessna, 118
Citation New Citation X+, Cessna 750, 120
Comac ARJ21, 136
C919, 138
Combat King II, Lockheed Martin HC-130J, 216
Commando, Lockheed Martin MC-130J, 216
Cougar II, Airbus Helicopters
H/EC225/EC725, 38
CS100/300, Bombardier, 100
CV-22B Osprey, Bell-Boeing, 64
Cyclone, S-92 Helibus/CH-148, Sikorsky, 282

DA-40 Tundra Star/NG, 152
DA-42/DA-42NG Twin Star, Diamond, 154
DA-42 Centaur, 154
DA-62, 156
Daher Socata TBM900, 140
Dash 8, Bombardier (de Havilland Canada)
Q400, 98
Dassault Falcon 2000S/LXS, 142
Falcon 5X, 144
Falcon 7X, 146
Falcon 8X, 148
Rafale F3, 150
De Havilland Canada siehe Bombardier
Diamond DA-42 Tundra Star/NG, 152
DA-42/DA-42NG/DA-52 Twin Star, 154
Centaur/Dominator, 156
DA-62, 162
Dreamliner, Boeing 787, 88

E-2D Hawkeye, Northrop Grumman, 244
EA-18G Growler, Boeing, 92
EA-550 Eclipse, One Aviation, 250
Eagle, Boeing F-15E,K,SG, 90
EC135T2e/EC 635, Airbus Helicopters, 38
EC145/EC645, Airbus Helicopters
(MBB/Kawasaki), 40
EC155B1, Airbus Helicopters, 42
EC175/Z-15, Airbus Helicopters, 44
EC225 Super Puma, Airbus Helicopters, 36
EC665 Tiger, Airbus Helicopters, 34
EC725 Cougar, Airbus Helicopters, 36
Eclipse, One Aviation EA-550, 250
E-Fan, Airbus, 6
Elbit Hermes 900, 158
EMBRAER 170/175, 160
190/195, 160
Phenom 100, 162
Phenom 300, 164
Legacy 450/500, 166
EMB-314/A-29/AT-9 Super Tucano, 168
KC-390, 170
Eurocopter siehe Airbus Helicopters
Eurofighter Typhoon, 172
Evektor EV-55 Outback, 174
EVO, Piaggio P.180, 252
Explorer, MD Helicopters MD902, 228

F3, Dassault Rafale, 150
FA-50, Korea Aerospace T-50 Golden Eagle, 210
FC-1/JF-17 Super 7, Chengdu, 124
F-10/J-10, Chengdu, 126
F-15E,K,SG Eagle/Silent Eagle, Boeing, 90
F-15SE Silent Eagle, Boeing, 90
F-16C/D Fighting Falcon, Lockheed Martin, 218
F-35A Lightning II, Lockheed, 220
F-35B Lightning II, Lockheed, 222
F-35C Lightning II, Lockheed, 224
Falcon 2000S/LXS, Dassault, 142
Falcon 5X, Dassault, 144
Falcon 7X, Dassault, 146
Falcon 8X, Dassault, 148
Fighting Falcon, Lockheed Martin F-16C/D, 218
Flaris LAR1, Metal-Master, 230

General Air Primus 150, 176
G.36 Bonanza, Beechcraft, 64
General Atomics MQ-9B Reaper, 178
MQ-1C Gray Eagle, 180
MQ-1C Sky Warrior, 180
Global Express XRS, Bombardier, 104
Global 5000/6000/7000/8000, 104
Global Hawk, Northrop Grumman RQ-4, 246
Golden Eagle, Korea Aerospace T-50, 210
Grand/Grand New, AgustaWestland AW109, 12
Grand Caravan, Cessna 208B, 108
Grand Commander, Cessna 208B, 108
Gray Eagle, General Atomics MQ-1C, 180
Gripen E/F, Saab, 268
Grizzly, Airbus A400M Atlas, 30
Grob G 120A/G.120TP, 182
Growler, Boeing EA-18G, 92
Grumman siehe Northrop Grumman
Guardian, Boeing AH-64E Apache, 96
Gulfstream Aerospace Gulfstream G280, 184
G450, 186
G500, 188

G550, 190
G600, 192
G600, 194
G650/G650ER, 194

H225 Super Puma II, Airbus Helicopters, 38
H725 Cougar, Airbus Helicopters, 38
H135, Airbus Helicopters, 40
H145/UH-72A Lakota, Airbus Helicopters, 42
H175/Z-15, Airbus Industries, 44
H160, Airbus Industries, 46
HA-420 Honda Jet, Honda Aircraft, 196
Hammerhead, Piaggio P.1HH, 262
Hawker (ex. Raytheon)
Hawker Beechcraft siehe Beechcraft
Hawkeye, Northrop Grumman E-2D, 244
HC-130J Combat King II, Lockheed, 216
Heavy Lift, Sikorsky CH-53K, 284
Helibus/Superhawk, Sikorsky S-92, 282
Hercules, Lockheed Martin C-130J, 216
Hermes 900, Elbit, 158
HH-139, AgustaWestland AW139, 14
Honda Aircraft HA-420 Honda Jet, 196
HQ-4 Xianlong, Chengdu, 130

Iljuschin Il-76MF/Il-476, 198
Il-112V, 200
JF-17 Super 7, Chengdu FC-1, 124
J-10, Chengdu, 126
J-11B, Shenyang, 272
J-16, Shenyang, 272
J-20 Black Eagle, Chengdu, 128
J-21/-31, Shenyang, 274
JAS 39 New Gripen, Saab, 274
Jet Ranger X, Bell 505, 70

Kamow Ka-52 Alligator, 202
Ka-226/226T, 204
Kawasaki C-X/C-2, 206
XP-1/P-1, 208
Kawasaki (MBB) siehe Eurocopter
KC-46A/B767, Boeing, 84
KC-100, Korean Aerospace, 214
KC-390, EMBARER, 170
King Air, Beechcraft C90GTx/250/350i, 66
King Stallion, Sikorsky CH-53K, 284
KJ-200, Shaanxi Y8F/Y9, 270
Kodiak 100, Quest Aircraft, 264
Korean Aerospace Industries T-50/FA-50
Golden Eagle, 210
KUH1 Surion, 212
KC-100, 214

L-410/L-420, Aircraft Industries, 48
LAR 1, Metal-Master Flaris, 230
Latitude, Cessna Citation, 116
Lakota, Airbus Helicopters
H/EC145/EC665/UH-72A, 42
Learjet siehe Bombardier
Learjet 70/75, Bombardier, 106
Legacy 450/500, EMBRAER, 166
Lightning II, Lockheed Martin F-35A
Lightning II, 220
Lightning II, Lockheed Martin F-35B
Lightning II, 222
Lightning II, Lockheed Martin F-35C
Lightning II, 224
Lockheed Martin C-130J Hercules, 216
HC-130J Combat King II, 216
MC-130J Commando, 216
F-16C/D Fighting Falcon, 218
F-35A Lightning II, 220
F-35B Lightning II, 222
F-35C Lightning II, 224
Longitude, Cessna, 122

M20TN/R, Mooney International, 240
M-345, Alenia Aermacchi, 52
M-346/T-346A Master, Alenia Aermacchi, 54
M350, Piper Malibu, Mirage, 260
M500/600, Piper, 262
Malibu Mirage, Piper M350, 260
Marenco Sky SH09, 226
Master, Alenia Aermacchi M-346/T-146A, 54
MBB siehe Eurocopter
MC-130J Commando, Lockheed, 216
MD Helicopters MD902 Explorer, 228
Merlin, AgustaWestland AW101, 10
Metal-Master Flaris LAR 1, 230
MH-60R Strikehawk, Sikorsky, 278
Mikojan MiG-29SMT/MiG-29K/MiG-35, 232
Mil/Kazan Mi-8AMTSh, 234
Mi-17V5/171/172, 234
/Rostvertol Mi-28N, 236
Mitsubishi Regional Jet MRJ, 238
Mooney International M20TN/R, 240
MQ-1C Warrior, General Atomics, 180
MQ-4 Global Hawk, Northrop Grumman, 246
MQ-4C Triton, Northrop Grumman, 246
MQ-9B, General Atomics Reaper, 178
MRJ, Mitsubishi Regional Jet, 250
MRTT, Airbus A330-200 Voyager, 32
MS21, United Aircraft, 306
Mustang, Cessna 510 Citation, 108
MV-22B Osprey, Bell-Boeing, 64

New Citation X+, Cessna, 120
New Grand, AgustaWestland AW109 Grand, 10
NH Industries NH90 TTH Caiman, 242
NH90 NFH Caiman, 242
Northrop Grumman E-2D Hawkeye, 244
MQ-4C Triton, 246
RQ-4 Global Hawk, 246
Novaercraft T-Xc/U-Xc, 248

One Aviation, EA-550 Eclipse, 250
Osprey, Bell-Boeing V-22, 76
Outback, Evektor EV-55, 174

P-1, Kawasaki, 208
P-8A Poseidon, Boeing, 80
P.180 Avanti II/Avanti EVO, Piaggio, 252
P.1HH Hammerhead, 252
PC-12NG, Pilatus, 254
PC-21, Pilatus, 256
PC-24, Pilatus, 258
Pegasus, Boeing KC-46A, 84
Phenom 100, EMBRAER, 162
Phenom 300, EMBRAER, 164
Piaggio P180 Avanti II/EVO, 252
Pilatus PC-12/47, 254
PC-21, 256
PC-24, 258
/Beechcraft T-6A/B/C, AT-6 Texan II, 68
Piper M350 Malibu Mirage, 260
M500/M600, 262
Poseidon, Boeing P-8A, 80
Primus, General Air 150, 176

Q400 Dash 8, Bombardier, 98
Quest Aircraft Kodiak 100, 264

Rafale F3, Dassault, 150
Raider, Sikorsky S-97, 286
Raytheon siehe Hawker (Beechcraft)
Reaper, General Atomics MQ-9A, 178
Regional Jet MRJ, Mitsubishi, 238
Relentless, Bell 525, 74
RQ-4, Northrop Grumman Global Hawk, 246

S-76D, Sikorsky, 288
S-92 Helibus/CH-148 Cyclone, Sikorsky, 282
Saab Gripen E/F, 268
SF50 Vision, Cirrus, 134
SH-60B/J, Sikorsky, 286
Shaanxi Y8F/Y9/KJ-200, 270
Shenyang J-11B, 272
J-16, 272
J-21/-31, 274
Sikorsky UH-60L/i/M Blackhawk, 276
MH-60R Strikehawk, 278
S-76D, 280
S-92 Helibus/CH-148 Cyclone, 282
CH-53K King Stallion, 284
S-97 Raider, 286
Silent Eagle, Boeing F-15SE, 90
Sky SH09, Marenco, 226
Sky Warrior, General Atomics MQ-1C, 180
Socata TBM900, Daher, 140
Sovereign+, Cessna 680 Citation, 118
Spartan, Alenia Aermacchi C-27J, 50
SR20/22/T-53A, Cirrus, 132
Strikehawk, Sikorsky MH-60R, 278
Suchoj Su-30MKK/MKI/MK2, 288
Su-35M-1, 290
Su-27IB/-34, 292
T-50, 294
Superjet 100, 296
Super 7, Chengdu FC-1/JF-17, 124
Super Puma II, Airbus Helicopters H/EC225, 38
Super Tucano, EMARER EMB-314/A-29/
AT-29, 168
Surion, Korea Aerospace KUH-1, 212

T-Xc/U-Xc, Novaercraft, 248
T-6A/B/C Texan II, Beechcraft, 56
T-50, Korean Aerospace Golden Eagle, 210
T-50, Suchoj, 302
T-53A, Cirrus SR20/22, 132
T-346A Master, Alenia Aermacchi M-346, 54
TBM900, Daher Socata, 140
Tecnam 2006T, 298
2008, 300
2010, 302
2012 Traveler, 304
Texan II, Beechcraft T-6A/B/C, AT-6, 68
Tiger, Airbus Helicopters EC665, 36
Traveler, Tecnam 2012, 304
Trekker, AgustaWestland, 12
Triton, Northrop Grumman MQ-4C, 246
Twin Star, Diamond DA-42/DA-42NG, 154
Typhoon, Eurofighter, 172

U-Xc, Novaercraft T-Xc, 248
UH-60L/i/M Blackhawk, Sikorsky, 276
UH-72 Lakota, Airbus Helicopters
H/EC145/EC665, 42
UHU, Airbus Helicopters EC665 Tiger, 36
United Aircraft MS-21, 306

V-22 Osprey, Bell-Boeing, 76
Vision SF50, Cirrus, 134
Voyager, Airbus A330-200MRTT, 32
Vulcanair P68C/A-Viator, 308
V1.0, 310

Westland siehe AgustaWestland
Wildcat, AgustaWestland AW159, 16

XC-2, Kawasaki, 206
Xianglong, Chengdu HQ-4, 130
Xian Y-20, 312
XP-1, Kawasaki, 208

Y8F/Y9/KJ-200, Shaanxi, 270
Y-20, Xian, 312
Yakowlew Yak-130, 314

Z-15/H/EC 175, Airbus Helicopters, 44

ABKüRZUNGEN IM TEXT

Aéronavale = Französische Marineluftwaffe
AESA-Radar = **A**cive **E**lectronically **S**canned **A**rray, Radar mit aktiver elektronischer Strahlschwenkung
AEW/C = **A**irborne **E**arly **W**arning/**C**ommand, fliegende Radarfrühwarn- und Kommandoflugzeuge
ALAT = **A**viation **L**égère de l'**A**rmée de **T**erre, französische Heeresluftwaffe
Armée de l'Air = Französische Luftwaffe
ASW = **A**nti-**S**ubmarine **W**arfare, U-Boot-Bekämpfung
AWACS = **A**irborne **W**arning **A**nd **C**ontrol **S**ystem, Frühwarnflugzeug
COMINT = **COM**munications **INT**elligence, Nachrichtenaufklärung
CTOL = **C**onventional **T**ake-**O**ff and **L**anding, Start und Landung konventionell
CRT = **C**athode-**R**ay-**T**ube, Kathodenröhren-Anzeigen
ECM = **E**lectronic **C**ounter **M**easures, Sammelbegriff für alle Maßnahmen zur Störung feindlicher Funk- und Radareinrichtungen auf elektronischem Weg
EFIS = **E**lectronic **F**light **I**nstrument **S**ystem, Elektronische Bildschirmanzeige-instrumente
Elint = **El**ectronics **Int**elligence, elektronische Aufklärung
FADEC = **F**ull **A**uthority **D**igital **E**ngine **C**ontrol, Digitales Triebwerkmanagement-System
FBW = **F**ly-**B**y-**W**ire, Steuerung des Flugzeuges mittels elektrischen Impulsen
FLIR = **F**orward-**L**ooking **I**nfra**R**ed, Infrarot-Nachtsichtgerät
GFK = **G**las**f**aserverstärkter **K**unststoff
GPS = **G**lobal **P**ositioning **S**ystem, präzise Navigationshilfe mittels Satelliten
HOTAS = **H**ands-**O**n-**T**hrottle-**A**nd-**S**tick, alle wichtigen Bedienungsfunktionen sind im Steuerknüppel und Schubhebel vereinigt
HUD = **H**ead-**U**p **D**isplay, Blickfelddarstellungsgerät. Die wichtigsten Flugdaten werden auf die Frontscheibe projiziert
IFR = **I**nstrument **F**light **R**ules, Instrumentenflugregeln
LANTIRN = **L**ow-**A**ltitude **N**avigation **T**argeting **IR** for **N**ight, Tiefflugnavigations- und Infrarot- Angriffssystem für Nachteinsätze
MAD = **M**agnetic **A**nomaly **D**etection, Magnetometer, Gerät zum Aufspüren magnetischer Unregelmäßigkeiten (Einsatz zur U-Boot-Bekämpfung)
NVG = **N**ight **V**ision **G**oggles, Sammelbegriff für Nachsichtgeräte/-brillen am Kopf des Piloten befestigt
RAAF = **R**oyal **A**ustralien **A**ir **F**orce, australische Luftwaffe
RAF = **R**oyal **A**ir **F**orce, britische Luftwaffe
RN = **R**oyal **N**avy, britische Marineluftwaffe
SAR = **S**earch **A**nd **R**escue, Such- und Rettungseinsätze
SAR = **S**ynthetic **A**perture **R**adar, Sythetisches Breitband-Aufklärungsradar
SIGINT = **SIG**nals **INT**ellingence, Funkaufklärung
STOL = **S**hort **T**ake-**O**ff and **L**anding, Kurzstart und -landung
STOVL = **S**hort **T**ake-**O**ff and **V**ertical **L**anding, Kurzstart und Senkrechtlandung
USAF = **U**nited **S**tates **A**ir **F**orce, Luftwaffe der USA
USCG = **U**nited **S**tates **C**oast **G**uard, Küstenwache der USA
USMC = **U**nited **S**tates **M**arine **C**orps, Marineinfanterie der USA
USN = **U**nited **S**tates **N**avy, Marine der USA
VFR = **V**isual **F**light **R**ules, Sichtflugregeln
VTOL = **V**ertical **T**ake-**O**ff and **L**anding, Senkrechtstart und -landung
WPS = **W**ellen-**PS**, Leistung einer Propeller- oder Gasturbine, gemessen an der Welle; der Restschub wird nicht berücksichtigt, Englisch: shp (Shaft Horse Power)